高等教育系列教材

MySQL 数据库基础与实践

夏辉　白萍　李晋　屈巍　编著

机械工业出版社

本书从实用的角度出发，全面讲解 MySQL 数据库技术。在内容安排上由浅入深，让读者循序渐进地掌握编程技术；在内容形式上附有大量的注解、说明等栏目，以提高读者的编程技术，丰富读者的编程经验。全书共分四大部分，第 1 部分为数据库设计基础部分；第 2 部分介绍数据库设计，包括 MySQL 数据库管理表记录、检索表记录、数据库设计视图和触发器、以及常见函数等；第 3 部分介绍 MySQL 数据库的一些高级特性，主要包括事务管理，以及 MySQL 连接器 JDBC 和连接池；第 4 部分介绍 Hibernate 框架。每章均配有习题，最后一章还有一个综合案例，以指导读者深入地进行学习。

本书附有所有程序的源代码、多媒体教学PPT、程序开发资源库和课后习题答案。其中，源代码全部经过精心测试，能够在 Windows XP、Windows 7 和 Windows 10 操作系统上编译和运行。

本书既可作为高等学校计算机软件技术课程的教材，也可作为管理信息系统开发人员的技术参考书。

本书配套授课电子课件，需要的教师可登录 www.cmpedu.com 免费注册，审核通过后下载，或联系编辑索取（微信：15910938545，电话：010-88379739）。

图书在版编目（CIP）数据

MySQL 数据库基础与实践 / 夏辉等编著. —北京：机械工业出版社，2017.3
（2023.8 重印）
高等教育系列教材
ISBN 978-7-111-56699-1

Ⅰ. ①M… Ⅱ. ①夏… Ⅲ. ①SQL 语言－高等学校－教材
Ⅳ. ①TP311.132.3

中国版本图书馆 CIP 数据核字（2017）第 091293 号

机械工业出版社（北京市百万庄大街 22 号　邮政编码 100037）
责任编辑：郝建伟　责任校对：张艳霞
责任印制：张　博
北京建宏印刷有限公司印刷
2023 年 8 月第 1 版·第 7 次印刷
184mm×260mm·19.5 印张·474 千字
标准书号：ISBN 978-7-111-56699-1
定价：55.00 元

电话服务　　　　　　　　　　　网络服务
客服电话：010-88361066　　　　机　工　官　网：www.cmpbook.com
　　　　　010-88379833　　　　机　工　官　博：weibo.com/cmp1952
　　　　　010-68326294　　　　金　书　网：www.golden-book.com
封底无防伪标均为盗版　　　　　机工教育服务网：www.cmpedu.com

出 版 说 明

百年大计，教育为本。习近平总书记在党的二十大报告中强调"教育、科技、人才是全面建设社会主义现代化国家的基础性、战略性支撑"，首次将教育、科技、人才一体安排部署，赋予教育新的战略地位、历史使命和发展格局。

当前，我国正处在加快转变经济发展方式、推动产业转型升级的关键时期。为经济转型升级提供高层次人才，是高等院校最重要的历史使命和战略任务之一。高等教育要培养基础性、学术型人才，但更重要的是加大力度培养多规格、多样化的应用型、复合型人才。

为顺应高等教育迅猛发展的趋势，配合高等院校的教学改革，满足高质量高校教材的迫切需求，机械工业出版社邀请了全国多所高等院校的专家、一线教师及教务部门，通过充分的调研和讨论，针对相关课程的特点，总结教学中的实践经验，组织出版了这套"高等教育系列教材"。

本套教材具有以下特点：

1）符合高等院校各专业人才的培养目标及课程体系的设置，注重培养学生的应用能力，加大案例篇幅或实训内容，强调知识、能力与素质的综合训练。

2）针对多数学生的学习特点，采用通俗易懂的方法讲解知识，逻辑性强、层次分明、叙述准确而精炼、图文并茂，使学生可以快速掌握，学以致用。

3）凝结一线骨干教师的课程改革和教学研究成果，融合先进的教学理念，在教学内容和方法上做出创新。

4）为了体现建设"立体化"精品教材的宗旨，本套教材为主干课程配备了电子教案、学习与上机指导、习题解答、源代码或源程序、教学大纲、课程设计和毕业设计指导等资源。

5）注重教材的实用性、通用性，适合各类高等院校、高等职业学校及相关院校的教学，也可作为各类培训班教材和自学用书。

欢迎教育界的专家和老师提出宝贵的意见和建议。衷心感谢广大教育工作者和读者的支持与帮助！

机械工业出版社

前 言

MySQL数据库是世界上最流行的数据库之一。MySQL是一款非常优秀的免费软件，由瑞士的MySQL AB公司开发，是一款真正的快速、多用户、多线程的SQL数据库。全球最大的网络搜索引擎公司——Google使用的数据库就是MySQL，并且国内很多大型网络公司也选择MySQL数据库，如百度、网易和新浪等。据统计，世界上一流的互联网公司中，排名前20位的有80%是MySQL的忠实用户。学习和掌握MySQL数据库技术语言已经成为计算机相关专业学生的迫切需求。

本书讲解了MySQL开发基础和数据库编程技巧，在内容的编排上力争体现新的教学思想和方法。本书的内容编写遵循"从简单到复杂""从抽象到具体"的原则。书中通过各个章节穿插了很多实例，提供了MySQL从入门到实际应用所必备的知识。数据库设计既是一门理论课，也是一门实践课。学生除了要在课堂上学习程序设计的理论方法，掌握编程语言的语法知识和编程技巧外，还要进行大量的课外练习和实践操作。为此，本书每章都配有课后习题，并且每章都有一个综合案例，除此之外，每章还安排了实验的题目，可供教师实验教学使用。

本书共分10章。第1章介绍数据库设计基础，主要介绍数据库开发的基本概念及专用术语。第2章为MySQL数据库概述，主要介绍MySQL数据库安装、数据库的操作，以及数据表结构的操作。第3章介绍MySQL管理表记录，主要包括基本数据类型、运算符、字符集和数据表的操作。第4章介绍检索表记录，主要讲解利用各种不同方式进行条件查询表记录。第5章介绍视图和触发器。第6章介绍事务管理。第7章介绍MySQL连接器JDBC和连接池。第8章介绍Hibernate框架。第9章介绍常见函数和数据管理。第10章介绍了一个综合案例，通过这个综合案例可以加深读者对MySQL数据库的认识。

本书内容全面，案例新颖，针对性强。本书所介绍的实例都是在Windows 10操作系统下调试运行通过的。每章都配有与本章知识点相关的案例和实验，以帮助读者顺利地完成开发任务。从应用程序的设计到应用程序的发布，读者都可以按照书中所讲述的内容来实施。作为教材，每章后面均附有习题。

本书由夏辉负责全书的整体策划，夏辉、白萍、李晋和屈巍负责全书的编写，并且最终完成书稿的修订、完善、统稿和定稿工作，由王晓薇教授、吴鹏博士负责主审。刘杰教授、李航教授为本书的策划和编写提供了有益的帮助和支持，并且对本书初稿在教学过程中存在的问题提出了宝贵的意见。本书也借鉴了中外参考文献中的原理知识和资料，在此一并表示感谢。

本书配有电子课件、课后习题答案、每章节案例代码和实验代码，以方便教学和自学参考使用，如有需要请到http://www.scse.sdu.edu.cn网络中下载。

由于时间仓促，书中难免存在不妥之处，敬请广大读者原谅，并提出宝贵意见。

编　者

目 录

出版说明
前言
第1章 数据库设计基础 ··············· 1
　1.1 数据库设计概述 ··············· 1
　　1.1.1 关系数据库概述 ············ 1
　　1.1.2 结构化查询语言 SQL ········ 2
　　1.1.3 数据库设计的基本步骤 ······ 3
　1.2 关系模型 ······················ 5
　　1.2.1 数据库和表 ················ 5
　　1.2.2 列和行 ···················· 6
　　1.2.3 主键与外键 ················ 6
　　1.2.4 约束 ······················ 7
　1.3 E-R 图 ························ 9
　　1.3.1 实体和属性 ················ 9
　　1.3.2 实体与属性之间的关系 ····· 10
　　1.3.3 E-R 图的设计原则 ········· 11
　本章总结 ·························· 12
　实践与练习 ························ 12
　实验指导：E-R 图的设计与画法 ···· 13
第2章 MySQL 数据库概述 ········· 15
　2.1 认识 MySQL 数据库 ·········· 15
　　2.1.1 MySQL 简介 ·············· 15
　　2.1.2 MySQL 体系结构 ·········· 15
　2.2 MySQL 数据库的安装和配置 ··· 16
　　2.2.1 MySQL 的安装和配置服务 ·· 16
　　2.2.2 启动和停止服务 ··········· 23
　　2.2.3 MySQL 加入环境变量 ······ 24
　　2.2.4 连接 MySQL 服务器 ······· 25
　　2.2.5 MySQL 可视化操作工具 ···· 26
　2.3 MySQL 数据库的基本操作 ···· 28
　　2.3.1 创建数据库 ··············· 28
　　2.3.2 查看数据库 ··············· 29
　　2.3.3 显示数据库 ··············· 29
　　2.3.4 选择当前数据库 ··········· 30
　　2.3.5 删除数据库 ··············· 30
　2.4 MySQL 数据库表结构的操作 ·· 30

　　2.4.1 创建数据表 ··············· 30
　　2.4.2 查看数据库表结构 ········· 33
　　2.4.3 修改表结构 ··············· 33
　　2.4.4 删除数据库表 ············· 36
　2.5 MySQL 存储引擎 ············· 37
　　2.5.1 InnoDB 存储引擎 ········· 37
　　2.5.2 MyISAM 存储引擎 ········ 38
　　2.5.3 存储引擎的选择 ··········· 38
　2.6 案例：网上书店系统 ·········· 39
　本章总结 ·························· 42
　实践与练习 ························ 42
　实验指导：学生选课系统数据库设计 ··· 43
第3章 MySQL 管理表记录 ········ 45
　3.1 MySQL 的基本数据类型 ······ 45
　　3.1.1 整数类型 ················· 45
　　3.1.2 小数类型 ················· 47
　　3.1.3 字符串类型 ··············· 48
　　3.1.4 日期时间类型 ············· 50
　　3.1.5 复合类型 ················· 52
　　3.1.6 二进制类型 ··············· 53
　3.2 MySQL 运算符 ··············· 54
　　3.2.1 算术运算符 ··············· 54
　　3.2.2 比较运算符 ··············· 55
　　3.2.3 逻辑运算符 ··············· 56
　　3.2.4 位运算符 ················· 57
　　3.2.5 运算符的优先级 ··········· 58
　3.3 字符集设置 ··················· 59
　　3.3.1 MySQL 字符集与字符排序规则 ··· 59
　　3.3.2 MySQL 字符集的设置 ····· 60
　3.4 增添表记录 ··················· 61
　　3.4.1 INSERT 语句 ············· 61
　　3.4.2 REPLACE 语句 ··········· 65
　3.5 修改表记录 ··················· 66
　3.6 删除表记录 ··················· 66

V

3.6.1　DELETE 删除表记录 ·················· 66
　　3.6.2　TRUNCATE 清空表记录 ············ 67
3.7　案例：图书管理系统中表记录
　　　的操作 ·· 69
本章总结 ·· 73
实践与练习 ·· 73
实验指导 ·· 74
实验 1　MySQL 中字符集的设置 ··········· 75
实验 2　数据表中记录的插入、修改
　　　　和删除 ·· 76

第 4 章　检索表记录 ································ 78

4.1　SELECT 基本查询 ······························ 78
　　4.1.1　SELECT…FROM 查询语句 ······ 78
　　4.1.2　查询指定字段信息 ···················· 79
　　4.1.3　关键字 DISTINCT 的使用 ········ 80
　　4.1.4　ORDER BY 子句的使用 ············ 81
　　4.1.5　LIMIT 子句的使用 ···················· 81
4.2　条件查询 ··· 82
　　4.2.1　使用关系表达式查询 ················ 83
　　4.2.2　使用逻辑表达式查询 ················ 83
　　4.2.3　设置取值范围的查询 ················ 84
　　4.2.4　空值查询 ···································· 84
　　4.2.5　模糊查询 ···································· 85
4.3　分组查询 ··· 86
　　4.3.1　GROUP BY 子句 ························ 87
　　4.3.2　HAVING 子句 ···························· 88
4.4　表的连接 ··· 88
　　4.4.1　内连接 ·· 89
　　4.4.2　外连接 ·· 91
　　4.4.3　自连接 ·· 92
　　4.4.4　交叉连接 ···································· 93
4.5　子查询 ··· 93
　　4.5.1　返回单行的子查询 ···················· 93
　　4.5.2　返回多行的子查询 ···················· 94
　　4.5.3　子查询与数据更新 ···················· 96
4.6　联合查询 ··· 98
4.7　案例：网上书店系统综合查询 ········· 99
本章总结 ·· 101
实践与练习 ·· 101

实验指导：学生选课系统数据库检索 · 102

第 5 章　视图和触发器 ························ 104

5.1　视图 ··· 104
　　5.1.1　创建视图 ·································· 105
　　5.1.2　查看视图 ·································· 110
　　5.1.3　管理视图 ·································· 112
　　5.1.4　使用视图 ·································· 113
5.2　触发器的使用 ··································· 116
　　5.2.1　创建并使用触发器 ·················· 117
　　5.2.2　查看触发器 ······························ 119
　　5.2.3　删除触发器 ······························ 120
　　5.2.4　触发器的应用 ·························· 120
5.3　案例：在删除分类时自动删除
　　　分类对应的消息记录 ···················· 124
本章总结 ·· 128
实践与练习 ·· 128
实验指导：视图、触发器的创建与
　　　　　管理 ·· 129

第 6 章　事务管理 ·································· 131

6.1　事务机制概述 ··································· 131
6.2　事务的提交和回滚 ··························· 132
　　6.2.1　事务的提交 ······························ 132
　　6.2.2　事务的回滚 ······························ 134
6.3　事务的四大特性和隔离级别 ··········· 136
　　6.3.1　事务的四大特性 ······················ 136
　　6.3.2　事务的隔离级别 ······················ 139
6.4　解决多用户使用问题 ······················· 139
　　6.4.1　脏读 ·· 139
　　6.4.2　不可重复读 ······························ 141
　　6.4.3　幻读 ·· 142
6.5　案例：银行转账业务的事务
　　　处理 ·· 143
本章总结 ·· 146
实践与练习 ·· 146
实验指导：MySQL 中的事务管理 ········ 147

第 7 章　MySQL 连接器 JDBC 和
　　　　连接池 ·································· 148

7.1　JDBC ··· 148
7.2　JDBC 连接过程 ································ 149

7.3 JDBC 数据库操作 ·············· 155
  7.3.1 增加数据 ················ 155
  7.3.2 修改数据 ················ 156
  7.3.3 删除数据 ················ 157
  7.3.4 查询数据 ················ 157
  7.3.5 批处理 ·················· 159
7.4 数据源 ······················· 162
7.5 案例：分页查询大型数据库 ···· 164
本章总结 ·························· 167
实践与练习 ························ 168
实验指导：学生选课系统数据库
      操作 ······················ 169

第 8 章 Hibernate 框架介绍 ······· 172
8.1 Hibernate 简介 ················ 172
8.2 Hibernate 原理 ················ 172
8.3 Hibernate 的工作流程 ·········· 174
8.4 Hibernate 的核心组件 ·········· 175
  8.4.1 Configuration 接口 ········ 175
  8.4.2 SessionFactory 接口 ······· 175
  8.4.3 Session 接口 ············· 176
  8.4.4 Transaction 接口 ·········· 178
  8.4.5 Query 接口 ·············· 178
  8.4.6 Criteria 接口 ············· 180
8.5 Hibernate 框架的配置过程 ····· 182
  8.5.1 导入相关 jar 包 ··········· 182
  8.5.2 创建数据库及表 ········· 183
  8.5.3 创建实体类（持久化类）··· 184
  8.5.4 配置映射文件 ············ 185
  8.5.5 配置主配置文件 ·········· 186
  8.5.6 编写数据库 ·············· 187
8.6 Hibernate 的关系映射 ·········· 196
8.7 案例：人事管理系统数据库 ···· 201
本章总结 ·························· 209
实践与练习 ························ 209
实验指导：Hibernate 框架的持久
      层数据操作 ··············· 210

第 9 章 常见函数和数据管理 ······· 213
9.1 常见函数 ····················· 213
  9.1.1 数学函数 ················ 213
  9.1.2 字符串函数 ·············· 218
  9.1.3 时间日期函数 ············ 223
  9.1.4 数据类型转换函数 ········ 227
  9.1.5 控制流程函数 ············ 227
  9.1.6 系统信息函数 ············ 228
9.2 数据库备份与还原 ············· 229
  9.2.1 数据的备份 ·············· 229
  9.2.2 数据的还原 ·············· 232
9.3 MySQL 的用户管理 ············ 234
  9.3.1 数据库用户管理 ·········· 234
  9.3.2 用户权限设置 ············ 238
9.4 案例：数据库备份与恢复 ······ 242
本章总结 ·························· 251
实践与练习 ························ 251
实验指导：数据库安全管理 ········ 252

第 10 章 综合案例——图书管理系统 ···· 254
10.1 系统需求分析 ················ 254
10.2 数据库设计 ·················· 254
10.3 数据库表的创建 ·············· 256
10.4 系统实现 ···················· 259
  10.4.1 使用 JDBC 访问 MySQL
       数据库 ··················· 259
  10.4.2 管理员登录 ············· 261
  10.4.3 系统参数设置 ··········· 265
  10.4.4 图书基本信息管理 ······· 271
  10.4.5 图书馆藏信息管理 ······· 277
  10.4.6 图书借阅管理 ··········· 280
  10.4.7 图书归还管理 ··········· 287
  10.4.8 读者登录 ··············· 292
  10.4.9 读者信息查询 ··········· 294
  10.4.10 读者图书查询 ·········· 298
本章总结 ·························· 303
参考文献 ··························· 304

7.3 JDBC 常用操作 155
　7.3.1 增加数据 155
　7.3.2 删除数据 156
　7.3.3 更新数据 157
　7.3.4 查询数据 157
　7.3.5 异常处理 159
7.4 数据源 162
7.5 案例：分页查询的大型数据库 164
本章总结 167
实践与练习 168
实践指导：学生成绩表查询程序
　实现 169
第 8 章 Hibernate 操作分析 172
8.1 Hibernate 简介 172
8.2 Hibernate 原理 172
8.3 Hibernate 的工作流程 174
8.4 Hibernate 的配置和运行 175
　8.4.1 Configuration 接口 175
　8.4.2 SessionFactory 接口 175
　8.4.3 Session 接口 176
　8.4.4 Transaction 接口 178
　8.4.5 Query 接口 178
　8.4.6 Criteria 接口 180
8.5 Hibernate 核心配置信息详解 182
　8.5.1 导入相关 jar 包 182
　8.5.2 创建数据表和类 183
　8.5.3 创建实体类（持久化类） 184
　8.5.4 配置映射文件 185
　8.5.5 配置主配置文件 186
　8.5.6 编写测试类 187
8.6 Hibernate 的关系映射 196
8.7 案例：人事管理系统数据层 201
本章总结 209
实践与练习 209
实践指导：Hibernate 框架的持久
　层数据库操作 210

第 9 章 常见问题和数据库管理 213
9.1 常见图表 213
　9.1.1 数学函数 213
　9.1.2 字符串函数 218
　9.1.3 日期时间函数 223
　9.1.4 数据类型转换函数 227
　9.1.5 控制流程函数 227
　9.1.6 系统信息函数 228
9.2 数据库备份与恢复 229
　9.2.1 数据库备份 229
　9.2.2 数据的还原 232
9.3 MySQL 的用户管理 234
　9.3.1 添加删除用户 234
　9.3.2 用户授权设置 238
9.4 案例：图书管理系统备份与恢复 242
本章总结 251
实践与练习 251
实践指导：图书馆图书安全管理 252

第 10 章 综合案例——图书管理系统 254
10.1 系统需求分析 254
10.2 数据库设计 254
10.3 数据库表的创建 256
10.4 系统实现 259
　10.4.1 利用 JDBC 访问 MySQL
　　数据库 259
　10.4.2 管理员登录 261
　10.4.3 系统参数设置 265
　10.4.4 图书基本信息管理 271
　10.4.5 图书借阅信息管理 277
　10.4.6 图书借阅查询 280
　10.4.7 图书归还处理 287
　10.4.8 所有图书一览 292
　10.4.9 图书信息查询 294
　10.4.10 罚款利息查询 298
本章总结 303
参考文献 304

第 1 章　数据库设计基础

当今的时代是一个信息化的时代，信息成为一种重要的战略资源，对信息的占有和利用成为衡量一个国家、地区、组织或企业综合实力的一项重要指标。随着社会各行各业信息化的飞速发展，人们的知识也以惊人的速度增长，如何有效地组织和利用如此庞大的知识，以及如何合理地管理和维护如此海量的信息，都要依靠数据库。数据库技术是数据管理的核心技术，主要研究如何科学地组织、存储和管理数据库中的数据，以提供可共享、安全、可靠的数据。

1.1　数据库设计概述

数据库（Database，DB）是"按照某种数据结构对数据进行组织、存储和管理的容器"，简单地说就是用来存储和管理数据的容器。数据库系统（Database System，DBS）是指在计算机中引入数据库后的系统，一般由数据库、数据库管理系统、应用程序和数据库管理员组成。数据库管理系统（Database Management System，DBMS）是一个管理、控制数据库容器中各种数据库对象的系统软件。数据库用户无法直接通过操作系统获取数据库文件中的具体内容，数据库管理系统则可以通过调用操作系统的进程管理、内存管理、设备管理及文件管理等服务，为数据库用户提供管理、控制数据库中各种数据库对象和数据库文件的接口，从而实现对数据库中具体内容的获取。数据库管理系统按照一定的数据模型组织数据，常用的模型包括"层次模型""网状模型""关系模型"及"面向对象模型"等，基于"关系模型"的数据库管理系统称为关系数据库管理系统（Relational Database Management System，RDBMS）。

1.1.1　关系数据库概述

关系数据库的概念是由 E.F.Codd 博士于 1976 年发表的《关于大型共享数据库数据的关系模型》论文中提出的，论文中阐述了关系数据库模型及其原理，并将其用于数据库系统。

使用关系模型对数据进行组织、存储和管理的数据库称为关系数据库，关系数据库系统是支持关系数据模型的数据库系统。在关系数据库中，所谓的"关系"，实际上是一张二维表，表是逻辑结构而不是物理结构，系统在物理层可以使用任何有效的存储结构来存储数据，如顺序文件、索引、哈希表和指针等，因此，表是对物理存储数据的一种抽象表示，即对许多存储细节的抽象，如存储记录的位置、记录的顺序、数据值的表示，以及记录的访问结构（如索引）等。

关系数据库要求将每个具有相同属性的数据独立存放在一张表中，克服了层次数据库横向关联不足的缺点，也避免了网状数据库关联过于复杂的问题，因此被广泛应用。

1.1.2 结构化查询语言 SQL

结构化查询语言（Structured Query Language，SQL）是一种专门用来与数据库通信的语言，其利用一些简单的句子构成基本的语法来存取数据库中的内容，便于用户从数据库中获得和操作所需数据。例如，删除"选课系统"中课程表（course）的所有记录，一条 delete from course 语句就可以做到。

SQL 语言具有以下特点。

1）SQL 语言是非过程化语言。

SQL 语言允许用户在高层的数据结构上工作，而不对单个记录进行操作，可以操作记录集。SQL 语句接受集合作为输入，返回集合作为输出。在 SQL 语言中，用户只需要在程序中说明"做什么"，无须说明"怎样做"，即无须用户指定对数据存放的方法。

2）SQL 语言是统一的语言。

SQL 语言适用于所有用户的数据活动类型，即 SQL 语言可用于所有用户，包括系统管理员、数据库管理员、应用程序员、决策支持系统人员，以及许多其他类型的终端用户对数据库等数据对象的定义、操作和控制活动。

3）SQL 语言是关系数据库的公共语言。

用户可将使用 SQL 的应用从一个关系型数据库管理系统转移到另一系统。

SQL 语言由 4 部分组成。

1）数据定义语言（Data Definition Language，DDL）。

DDL 用来定义数据的结构，是对数据的格式和形态进行定义的语言，主要用于创建、修改和删除数据库对象、表、索引、视图及角色等，常用的数据定义语言有 CREATE、ALTER 和 DROP 等。

每个数据库要建立时首先要面对一些问题，例如，数据与哪些表有关、表内有什么栏目主键，以及表与表之间互相参照的关系等，这些都需要在设计开始时就预先规划好，所以，DDL 是数据库管理员和数据库拥有者才有权操作的用于生成与改变存储结构的命令语句。

2）数据操纵语言（Data Manipulation Language，DML）。

DML 用于读取和操纵数据，数据定义完成后接下来就是对数据的操作。数据的操作主要有插入数据（insert）、查询数据（query）、更改数据（update）和删除数据（delete）4 种方式，即数据操纵主要用于数据的更新、插入等操作。

3）数据控制语言（Data Control Language，DCL）。

DCL 用于安全性控制，如权限管理、定义数据访问权限、进行完整性规则描述及事务控制等，其主要内容包括以下 3 方面。

- 用来授予或回收操作数据库的某种特权。
- 控制数据库操纵事务发生的时间及效果。
- 对数据库实行监视。

4）嵌入式 SQL 语言的使用规定。

嵌入式 SQL 语言（Embed SQL）主要涉及 SQL 语句嵌入在宿主语言程序中的规则。SQL 通常有两种使用方式：练级交互使用方式（命令方式）和嵌入某种高级程序设计语言的程序中（嵌入方式），两种使用方法虽然不同，但是 SQL 语言的语法结构一致。

根据 SQL 语言的 4 个组成部分可以得到 SQL 的数据定义、数据查询、数据操纵及数据控制的 4 个基本功能，表 1-1 列出了实现其功能的主要动词。

表 1-1　SQL 功能及包含的主要动词

SQL 功能	动　　词
数据定义	CREATE、DROP、ALTER
数据查询	SELECT
数据操纵	INSERT、UPDATE、DELETE
数据控制	GRANT、REVOKE

经过多年发展，SQL 成为一种应用最广泛的关系数据库语言，并定义了操作关系数据库的标准语法。为了实现更强大的功能，各关系数据库管理系统通过增加语句或指令的方式对 SQL 标准进行了各自的扩展，如 Oracle 的 PL/SQL、SQL Server 的 T-SQL 等。MySQL 也对 SQL 标准进行了扩展，如 MySQL 命令"show database;"用于查询当前 MySQL 服务实例所有的数据库名。

> 为了区分 SQL 扩展与 SQL 标准，本书将符合 SQL 标准的代码称为"SQL 语句"，如 delete from course，把 MySQL 对 SQL 标准进行的扩展代码称为"MySQL 命令"，如"show database;"。

1.1.3　数据库设计的基本步骤

按照规范设计的方法，同时考虑数据库及其应用系统开发的全过程，可以将数据库设计分为以下 6 个阶段。

1. 需求分析阶段

需求分析是数据库设计的第一步，也是整个设计过程的基础，本阶段的主要任务是对现实世界要处理的对象（公司、部门及企业）进行详细调查，在了解现行系统的概况、确定新系统功能的过程中，收集支持系统目标的基础数据及其处理方法。

需求分析是在用户调查的基础上，通过分析，逐步明确用户对系统的需求，包括数据需求和围绕这些数据的业务处理需求。用户调查的重点是"数据"和"处理"。通过调查要从用户处获得对数据库的下列要求。

- 信息需求。定义所设计数据库系统用到的所有信息，明确用户将向数据库中输入什么样的数据，从数据库中要求获得什么样的内容，将要输出什么信息。即明确在数据库中需要存储什么数据，对这些数据将做什么处理等，同时还需要描述数据之间的联系。
- 处理需求。定义系统数据处理的操作功能，描述操作的优先次序，包括操作的执行频率和场合，操作与数据间的联系。要明确用户需要完成哪些处理功能，每种处理的执行频度，用户需求的响应时间，以及处理方式等。
- 安全性与完整性要求。安全性要求描述系统中不同用户对数据库的使用和操作情况，完整性要求描述数据之间的管理关系及数据的取值范围要求。

在数据分析阶段不必确定数据的具体存储方式，这些问题留待进行物理结构设计时再考虑。需求分析是整个数据库设计中最重要的一步，为后续的各个阶段提供充足的信息，如果把整个数据库设计看做一个系统工程，那么需求分析就是该系统工程最原始的输入信息，需求分析不充分，会导致整个数据库重新返工。

2．概念结构设计阶段

概念结构设计阶段是整个数据库设计的关键。通过对用户需求进行综合、归纳与抽象，形成一个独立于具体 DBMS 的概念模型。

概念结构设计的策略主要有以下几种。

- 自底向上。先定义每个局部应用的概念结构，然后按一定的规则把它们集成起来，从而得到全局概念结构。
- 自顶向下。先定义全局概念结构，然后逐步细化。
- 自内向外。先定义最重要的核心结构，然后逐步向往扩展。
- 混合策略。先用自顶向下的方法设计一个概念结构的框架，然后以它为框架再用自底向上策略设计局部概念结构，最后集成。

3．逻辑结构设计阶段

逻辑结构设计阶段将概念结构转换为某个 DBMS 所支持的数据模型，并将其性能进行优化。

逻辑结构设计一般包含两步。

- 将概念结构转换为某种组织层数据模型。
- 对组织层数据模型进行优化。

4．数据库物理结构设计阶段

数据库物理结构设计阶段是利用数据库管理系统提供的方法和技术，对已经确定的数据库逻辑结构，以较优的存储结构、数据存取路径、合理的数据存储位置及存储分配，设计出一个高效的、可实现的物理数据库结构。

数据库物理结构设计通常分两步。

- 确定数据库的物理结构，在关系数据库中主要指存取方法和存储结构。
- 对物理结构进行评价，评价的重点是时间和空间效率。

如果评价的结果满足原设计要求，则可以进入数据库实施阶段，否则，需要重新设计或修改物理结构，有时甚至需要返回到逻辑设计阶段修改数据模式。

若物理数据库设计得合理，可以使事务的响应时间短，存储空间利用率高，事务吞吐量大。在设计数据库时，首先要对经常用到的查询和对数据进行更新的事务进行详细的分析，获得物理结构设计所需的各种参数。其次，要充分了解所使用的 DBMS 的内部特征，特别是系统提供的存取方法和存储结构。

通常关系数据库的物理结构设计主要包括以下内容。

- 确定数据的存取方法。
- 确定数据的存储结构。

5．数据库实施阶段

在数据库实施阶段运用 DBMS 提供的数据语言（如 SQL）及宿主语言（如 C），根据逻辑设计和物理设计的结果建立数据库，编制与调试应用程序，组织数据入库，并进行试运行。

6．数据库运行与维护阶段

数据库应用系统经过试运行后即可投入正式运行，在运行过程中需要不断对其进行调整、修改与完善。

图 1-1 给出了各阶段的设计内容及各阶段的设计描述。

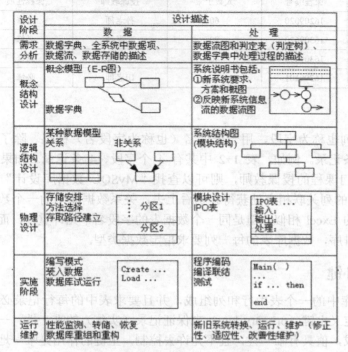

图 1-1　数据库设计阶段及内容描述

设计一个完善的数据库应用系统需要上述 6 个阶段的不断反复。在设计过程中，应把数据库的结构设计和数据处理的操作紧密结合起来，这两个方面的需求分析、数据抽象、系统设计及实现等各阶段应同时进行，互相参照和互相补充。

1.2　关系模型

关系模型是目前最重要的也是应用最广泛的数据模型。简而言之，关系就是一张二维表，由行和列组成。关系模型将数据模型组织成表格的形式，这种表格在数学上称为关系。

1.2.1　数据库和表

关系数据库是由多个表和其他数据库对象组成的，表是一种最基本的数据库对象，由行和列组成，类似电子表格。一个关系数据库通常包含多个二维表（称为数据库表或表），从而实现所设计的应用中各类信息的存储和维护。在关系数据库中，如果存在多个表，则表与表之间也会因为字段的关系产生关联，关联性由主键和外键所体现的参照关系实现。关系数据库不仅包含表，还包含其他数据库对象，如关系图、试图、存储过程和索引等，所以，通常提到的关系数据库就是指一些相关的表和其他数据库对象的集合。例如，表 1-2 所示的课程表中收集了教师申报课程的相关信息，包括课程名、课程编号、人数上限、授课教师、课程性质及课程状态信息，构成了一张二维表。

表 1-2 课程表（二维表实例）

课程名	课程编号	人数上限	授课教师	课程性质	状态
C 语言程序设计	16209020	60	孙老师	必修	未审核
MySQL 数据库设计	16309620	90	李老师	必修	未审核
物联网导论	16309490	40	王老师	选修	未审核
专业外语	16209101	70	田老师	必修	未审核

1.2.2 列和行

数据表中的列也称为字段，用一个列名（也称为字段名）标记。除了字段名行，表中每一行都称为一条记录。例如，表 1-2 中共有 4 个字段、4 条记录。如果想查找"MySQL 数据库设计"这门课程的授课教师，则可以查找"MySQL 数据库设计"所在的行与字段"授课教师"所在的列关联相交处获得。初看上去，关系数据库中的一个数据表与一个不存在"合并单元"的 Excel 相似，但是同一个数据表的字段名不允许重复，而且为了优化存储空间，便于数据排序，数据库表的每一列要求指定数据类型。

1.2.3 主键与外键

关系型数据库中的一个表由行和列组成，并且要求表中的每行记录必须唯一。在设计表时，可以通过定义主键（primary key）来保证记录（实体）的唯一性。一个表的主键由一个或多个字段组成，值具有唯一性，且不允许去控制，主键的作用是唯一地标识表中的每一条记录。例如，在表 1-3 中，可以用"学号"字段作为主键，但是不能使用"姓名"字段作为主键，因为存在同名现象，无法保证唯一性，有时候表中也有可能没有一个字段具有唯一性，即没有任何字段可以作为主键，这时可以考虑使用两个或两个以上字段的组合作为主键。

表 1-3 主键外键关系

学号	课程编号	成绩
14180070	16209020	98
14180071	16309620	95
14180083	16309490	87
17180086	16209101	90

为表定义主键时需要注意以下几点。
- 以取值简单的关键字作为主键。例如，如果学生表存在"学号"和"身份证号"两个字段，建议选取"学号"作为主键，对于开发人员来说"学号"的取值比"身份证号"取值简单。
- 不建议使用复合主键。在设计数据库表时，复合主键会给表的维护带来不便，因此不建议使用，对应存在复合主键的表，建议向表中添加一个没有实际意义的字段作为该表的主键。
- 以添加一个没有实际意义的字段作为表的主键的方式来解决无法从已有字段选择主

键或者存在复合主键的问题。例如，在课程表中如果没有包含"课程编号"这个字段，此时因为"课程名"可能重复，课程表就没有关键字，开发人员可以在课程表中添加一个没有实际意义的字段，如"课程号"作为该表的主键。
- 当数据库开发人员向数据库中添加一个没有实际意义的字段作为表的主键时，建议该主键的值由数据库管理系统或者应用程序自动生成，既方便、又避免了人工录入人为操作引入错误的几率。

一个关系型数据库可能包含多个表，可以通过外键（foreign key）使这些表关联起来。如果在表 A 中有一个字段对应表 B 中的主键，那么该字段称为表 A 的外键。该字段出现在表 A 中，但由它所标识的主题的详细信息存储在表 B 中，对表 A 来说这些信息是存储在表的外部的，因此称为外键。

如表 1-3 中所示的学生成绩表中有两个外键，一个是"学号"，其详细信息存储在"学生表"中；一个是"课程编号"，其详细信息存储在"课程表"中。"成绩表"和"学生表"中各有一个"学号"字段，该字段在"成绩表"中是外键，在"学生表"中则是主键，但这两个字段的数据类型及字段宽度必须保持一致，字段的名称可以相同，也可以不同。

1.2.4 约束

设计表时，可对表中的一个字段或多个字段的组合设置约束条件，由数据库管理系统（如 MySQL）自动检测输入的数据是否满足约束条件，不满足约束条件的数据将被数据库管理系统拒绝录入。约束分为表级约束和字段级约束，表级约束是对表中几个字段的约束，字段级约束是对表中一个字段的约束。几种常见的约束形式如下。

1. 主键约束

主键用来保证表中每条记录的唯一性，因此在设计数据库表时，建议为所有的数据库表都定义一个主键，用于保证数据库表中记录的唯一性。一张表只允许设置一个主键，这个主键可以是一个字段，也可以是一个字段组合（不建议使用复合主键）。单个字段作为主键时，使用字段级约束；用字段组合作为主键时，则使用表级约束。在录入数据的过程中，必须在所有主键字段中输入数据，即任何主键字段的值不允许为 null。如果不在主键字段中输入数据，或输入的数据在前面已经输入过，则这条记录将被拒绝。可以在创建表时创建主键，也可以对表已有的主键进行修改或者增加新的主键。

2. 外键约束

外键约束主要用于定义表与表之间的某种关系，对于表 A 来说，外键字段的取值是 null，或者是来自于表 B 的主键字段的取值，表 A 和表 B 必须存放在同一关系型数据库中。外键字段所在的表称为子表，主键字段所在的表称为父表，父表与子表之间通过外键字段建立起了外键约束关系，即表 A 称为表 B 的子表，表 B 称为表 A 的父表。

创建表时建议先创建父表，然后再创建子表，并且建议子表的外键字段与父表的主键字段的数据类型数据长度相似或者可以相互转换（最好相同）。子表与父表之间的外键约束关系如下。

- 如果子表的记录"参照"了父表的某条记录，则父表中该记录的删除（delete）或修改（update）操作可能以失败告终。
- 如果试图直接插入（insert）或者修改（update）子表的"外键值"，子表中的"外键值"必须是父表中的"主键值"或者 null，否则插入（insert）或者修改（update）操作失败。

> MySQL 的 InnoDB 存储引擎支持外键约束，而 MySQL 的 MyISAM 存储引擎暂时不支持外键约束。对于 MyISAM 存储引擎的表而言，数据库开发人员可以使用触发器"间接地"实现外键约束。

3．非空约束

如果在一个字段中允许不输入数据，可以将该字段定义为 null，如果在一个字段中必须输入数据，则应当将该字段定义为 not null。如果设置某个字段的非空约束，直接在该字段的数据类型后面加上 not null 关键字即可。当一个字段中出现 null 值时，意味着用户还没有为该字段输入值，非空约束限制该字段的内容不能为空，但可以是空白，所以 null 值既不等价于数值型数据中的 0，也不等价于字符型数据中的空字符串。

4．唯一性约束

如果一个字段值不允许重复，则应当对该字段添加唯一性（unique）约束。与主键约束不同，一张表中可以存在多个唯一性约束，满足唯一性约束的字段可以取 null 值。如果设置某个字段为唯一性约束，直接在该字段的数据类型后面加上 unique 关键字即可。

5．默认约束

默认值字段用于指定一个字段的默认值，当尚未在该字段中输入数据时，该字段中将自动填入这个默认值。例如，可以为课程表（course）中的人数上限（up_limit）字段设置默认值 90，则当尚未在该字段中输入数据时，该字段会自动填入默认值。如果设置某个字段的默认值约束，直接在该字段的数据类型后面加上"default 默认值"即可。如果对一个字段添加了 not null 约束，但又没有设置默认约束，则必须在该字段中输入一个非 null 值，否则会出现错误。

6．检查约束

检查（check）约束用于检查字段的输入值是否满足指定的条件，在表中输入或者修改记录时，如果不符合检查约束指定的条件，则数据不能写入该字段。例如，课程的人数上限必须在（90，100，120）整数集合中取值；一个人的性别必须在（'男'，'女'）字符串集合中取值；成绩表中的成绩字段需要满足大于等于 0、并且小于等于 100 的约束条件等。这些约束条件都属于检查约束。

> MySQL 暂时不支持检查（check）约束，数据库开发人员可以使用 MySQL 复合数据类型或者触发器"间接地"实现检查约束。

7．自增约束

自增（AUTO_INCREMENT）约束是 MySQL 唯一扩展的完整性约束，当向数据库表中插入新记录时，字段上的值会自动生成唯一的 ID。在具体设置自增约束时，一个数据库表中只能有一个字段使用该约束，该字段数据类型必须是整型类型。由于设置自增约束后的字段会生成唯一的 ID，所以该字段也经常会被设置为主键。MySQL 中通过 SQL 语句的 AUTO_INCREMENT 来实现。

8．删除约束

在 MySQL 数据库中，一个字段的所有约束都可以用 alter table 命令删除。

1.3 E-R 图

关系数据库设计一般要从数据模型 E-R 图（Entity-Relationship Diagram，E-R 图）设计开始。E-R 图既可以表示现实世界中的事物，又可以表示事物之间的关系，它描述了软件系统的数据存储需求，其中 E 表示实体，R 表示关系，所以 E-R 图由实体、属性和关系 3 个要素构成，通过一组与实体、属性和关系相关的概念可以很好地描述信息世界。

1.3.1 实体和属性

1. 实体

E-R 图中的实体表示现实世界具有相同属性描述的事物的集合，它不是某一个具体事物，而是一类事物的统称。E-R 图中的实体通常用矩形表示，如图 1-2 所示，把实体名写在矩形框内，实体中的每一个具体的记录值称为该实体的一个实例。在设计 E-R 图时，一个 E-R 图中通常包含多个实体，每个实体由实体名唯一标记。开发数据库时每个实体对应于数据库中的一张数据库表，每个实体的具体取值对应于数据库表中的一条记录。例如，在"选课系统"中，"课程"是一个实体，"课程"实体对应于"课程"数据库表，而"课程名"为 MySQL 数据库设计，"人数上限"为 90 的课程是课程实体的具体取值，对应于"课程"数据库表中的一条记录。

图 1-2 课程实体及属性

2. 属性

E-R 图中的属性通常表示实体的某种特征，也可以使用属性表示实体间关系的特征。一个实体通常包含多个属性，每个属性由属性名唯一标记，画在椭圆内，如图 1-2 所示，"课程"实体包含"课程名""人数上限""课程描述""状态" 4 个属性。再如图 1-3 所示，"学生实体"可以由"学号""姓名""性别""出生年月""专业"和"联系方式"等属性组成，而（14180070，李天，男，1990-08，计算机科学与技术，2014）具体描述了一个名叫李天的学生对应的实例。E-R 图中的实体的属性对应于数据库表的字段，例如图 1-2 中，"课程"实体具有"课程名""人数上限"等属性，对应于课程数据库表的"课程名"字段及"人数上限"字段。在 E-R 图中，通常来说属性是一个不可再分的最小单元，如果属性能够再分，建议将该属性进行细分，或者将其"升格"为另一实体。例如，在图 1-3 所示的"学生"实体的"联系方式"属性中，如果细分为 E-mail、QQ、固定电话和手机等联系方式，那么可以将"联系方式"属性进一步拆分为 E-mail、QQ、固定电话和手机 4 个属性。

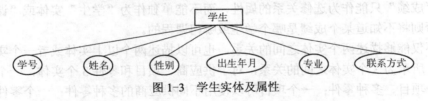

图 1-3 学生实体及属性

1.3.2 实体与属性之间的关系

在现实世界中,任何事物都不是孤立存在的,事物之间或事物内部是有联系的。这些联系在信息世界反映为实体间的关系和实体内部的关系。实体内部的关系是指组成实体的各属性之间存在的联系;实体之间的关系是指不同实体之间的联系。

E-R 图中的关系主要用来讨论实体间存在的联系,在 E-R 图中,联系用菱形表示,菱形框内写明联系的名称,并且用连线将联系框与它所关联的实体连接起来,并且在连线旁边标明关系的类型,如图 1-4 所示。E-R 图中实体间的关系类型一般有 3 种:一对一关系(1:1)、一对多关系(1:n)和多对多关系(m:n)。下面以两个实体间的关系为例来进一步说明这 3 种类型的关系。

1. 一对一关系(1:1)

对于实体集 A 中的每一个实体,实体集 B 中至多有一个(可以没有)实体与之联系,反之亦然,则实体集 A 与实体集 B 具有一对一关系(1:1)。如图 1-4a 所示,对于初高中学校而言,每个班级只有一名班主任,而一名班主任只负责一个班级,则班级和班主任实体之间具有一对一关系。

2. 一对多关系(1:n)

对于实体集 A 中的每一个实体,实体集 B 中有 n 个实体(n≥0)与之联系,而对于实体级 B 中的每个实体,实体级 A 中至多只有一个实体与之联系,则称实体集 A 与实体集 B 具有一对多关系。如图 1-4b 所示,一般情况下,在高校里,每个专业有若干名学生,而每个学生只能选择一个专业学习,则专业和学生实体间存在着一对多关系。

3. 多对多关系(m:n)

对于实体集 A 中的每个实体,实体集 B 中有 n 个实体(n≥0)与之联系,反之,对于实体集 B 中的每个实体,实体集 A 中有 m 个实体(m≥0)与之联系,则称实体 A 与实体 B 具有多对多关系。如图 1-4c 所示,在学校里,每个学生可以选修多门课程,而一门课程也可以由不同的学生选修,则学生和课程实体间具有多对多关系。

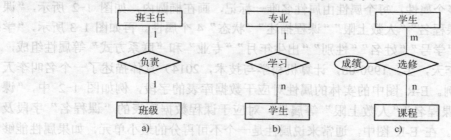

图 1-4 两个实体之间的关系类型
a) 1:1 关系 b) 1:n 关系 c) m:n 关系

关系也可以具有属性,如图 1-4c 所示,由于每个学生选修一门课程将有唯一的一个成绩,因此"成绩"只能作为选修关系的属性,而不能单独作为"学生"实体或"课程"实体的属性,否则将不知道某个成绩是哪个学生或哪门课程的。

E-R 不仅能够描述两个实体之间的关系,也可以描述两个以上实体或者一个实体内的关系。图 1-5 所示为 3 个实体之间的关系,对于供应商、项目和零件 3 个实体,一个供应商可以供给多个项目、多种零件;一个项目可以使用不同供应商的多种零件;一个零件可以由多个供应商供给多个项目。

图 1-6 所示是一个单个实体内的关系，在高等学校，教师通常是按照学院或者系进行管理的，每位教师由一个院长或者主任直接领导，而院长或系主任领导本院或者本系的多名教师，由于院长或者系主任都是教师中的一员，因此教师实体内部存在着领导与被领导的一对多的关系。

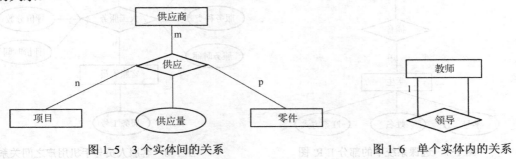

图 1-5 3 个实体间的关系　　　　　　　图 1-6 单个实体内的关系

1.3.3　E-R 图的设计原则

数据库设计通常采用"一事一地"原则，可以从实体与属性方面体现。

1）属性应该存在且仅存在于某一个地方（实体或者关联）。

该原则确保了数据库中的某个数据仅存储于某个数据库表中，避免了同一数据存储于多个数据库表中，避免了数据冗余。

2）实体是一个单独的个体，不能存在于另一个实体中成为其属性。

该原则确保了一个数据库表中不能包含另一个数据库表，即不能出现"表中套表"的现象。

例如，在"选课系统"中，学生选课时需要提供学号、姓名、班级名、所属院校名及联系方式等信息。学号、姓名及联系方式需要作为学生实体的属性出现，而班级名和院系名则无法作为学生实体的属性出现。如果将班级名和院系名也作为学生实体的属性，那么学生实体存在（学号、姓名、联系方式、班级名、院系名）5 个属性，学生实体中出现了"表中套表"的现象，违背了"一事一地"原则。这是由于，班级名和院系名联系紧密，班级属于院系，院系通常包含多个班级，应该将"班级名"属性与"院系名"属性抽取出来，放入"班级"实体中，将一个"大"的"实体"分解成两个"小"的实体，并且建立班级实体与学生实体之间的一对多关系，从而得到"选课系统"中的部分 E-R 图，如图 1-7 所示。

3）同一个实体在同一个 E-R 图中仅出现一次。

当同一个 E-R 图中两个实体间存在多种关系时，为了表示实体间的多种关系，建议不要让同一个实体出现多次。例如，中国移动提供的 10086 人工服务中，客服人员为手机用户提供服务后，手机用户可以对该客服人员进行评价，客户人员与手机用户之间存在服务与被服务、评价与被评价等多种关系，本着"一事一地"原则，客服人员与手机用户之间的关系可以用如图 1-8 所示的 E-R 图表示，客服人员实体与手机用户实体在 E-R 图中仅出现一次。

本着"一事一地"原则对"选课系统"进行设计，得到所有的"部分"E-R 图，并将其合并成为"选课系统"E-R 图，如图 1-9 所示，其中共有 4 个实体，分别为教师、课程、学生和班级，每个实体包含的属性实体间的关系如图 1-9 所示。

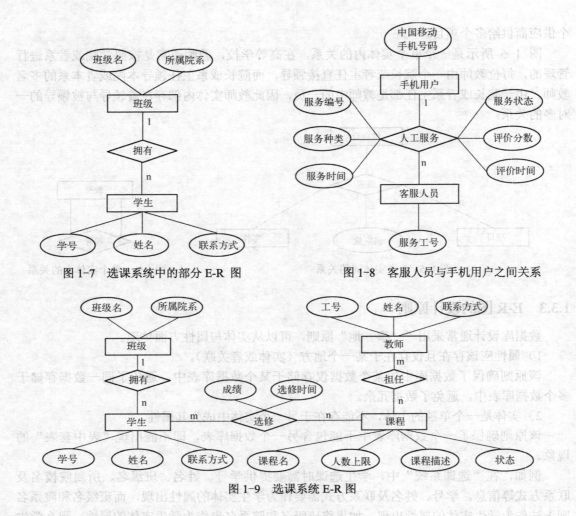

图 1-7　选课系统中的部分 E-R 图　　　　图 1-8　客服人员与手机用户之间关系

图 1-9　选课系统 E-R 图

本章总结

本章首先介绍了数据库设计的基本概念，简述了关系数据库、结构化查询语言 SQL 的组成与特点，并进一步阐述了数据库设计的基本步骤及注意事项。接着对关系模型进行了介绍，描述了数据库和表、列和行，以及主要约束。在 E-R 图内容的阐述中，介绍了实体、属性和关系，并给出了 E-R 图的设计原则与方法。

实践与练习

1. 选择题

（1）数据库系统的核心是（　　）。
　　A．数据模型　　　B．数据库管理系统　　C．数据库　　　　D．数据库管理员
（2）E-R 图中提供了表示信息世界中实体、属性和（　　）的方法。
　　A．数据　　　　　B．关系　　　　　　　C．表　　　　　　D．模式

(3) E-R 图是数据库设计的工具之一，它一般适用于建立数据库的（　　）。
　　A．概念模型　　　B．结构模型　　　C．物理模型　　　D．逻辑模型
(4) SQL 语言又称（　　）。
　　A．结构化定义语言　　　　　　　B．结构化控制语言
　　C．结构化查询语言　　　　　　　D．结构化操纵语言
(5) 可用于从表中检索数据的 SQL 语句是（　　）。
　　A．SELECT 语句　　　　　　　　B．INSETR 语句
　　C．UPDATE 语句　　　　　　　　D．DELETE 语句

2．概念题
(1) 简述什么是数据库、数据库系统和数据库管理系统？
(2) 简述什么是关系型数据库？
(3) 简述 SQL 功能及包含的主要动词。
(4) 数据库设计包含哪几个阶段，请分别简要阐述。
(5) 什么是 E-R 图中的实体和属性，以及它们的表示方法？

3．操作题
现有班级信息管理系统需要设计，希望数据库能够管理班级与学生信息，其中学生信息包括学号、姓名、年龄、性别和班级名；班级信息包括班级名、班主任和班级人数。
(1) 确定班级实体和学生实体的属性。
(2) 确定班级和学生之间的关系，给关系命名并指出关系的类型。
(3) 确定关系本身的属性。
(4) 画出班级与学生关系的 E-R 图。

实验指导：E-R 图的设计与画法

实验目的和要求
- 了解 E-R 图的构成要素。
- 掌握 E-R 图的设计原则。
- 掌握 E-R 图的绘制方法。
- 掌握概念模型向逻辑模型的转换原则和步骤。

题目 1

1．任务描述
请为电冰箱经销商设计一套存储生产厂商和产品信息的数据库，要求生产厂商的信息包括产商名称、地址和电话；产品的信息包括品牌、型号和价格；生产厂商生产某种产品的数量和日期。

2．任务要求
(1) 确定产品实体与生产厂商实体的属性。
(2) 确定产品和生产厂商之间的关系，为关系命名并指出关系的类型。
(3) 确定关系本身的属性。
(4) 画出产品与生产厂商关系的 E-R 图。

（5）将 E-R 图转换为关系模式，写出表的关系模式并标明各自的主键。
3. 知识点提示
本任务主要用到以下知识点。
（1）E-R 图中的实体概念特点及表示方法。
（2）E-R 图中的属性概念特点及表示方法。
（3）实体之间关系的种类。
（4）E-R 图到关系模式转换的方法及主键确定。

题目 2
1. 任务描述
现有学生选课系统需要设计，希望数据库能够管理学生选课与课程的数据库，其中学生信息包括学号、姓名、性别、所在院系和联系方式；课程信息包括课程编号、课程名、人数上限、课程描述、学分、学期及状态。
2. 任务要求
（1）确定学生实体与课程实体的属性。
（2）确定学生和课程之间的关系，为关系命名并指出关系的类型。
（3）确定关系本身的属性。
（4）画出学生与课程的 E-R 图。
（5）将 E-R 图转换为关系模式，写出表的关系模式并标明各自的主键。
3. 知识点提示
本任务主要用到以下知识点。
（1）E-R 图中的实体概念特点及表示方法。
（2）E-R 图中的属性概念特点及表示方法。
（3）实体之间关系的种类。
（4）E-R 图到关系模式转换的方法及主键确定。

题目 3
1. 任务描述
在题目 2 的基础上，完善选课系统，要求所设计的系统中共有 4 个实体，分别为教师、课程、学生和班级。本着"一事一地"原则对"选课系统"进行设计。
2. 任务要求
（1）确定选课系统中出现的实体的属性。
（2）确定各实体之间的关系，为关系命名并指出关系的类型。
（3）确定关系本身的属性。
（4）画出选课系统的 E-R 图。
3. 知识点提示
本任务主要用到以下知识点。
（1）E-R 图中的实体概念特点及表示方法。
（2）E-R 图中的属性概念特点及表示方法。
（3）实体之间关系的种类。
（4）E-R 图设计方法。

第 2 章 MySQL 数据库概述

本章介绍 MySQL 相关的基础知识，主要包括 MySQL 的体系结构、安装与配置过程，以及 MySQL 数据库和数据表的基本操作。

2.1 认识 MySQL 数据库

MySQL 是一种关系型数据库管理系统，关系型数据库将数据保存在不同的表中，而不是将所有数据存放在一个大仓库内，这样就提高了速度和灵活性。

2.1.1 MySQL 简介

MySQL 是一个开源的关系型数据库管理系统，由瑞典 MySQL AB 公司开发。MySQL 在 2008 年 1 月被 Sun 公司收购，而 2009 年 4 月，Sun 公司又被 Oracle 公司收购。由于 MySQL 具有体积小、运行速度快、成本低，尤其是开放源码这一特点，许多中小型网站为了降低网站总体成本而选择 MySQL 作为网站数据库。MySQL 被设计为单进程多线程的架构，这一特性决定了 MySQL 属于轻量级的数据库。

MySQL 具有以下系统特性。
- MySQL 可以在各种常见的操作系统中运行，包括 UNIX、Linux、FreeBSD、Windows、Mac OS 及 OS/2 等，可以方便地将数据库从一个操作系统转移到另一个操作系统。
- 为 C、C++、Java、Perl、PHP、Python 和 Ruby 等多种编程语言提供了 API。
- 支持多线程，可充分利用 CPU 资源。
- 优化的 SQL 查询算法，能有效地提高查询速度。
- 支持多种存储引擎，提供了事务性和非事务性存储引擎。
- 提供用于管理、检查和优化数据库操作的管理工具。
- MySQL 的开源性表明任何人都可以根据自身需要使用和修改软件，以满足自身的需求。

2.1.2 MySQL 体系结构

MySQL 的组成部分包括连接池组件、管理服务和工具组件、SQL 接口组件、查询分析器组件、优化器组件、缓存组件、插件式存储引擎，以及物理文件。MySQL 体系结构图如图 2-1 所示。

各部分说明如下。
1) Connectors：指的是不同语言中与 SQL 的交互。
2) Management Services & Utilities：系统管理和控制工具。

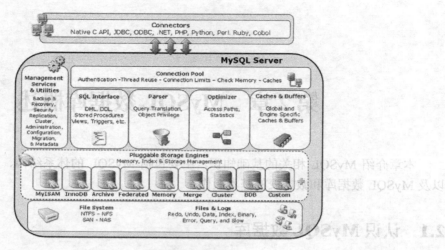

图 2-1　MySQL 体系结构

3）Connection Pool：连接池，管理缓冲用户连接、线程处理等需要缓存的需求。

4）SQL Interface：SQL 接口，接受用户的 SQL 命令，并且返回用户需要查询的结果，比如，SELECT 语句就是调用 SQL Interface。

5）Parser：解析器，SQL 命令传递到解析器时会被解析器验证和解析。

6）Optimizer：查询优化器，SQL 语句在查询之前会使用查询优化器对查询进行优化，使用的是 "选取-投影-联接" 策略进行查询。

7）Caches & Buffers：查询缓存，如果查询缓存有命中的查询结果，查询语句就可以直接去查询缓存中取数据。

8）Pluggable Storage Engines：插件式存储引擎，存储引擎是 MySQL 中与文件打交道的子系统。MySQL 的存储引擎是插件式的，它根据文件访问层的一个抽象接口来定制一种文件访问机制。

2.2　MySQL 数据库的安装和配置

本节将介绍 MySQL 数据库的安装和配置过程。

2.2.1　MySQL 的安装和配置服务

本书以 Windows 操作系统为开发平台，采用的是 MySQL 5.0.22 版本，读者可根据自己系统的要求下载相应的版本，官方网址为 http://www.mysql.com/。下载后的文件名称为 MySql5.0_Setup.exe，双击该文件即可开始安装。具体安装步骤如下。

1）双击 MySql5.0_Setup.exe 文件，在弹出的安装向导对话框中，单击 Next 按钮，如图 2-2 所示。

2）进入选择安装类型的对话框，如图 2-3 所示。安装类型分为 Typical（典型安装）、Complete（完全安装）及 Custom（自定义安装）。默认为 Typical，即只安装常用的 MySQL 组件并且不能修改安装目录，默认将 MySQL 安装在 C:\Program Files\MySQL\MySQL Server 5.0\目录中。

16

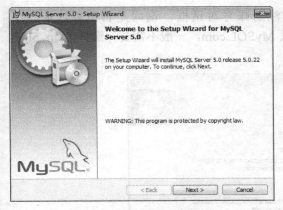
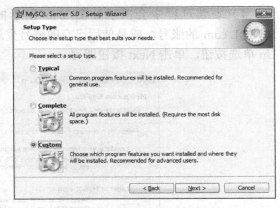

图 2-2　安装向导对话框　　　　　　　　　图 2-3　选择安装类型对话框

选择 Custom 单选按钮，单击 Next 按钮，进入自定义安装对话框，如图 2-4 所示。在自定义安装对话框中选择合适的安装组件，单击 Change 按钮，将安装路径更改为 D:\MySQL Server 5.0\，单击 Next 按钮。

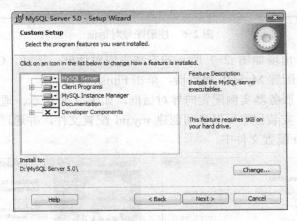

图 2-4　自定义安装对话框

3）进入准备安装程序对话框，如图 2-5 所示，单击 Install 按钮，开始安装。

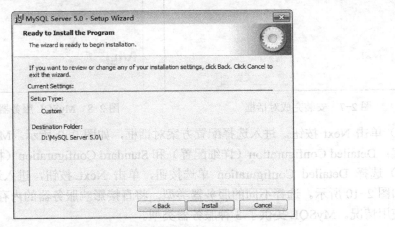

图 2-5　准备安装程序对话框

17

4）安装过程中会出现如图 2-6 所示的注册账号对话框，询问是否需要注册一个 MySQL.com 的账号，或是使用已有的账号登录 MySQL.com，一般不需要，选择 Skip Sign-Up 单选按钮，单击 Next 按钮即可。

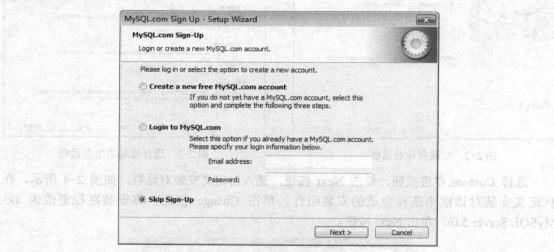

图 2-6　注册账号对话框

5）安装完成后，出现如图 2-7 所示的安装完成对话框，选择"Configure the MySQL Server now"复选框，配置 MySQL 服务器，单击 Finish 按钮。

6）进入 MySQL 服务器实例配置向导对话框，如图 2-8 所示。通过 MySQL 服务器实例配置向导，MySQL 安装程序可以自动创建 my.ini 配置文件，并通过图形化的方式将常用的配置信息写入 my.ini 配置文件中。

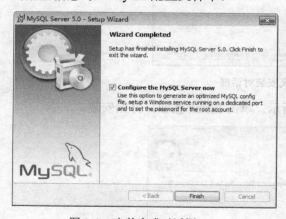 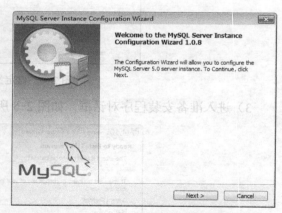

图 2-7　安装完成对话框　　　　　　　　图 2-8　MySQL 服务器实例配置向导对话框

7）单击 Next 按钮，进入选择配置方案对话框，如图 2-9 所示。MySQL 提供了两种配置方案：Detailed Configuration（详细配置）和 Standard Configuration（标准配置）。

8）选择 Detailed Configuration 单选按钮，单击 Next 按钮，进入选择服务器类型对话框，如图 2-10 所示。选择不同的服务器类型，将直接影响服务器的内存、硬盘及 CPU 等资源的使用情况。MySQL 提供了 3 种服务器类型。

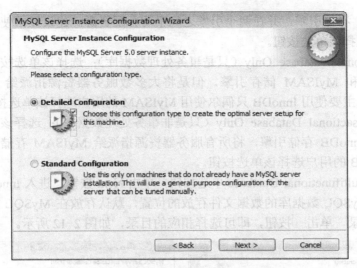

图 2-9　配置方案对话框

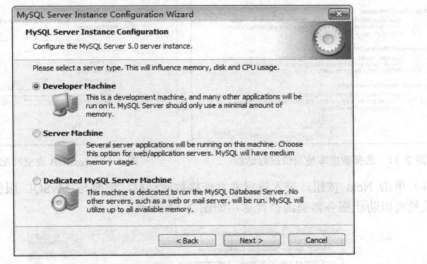

图 2-10　选择服务器类型对话框

- Developer Machine：作为开发服务器，适用于数据库开发阶段，MySQL 服务器运行期间占用较少的内存资源。
- Server Machine：作为普通的服务器，MySQL 服务器运行期间占用中等的内存资源。
- Dedicated MySQL Server Machine：作为专门的数据库服务器，MySQL 服务器运行期间占用尽可能多的内存资源。

9）选择 Developer Machine 单选按钮，单击 Next 按钮，进入选择数据库使用情况对话框，如图 2-11 所示。通过数据库使用情况对话框，可以选择在创建 MySQL 表时所使用的存储引擎。

- Multifunctional Database（多功能数据库）：选择该单选按钮，则同时使用 InnoDB 和

19

MyISAM 存储引擎，并在两个引擎之间平均分配资源。建议经常使用两个存储引擎的用户选择该单选按钮。
- Transactional Database Only（只是事务处理数据库）：选择该单选按钮，将同时使用 InnoDB 和 MyISAM 储存引擎，但是将大多数服务器资源指派给 InnoDB 存储引擎。建议主要使用 InnoDB 只偶尔使用 MyISAM 的用户选择该单选按钮。
- Non-Transactional Database Only（只是非事务处理数据库）：选择该单选按钮，将完全禁用 InnoDB 存储引擎，将所有服务器资源指派给 MyISAM 存储引擎。建议不使用 InnoDB 的用户选择该单选按钮。

10）选择 Multifunctional Database 单选按钮，单击 Next 按钮，进入 InnoDB 表空间配置对话框，选择 MySQL 数据库的数据文件存放的位置，默认存放在 MySQL 的安装路径下。若要更改保存目录，单击 按钮，即可选择相应的目录，如图 2-12 所示。

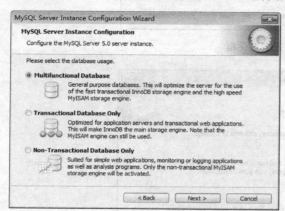
图 2-11　选择数据库使用情况对话框

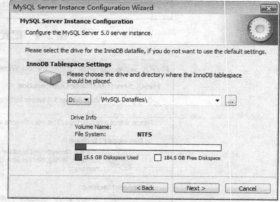
图 2-12　InnoDB 表空间配置对话框

11）单击 Next 按钮，进入设置并发连接数对话框，限制与 MySQL 服务器之间的并发连接数量可以防止服务器资源被耗尽，如图 2-13 所示。

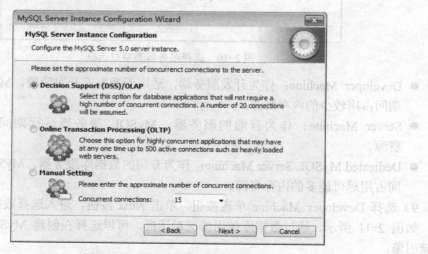
图 2-13　设置并发连接数对话框

- Decision Support（DSS）/OLAP（决策支持）：最大连接数设置为 100，平均并发连接数为 20。
- Online Transaction Processing（OLTP）（联机事务处理）：最大连接数设置为 500。
- Manual Setting（手动设置）：可以手动设置服务器并发连接的最大数目。

12）选择 Decision Support（DSS）/OLAP 单选按钮，单击 Next 按钮，进入网络配置对话框，如图 2-14 所示。默认选择 Enable TCP/IP Networking 复选框，表示可以通过 TCP/IP 协议远程连接 MySQL 服务器。Port Number 的默认值为 3306，表示 MySQL 服务器运行过程中占用 3306 端口。

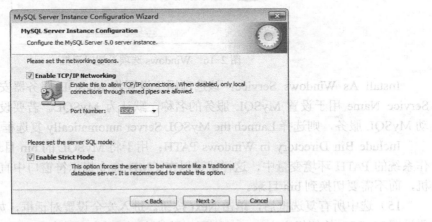

图 2-14　网络配置对话框

Enable Strict Mode（启用标准模式）：将 MySQL 设置为严格的 SQL 模式，这样可以尽量保证 MySQL 语法符合标准 SQL 语法，推荐选择该复选框。

13）单击 Next 按钮，进入设置默认字符集对话框，如图 2-15 所示。选择 Best Support For Multilingualism 单选按钮，表示设置 UTF8 字符集为 MySQL 默认的字符集，UTF8 字符集支持所有国家的语言。

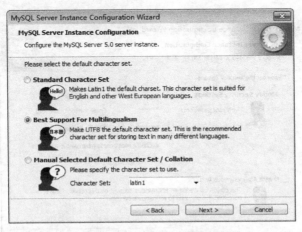

图 2-15　设置默认字符集对话框

14）单击 Next 按钮，进入 Windows 选项设置对话框，如图 2-16 所示。

21

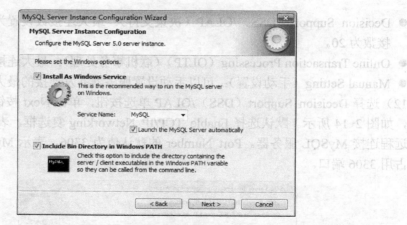

图 2-16　Windows 选项设置对话框

Install As Windows Service：该选项用于设置将 MySQL 服务器安装成一个系统服务。Service Name 用于设置 MySQL 服务的名称，默认为 MySQL。若要设置系统启动后自动启动 MySQL 服务，则选择 Launch the MySQL Server automatically 复选框。

Include Bin Directory in Windows PATH：用于将 MySQL 的 bin 目录添加到 Windows 操作系统的 PATH 环境变量中，这样就可以在 CMD 命令提示符窗口中直接打开 MySQL 客户机，而不需要切换到 bin 目录。

15）选中所有复选框后，单击 Next 按钮。进入安全设置对话框，如图 2-17 所示。如果要设置 MySQL 的超级用户 root 的密码（默认密码为空），则选择 Modify Security Settings 复选框，在 New root password 和 Confirm 两个文本框中输入重设的密码。如果允许远程机器使用 root 账号连接到当前 MySQL 服务器上，则选择 Enable root access from remote machines 复选框。若要创建一个匿名用户账户，则选择 Create An Anonymous Account 复选框，表示可以使用任何账号名连接 MySQL 服务器（默认密码为空），并且该匿名账户几乎拥有与超级管理员 root 相同的权限。创建匿名账户会降低服务器的安全，并造成登录和许可困难，因此不建议选择。

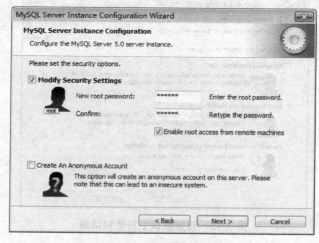

图 2-17　安全设置对话框

16）单击 Next 按钮，进入准备执行配置对话框，如图 2-18 所示。单击 Execute 按钮，开始执行配置过程。配置完成后，单击 Finish 按钮，如图 2-19 所示。

图 2-18　准备执行配置对话框

图 2-19　配置完成对话框

2.2.2　启动和停止服务

在 Windows 操作系统中配置 MySQL 服务时，如果将 MySQL 服务注册为 Windows 操作系统的一个系统服务，则可以通过以下几种方法来启动和停止 MySQL 服务。

方法一：在桌面上右击"计算机"图标，在弹出的快捷菜单中选择"管理"命令。打开"计算机管理"窗口，展开左侧列表中的"服务和应用程序"选项，然后选择"服务"选项。在右侧的"服务"视图中找到 MySQL 服务，单击相应功能即可实现 MySQL 服务的启动、暂停、停止及重启动。

方法二：选择"开始"|"运行"命令，在弹出的"运行"对话框中输入 services.msc 命令，单击"确定"按钮，即可打开"服务"窗口，如图 2-20 所示。找到 MySQL 服务，即可完成相应的功能。

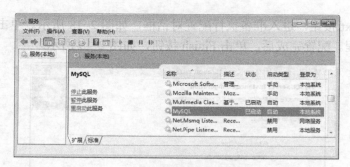

图 2-20 服务窗口

方法三：选择"开始"|"运行"，在弹出的"运行"对话框中输入 cmd 命令，单击"确定"按钮，进入 DOS 命令窗口。在命令提示符后输入 net start mysql 命令或 net stop mysql 命令，按【Enter】键，即可实现 MySQL 服务的启动与停止，如图 2-21 所示。

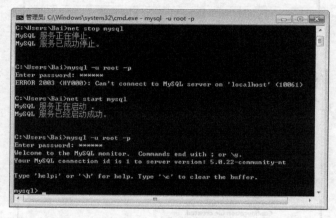

图 2-21 启动与停止服务

2.2.3 MySQL 加入环境变量

在 Windows 操作系统中配置 MySQL 服务时，若没有选择 Include Bin Directory in Windows PATH 复选框，也就是没有将 MySQL 服务的 bin 目录添加到环境变量 PATH 中。在这种情况下，选择"开始"|"运行"命令，在弹出的"运行"对话框中输入 cmd 命令，单击"确定"按钮，进入 DOS 命令窗口。在命令提示符后输入 mysql -u root -p 命令，按下【Enter】键，系统将会输出"'mysql'不是内部或外部命令，也不是可运行的程序或批处理文件"类似的出错信息，如图 2-22 所示，表明系统找不到相应的 MySQL 程序。

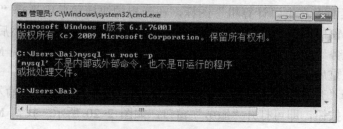

图 2-22 出错信息

此时，可以通过设置环境变量 PATH 来解决这个问题。具体步骤如下。

1）右击"计算机"图标，在弹出的快捷菜单中选择"属性"命令。打开"系统"窗口，选择"高级系统设置"选择，在弹出的"系统属性"对话框中选择"高级"选项卡，然后单击"环境变量"按钮，将弹出"环境变量"对话框。

2）在系统变量列表中查看是否存在 PATH 变量（注意：不区分大小写）。如果不存在，则新建系统变量 PATH；若存在，则选中该变量，单击"编辑"按钮，弹出"编辑系统变量"对话框。在"变量值"文本框中原有变量值的后面增加 MySQL 安装目录下 bin 目录的路径，本书中对应的路径是："D:\MySQL Server 5.0\bin;"，如图 2-23 所示。单击"确定"按钮，完成系统变量 PATH 的编辑。

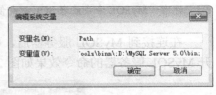

图 2-23　编辑 PATH 环境变量

此时重新打开一个新的 DOS 命令窗口，在命令提示符后输入 mysql -u root -p 命令，按【Enter】键，如果系统运行结果如图 2-24 所示，则表明环境变量 PATH 配置成功。

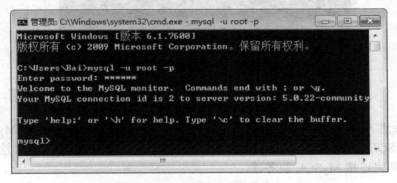

图 2-24　配置正确后的信息

2.2.4　连接 MySQL 服务器

MySQL 服务启动以后，如果要访问 MySQL 服务器上的数据，必须先连接 MySQL 服务器。连接 MySQL 服务器的命令格式如下。

```
mysql -h 服务器主机名 -u 用户名 –p
```

各选项的含义如下。

- -h：指定所要连接的 MySQL 服务器主机，可以是 IP 地址，也可以是服务器域名。如果 MySQL 服务器与执行 MySQL 命令的机器是同一台主机，主机名可以使用 localhost 或使用 IP 地址 127.0.0.0，也可以省略此选项。
- -u：指定连接 MySQL 服务器使用的用户名，如 root 为管理员用户，具有所有权限。
- -p：指定连接 MySQL 服务器使用的密码，在该参数后直接按【Enter】键，然后以密文的形式输入密码。

假设连接 MySQL 服务器的用户名和密码分别是 root 和 123456，如果本机既是客户机又是服务器，则可以使用以下命令来连接 MySQL 服务器。

```
mysql -u root –p
```

输入完上述命令之后，按【Enter】键，会显示要求输入密码的提示"Enter password："，输入 123456 后按【Enter】键。如果成功连接 MySQL 服务器，则会显示出欢迎信息及 mysql>提示符，等待用户输入 MySQL 命令或者 SQL 语句。

> 注意：MySQL 命令或者 SQL 语句使用"；"或者"\g"作为结束符号。

在连接到 MySQL 服务器后，可以随时输入 quit、exit 或\q 命令来终止会话。连接及断开 MySQL 服务器的命令效果如图 2-25 所示。

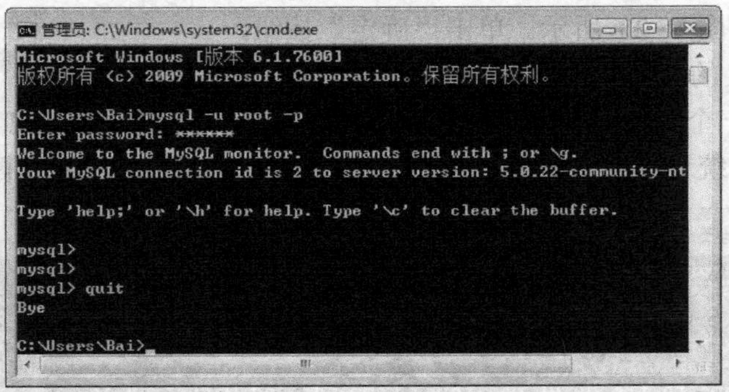

图 2-25　连接及断开 MySQL 服务器

另外一种进入 MySQL 控制台的方法为：单击"开始"按钮，选择 MySQL|MySQL Server 5.0|MySQL Command Line Client 命令，会出现控制台窗口，直接输入密码并按【Enter】键，即可连接 MySQL 服务器。

2.2.5　MySQL 可视化操作工具

在管理 MySQL 数据库的可视化操作工具中，比较常用的有 MySQL-Front、MySQL Workbench 及 Navicat for MySQL 等。本节将介绍 Navicat for MySQL 的使用方法。

Navicat for MySQL 的安装过程比较简单，下载相应版本直接进行安装即可，这里使用的是 11.0 版本。安装成功后，直接双击 navicat.exe 文件，进入操作界面。单击工具栏上的 Connection 按钮，将会打开设置连接属性的对话框，定义一个连接名称并输入正确的连接信息，如图 2-26 所示，单击 Test Connection 按钮，测试连接是否成功，然后单击 OK 按钮。

连接成功后，在左侧的导航窗口中会看到所连接服务器上所有的 MySQL 数据库，在本例中连接的本机服务器，其中灰色的图标表示没有打开数据库，绿色的图标就是已经被打开的数据库。

下面以创建一个学生管理系统的数据库为例进行介绍，创建数据库及表的过程如下。

1．创建数据库

右击 MySQL 连接，在弹出的快捷菜单中选择 New Database 命令，在打开的创建数据库对话框中输入数据库名称 school，设置字符集为 UTF8，如图 2-27 所示，然后单击 OK 按钮，完成数据库 school 的创建。

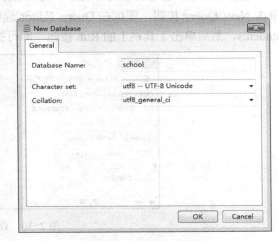

图 2-26　连接属性对话框　　　　　　　　图 2-27　创建数据库对话框

2．创建数据表

双击 school 数据库图标或者右击 school 图标，在弹出的快捷菜单中选择 Open Database 命令，都可以打开数据库，即设置 school 数据库为当前数据库。下面要创建一个 students 表，右击 Tables 图标，在弹出的快捷菜单中选择 New Table 命令，在右侧窗口中设计表的结构，如图 2-28 所示。然后单击工具栏上的 Save 按钮，将表名保存为 students。

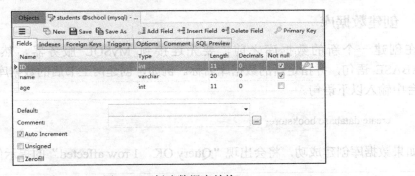

图 2-28　创建数据表结构

在左侧导航窗口中，双击 students 数据表图标或者右击 students 图标，在弹出的快捷菜单中选择 Open Table 命令，都可以打开数据表，然后向表中添加记录。由于 ID 字段设置了自动增量属性，ID 字段的值可由系统自动填充，用户无须填写。添加完记录的 students 表如图 2-29 所示。

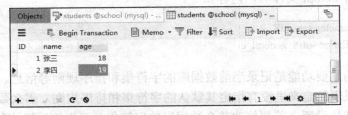

图 2-29　students 表记录

若要以 SQL 语句的形式对数据库及表进行操作，可单击工具栏上的 Query 按钮，然后再单击 New Query 按钮，即可在 Query Editor 选项卡下中输入 SQL 语句，如输入 select * from students，然后单击工具栏上的 Run 按钮，即可执行 SQL 语句，结果如图 2-30 所示。

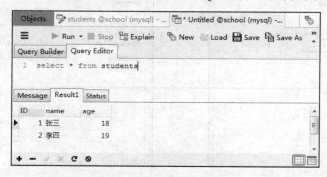

图 2-30　查询表记录

2.3　MySQL 数据库的基本操作

连接到 MySQL 服务器后，就可以使用数据定义语言（DDL）来定义和管理数据库对象，包括数据库、表、索引及视图等。本章以一个简单的网上书店的数据库管理为例，介绍数据库和表的创建，以及对数据库和表的各种操作。

2.3.1　创建数据库

在创建一个新的数据库之前，要先连接到 MySQL 服务器，然后执行 CREATE DATABASE 语句，并指定新的数据库名称。例如，创建网上书店的数据库 bookstore，可在控制台中输入以下语句。

```
create database bookstore;
```

如果数据库创建成功，将会出现"Query OK，1 row affected"的提示信息。

注意：新数据库名不能和已有数据库重名。

数据库 bookstore 创建成功后，MySQL 服务器会在其数据目录下创建一个目录，其名与数据库名相同，这个新目录被称为数据库目录。在本例中对应的数据库目录为 D:\MySQL Server 5.0\data\bookstore\，在 bookstore 目录下还会创建一个名为 db.opt 的文件。

用记事本打开 db.opt 文件后，内容如下。

```
default-character-set=utf8
default-collation=utf8_general_ci
```

db.opt 文件的主要功能是记录当前数据库的字符集和排序规则等信息。当在这个数据库中创建表时，如果表的定义里没有指定其默认的字符集和排序规则，那么数据库的默认设置就会成为该表的默认设置。若想修改某个数据库的字符集，可直接编辑该数据库对应的 opt

文件即可，也可以使用 MySQL 命令来设置数据库的字符集，命令如下。

　　　　alter database bookstore character set utf8;

该命令的修改结果将保存到 opt 文件中。

在 my.ini 配置文件中的[mysqld]选项组里，参数 datadir 设置了 MySQL 数据库文件存放的路径。在控制台中输入以下命令，可以查看参数 datadir 的值。

　　　　show variables like 'datadir';

2.3.2 查看数据库

使用以下 MySQL 命令可查看当前 MySQL 服务器上的数据库列表，命令执行结果如图 2-31 所示。

　　　　show databases;

在图 2-31 所示的数据库列表中，information_schema 和 mysql 为系统数据库，test 为测试数据库，bookstore 为刚刚创建的数据库。information_schema 是信息数据库，其中保存着 MySQL 服务器所维护的所有其他数据库的信息。mysql 数据库存储了 MySQL 的账户信息及 MySQL 账户的访问权限，进而实现 MySQL 的账户的身份认证和权限验证，确保数据安全。test 数据库是安装时创建的一个测试数据库，是一个空数据库，没有任何表，可以删除。

图 2-31　查看数据库

2.3.3 显示数据库

数据库创建好之后，可以使用以下 MySQL 命令来查看数据库的相关信息，如默认字符集等。

　　　　show create database bookstore;

命令执行结果如图 2-32 所示。

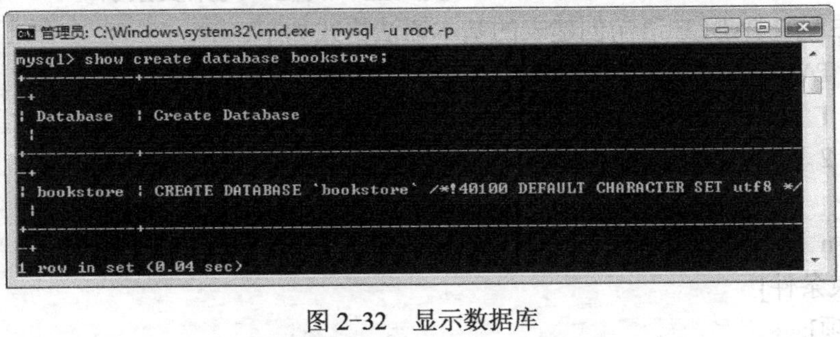

图 2-32　显示数据库

2.3.4 选择当前数据库

在进行数据库操作之前，必须指定操作的是哪个数据库，即需要指定哪一个数据库为当前数据库。在使用 CREATE DATABASE 命令创建新的数据库后，新数据库并不会自动地成为当前数据库。使用 SQL 语句 USE 即可指定当前数据库，如要选择 bookstore 为当前数据库，可使用以下命令。

```
use bookstore;
```

如果选择数据库成功，将会出现 Database changed 的提示信息，以后在控制台中输入的 MySQL 命令及 SQL 语句都将默认操作 bookstore 数据库中的数据库对象。

2.3.5 删除数据库

如果要删除一个指定的数据库，如 bookstore 数据库，可在控制台中使用下面的 SQL 语句。

```
drop database bookstore;
```

如果数据库删除成功，将会出现"Query OK, 0 rows affected"的提示信息。

> 注意：不要随意使用 DROP DATABASE 语句。这个操作将会删除指定数据库中的所有内容，包括该数据库中的表、视图和存储过程等各种信息，并且这是一个不可恢复的操作。

2.4 MySQL 数据库表结构的操作

数据库中典型的数据库对象包括表、视图、索引、存储过程、函数和触发器等。其中，表是数据库中最重要的数据库对象，它的主要功能是存放数据库中的各种数据。本节将介绍如何创建、查看、修改和删除 MySQL 数据库表。

2.4.1 创建数据表

创建好数据库以后，就可以创建其所包含的数据表。在关系数据库中，数据是以二维表的形式存放的，每一行代表一条记录，每一列代表一个字段。创建数据表主要是定义数据表的结构，包括数据表的名称、字段名、字段类型、属性、约束及索引等。

使用 CREATE TABLE 语句创建表的基本语法格式如下。

```
CREATE TABLE [IF NOT EXISTS] 表名
( 字段名1 数据类型 [约束]]
[,字段名2 数据类型 [约束]]
    ...
[,字段名n 数据类型 [约束]]
[其他约束条件]
)[其他选项];
```

其中，[]中为可选的内容，一个表可以由一个或多个字段组成，在字段名后面要定义该字段的数据类型。使用 AUTO_INCREMENT、NOT NULL、DEFAULT、PRIMARY KEY、UNIQUE 和 FOREIGN KEY 等属性来对字段进行约束限制。其他选项包括设置存储引擎、字符集等。设置存储引擎可以使用"ENGINE=存储引擎"语句来定义，存储引擎的名称不区分大小写，如果没有设置 ENGINE 选项，那么服务器将使用默认的存储引擎（InnoDB）来创建表。

例如，在 bookstore 数据库中创建一个名为 users 的用户表，代码如下。

```
use bookstore
create table users
(
    uid int not null primary key auto_increment,
    name varchar(20) not null unique,
    pwd varchar(20) not null,
    sex char(2)
)engine= InnoDB;
```

其中，use 语句表示选择 bookstore 数据库为当前数据库。primary key 属性定义 uid 字段为主键；auto_increment 属性定义 uid 字段的第一行记录值为 1，以后每一行的 uid 字段值在此基础上依次递增，增量为 1；unique 属性定义 name 字段的值不允许重复；not null 表示该字段的值不允许为空。

> 注意：新数据表名不能和已有数据表重名。

如果数据表创建成功，控制台中将会出现"Query OK，0 rows affected"的提示信息，并且在数据库目录 bookstore 中会自动创建一个表结构定义文件 users.frm。

> 提示：如果一条语句太长，可以根据需要，将这条语句分成多行进行输入，这时的提示符由 mysql>变成了->，mysql 等待继续输入语句内容，直到遇到分号，mysql 认为语句到此结束。

如果只想在一个表不存在时才创建新表，则应该在表名前面加上 IF NOT EXISTS 子句。这时系统不会检查已有表的结构是否与打算新创建的表的结构是否一致，系统只是查看表名是否存在，并且仅在表名不存在的情况下才创建新表。

可以使用 SHOW TABLES 命令来查看当前数据库中可用的表。

```
show tables;
```

下面介绍几种定义字段时常用的关键字。

1. AUTO_INCREMENT

该属性用于设置整数类型字段的自动增量属性，当数值类型的字段设置为自动增量时，每增加一条新记录，该字段的值就会自动加 1，而且此字段的值不允许重复。AUTO_INCREMENT 字段必须被索引，而且必须为 NOT NULL。每个表最多只能有一个字段具有 AUTO_INCREMENT 属性。

2. DEFAULT

DEFAULT 属性是指表中添加新行时给表中某一字段指定的默认值。使用 DEFAULT 定义，一是可以避免 NOT NULL 值的数据错误；二是可以加快用户的输入速度。

例如，设置 users 表中 sex 字段的默认值为 F，在创建 users 表时可使用以下语句。

```
sex enum('F','M') default 'F'
```

3. NOT NULL

指定 NOT NULL 属性的字段，不能有 NULL 值。当添加或修改数据时，设置了 NOT NULL 属性的字段值不允许为空，必须存在具体的值。

4. UNSIGNED

表示该值不能为负数。

5. PRIMARY KEY

表中唯一标识每一行的字段（可以是多个字段）可以定义为表的主键（PRIMARY KEY）。定义 PRIMARY KEY 时，该字段的空值属性必须定义为 NOT NULL。一个表中只能有一个 PRIMARY KEY。

有两种创建主键的方法（同样适用于 UNIQUE），下面两条 CREATE TABLE 语句是等价的。

```
create table test(
    uid int not null primary key
    );
```

```
create table test(
    uid int not null,
    primary key (uid)
    );
```

6. UNIQUE

UNIQUE 唯一索引通过在列中不输入重复值来保证一个字段或多个字段的数据完整性。与 PRIMARY KEY 不同的是，每个表可以创建多个 UNIQUE 列。

7. FOREIGN KEY

FOREIGN KEY 定义了表之间的关系，主要用来维护两个表之间的数据一致性关系，是关系数据库中增强表与表之间参照完整性的主要机制。定义 FOREIGN KEY 约束时，要求在主键表中定义了 PRIMARY KEY 约束或 UNIQUE 约束。只有 InnoDB 存储引擎提供外键支持机制。

在子表里定义外键的语法格式如下。

[CONSTRAINT 约束名] FOREIGN KEY (字段名)
REFERENCES 父表名 (字段名)
[ON DELETE 级联选项][ON UPDATE 级联选项]

例如，为订单表 orders 中的 uid 列创建外键约束，主键表（父表）为用户表 users，创建订单表的代码如下。

```
create table orders(
    oid int not null primary key,
    uid int not null,
    status int not null,
    totalprice float not null,
    constraint fk_orders_users foreign key (uid) references users (uid)
    on delete cascade
    on update cascade
)engine=InnoDB;
```

其中，ON DELETE CASCADE 子句表示当从 users 表中删除某条记录时，MySQL 应该自动从 orders 表中删除与 uid 值相匹配的行。ON UPDATE CASCADE 子句表示如果更改了 users 表中某条记录的 uid 值，那么 MySQL 将自动把 orders 表中所有匹配到的 uid 值也更改为这个新值。

2.4.2 查看数据库表结构

可以使用 DESCRIBE 语句来查看数据表结构，代码如下。

```
describe users;
```

在控制台中输入上述语句后的执行结果如图 2-33 所示。

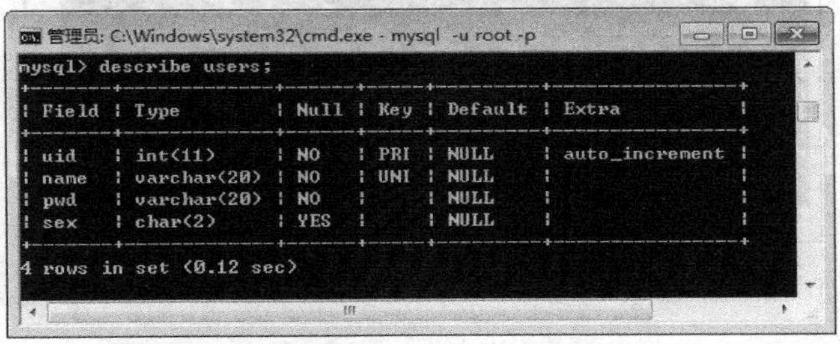

图 2-33 查看数据表结构

另外，使用 SHOW 命令也能得到同样的结果。

```
show columns from users;
```

2.4.3 修改表结构

在实际应用中，当发现某个表的结构不满足要求时，可以使用 ALTER TABLE 语句来修改表的结构，包括修改表的名称、添加新的字段、删除原有的字段、修改字段类型、索引及约束，还可以修改存储引擎及字符集等。

修改表的语法格式如下。

ALTER TABLE 表名 ACTION [,ACTION]…;

其中，每个动作（ACTION）是指对表所做的修改，MySQL 支持一条 ALTER TABLE 语句带多个动作，用逗号分隔。

下面将介绍几种常用的方式。

1. 修改字段

（1）添加新字段

向表里添加新字段可以通过在 ACTION 语句中使用 ADD 关键字实现，语法格式如下。

ALTER TABLE 表名 ADD 新字段名 数据类型 [约束条件][FIRST|AFTER 字段名]；

向表中添加新字段时通常需要指定新字段在表中的位置，如果没有指定 FIRST 或 AFTER 关键字，则在表的末尾添加新字段，否则在指定位置添加新字段。

例如，为用户表 users 添加一个 address 字段，数据类型为 varchar(50)，非空约束，可以使用下面的 SQL 语句。

    alter table users add address varchar(50) not null;

若要在 users 表中的 sex 字段后增加一个 phone 字段，数据类型为 varchar(20)，非空约束，则对应的 SQL 语句如下。

    alter table users add phone varchar(20) not null after sex;

添加字段后的 users 表的结构如图 2-34 所示。

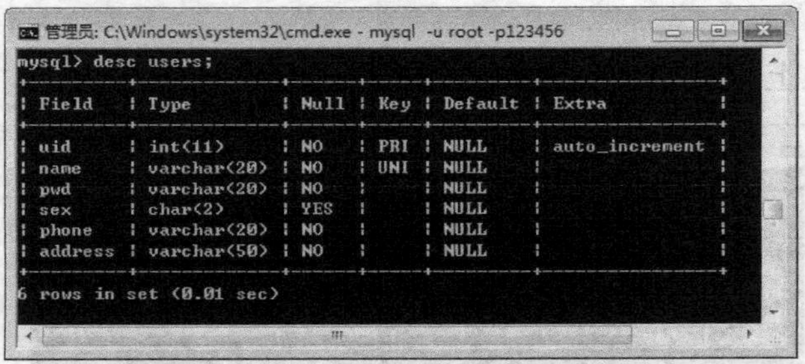

图 2-34　添加字段后的 users 表的结构

（2）修改字段

如果只需要修改字段的数据类型，则使用 CHANGE 或 MODIFY 子句都可以，其语法格式如下。

ALTER TABLE 表名 CHANGE 原字段名 新字段名 数据类型；

ALTER TABLE 表名 MODIFY 字段名 数据类型；

例如，要修改 users 表中的 phone 字段，将数据类型由 varchar(20)改为 int，并设置默认值为 0，下面两条语句是等效的。

    alter table users change phone phone int unsigned default 0;
    alter table users modify phone int unsigned default 0;

如果需要修改字段的字段名（及数据类型），这时就只能使用 CHANGE 子句了。

例如，将 users 表中的 phone 字段修改为 telephone 字段，且数据类型修改为 varchar(20)，则可以使用下面的 SQL 语句。

```
alter table users change phone telephone varchar(20);
```

（3）删除字段

删除表字段的语法格式如下。

ALTER TABLE 表名 DROP 字段名;

例如，将 users 表的 address 字段删除，则可以使用以下 SQL 语句。

```
alter table users drop address;
```

2. 修改约束条件

（1）添加约束条件

向表的某个字段添加约束条件的语法格式如下。

ALTER TABLE 表名 ADD CONSTRAINT 约束名 约束类型 （字段名）;

例如，向用户表 users 的 telephone 字段添加唯一性约束，且约束名为 phone_unique，可以使用下面的 SQL 语句。

```
alter table users add constraint phone_unique unique (telephone);
```

添加约束条件后的 users 表的结构如图 2-35 所示。

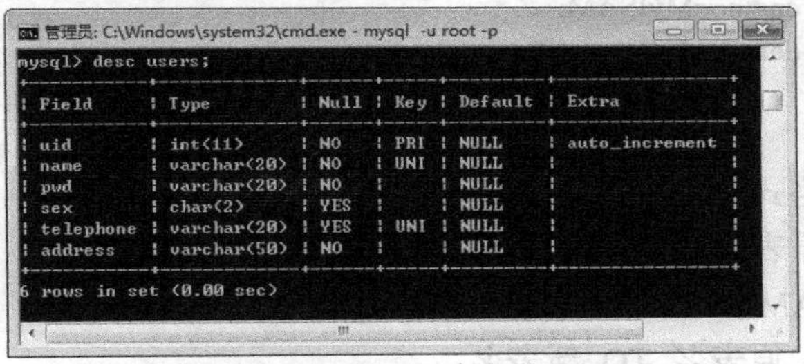

```
管理员: C:\Windows\system32\cmd.exe - mysql -u root -p
mysql> desc users;
+-----------+-------------+------+-----+---------+----------------+
| Field     | Type        | Null | Key | Default | Extra          |
+-----------+-------------+------+-----+---------+----------------+
| uid       | int(11)     | NO   | PRI | NULL    | auto_increment |
| name      | varchar(20) | NO   | UNI | NULL    |                |
| pwd       | varchar(20) | NO   |     | NULL    |                |
| sex       | char(2)     | YES  |     | NULL    |                |
| telephone | varchar(20) | YES  | UNI | NULL    |                |
| address   | varchar(50) | NO   |     | NULL    |                |
+-----------+-------------+------+-----+---------+----------------+
6 rows in set (0.00 sec)
```

图 2-35 添加约束后的 users 表的结构

如果要向订单表 orders 的 uid 字段添加外键约束，且约束名为 fk_orders_users，可以使用下面的 SQL 语句。

```
alter table users add constraint fk_orders_users foreign key (uid) references users (uid);
```

注意：向表中添加约束条件时，要保证表中已有记录满足新的约束条件，否则会出现类似 Duplicate entry *** for key *** 的错误信息。

（2）删除约束条件

若要删除表的主键约束，其语法格式如下。

ALTER TABLE 表名 DROP PRIMARY KEY;

例如，要删除订单表 orders 的主键约束，可以使用以下代码。

```
alter table orders drop primary key;
```

若要删除表的外键约束，其语法格式如下。

ALTER TABLE 表名 DROP FOREIGN KEY 外键约束名；
例如，要删除订单表 orders 的外键约束，可以使用以下代码。

```
alter table orders drop foreign key fk_orders_users;
```

若要删除字段的唯一性约束，则只需删除该字段的唯一性索引即可，其语法格式如下。
ALTER TABLE 表名 DROP INDEX 唯一索引名；
例如，要删除用户表 users 的 telephone 字段的唯一性索引，可以使用以下代码。

```
alter table users drop index phone_unique;
```

3. 修改表的其他选项

修改表的其他选项，常用的操作如修改存储引擎、修改默认字符集等，其语法格式如下。
ALTER TABLE 表名 ENGINE=新的存储引擎类型；
ALTER TABLE 表名 DEFAULT CHARSET=新的字符集；
例如，将 users 表的存储引擎修改为 MyISAM，默认字符集设置为 utf8，可以使用以下代码。

```
alter table users engine=MyISAM;
alter table users default charset= utf8;
```

4. 修改表名

修改表名的语法格式如下。
ALTER TABLE 原表名 RENAME TO 新表名；
还可以使用 RENAME TABLE 语句，其语法格式如下。
RENAME TABLE 原表名 TO 新表名；
例如，将 users 表的表名修改为 tbl_users，可以使用以下代码。

```
alter table users rename to tbl_users;
```

或

```
rename table users to tbl_users;
```

2.4.4 删除数据库表

要删除数据库表，可以使用 drop table 语句实现，其语法格式如下。
DROP TABLE [IF EXISTS] 表名 1 [,表名 2,…]；
例如，删除 users 表可使用以下语句。

```
drop table users;
```

在默认情况下，当试图删除一个不存在的表时，系统将会报错。如试图删除订单表

orders（此时数据库中并不存在此表），执行下面的语句。

```
drop table orders;
```

在控制台中将会出现 Unknown table "orders"的报错信息。若不想让系统报错，可在语句中加上 if exists 子句，执行下面的语句。

```
drop table if exists orders;
```

此时，控制台中将会出现"Query OK，0 rows affected，1 warning"的提示信息，表示当表不存在时，只是生成一条警告信息，可以使用 SHOW WARNINGS 来查看相关的警告信息。

2.5 MySQL 存储引擎

MySQL 数据库中典型的数据库对象包括表、视图、索引、存储过程、函数和触发器等，表是其中最为重要的数据库对象。使用 SQL 语句"create table 表名"即可创建一个数据库表，在创建数据库表之前，必须首先明确该表的存储引擎。

存储引擎表示如何存储数据、如何为存储的数据建立索引，以及如何更新和查询数据。在关系数据库中，数据以表的形式存储，所以存储引擎也可以称为表类型。

MySQL 中的数据用各种不同的技术存储在文件（或者内存）中。这些技术各自使用不同的存储机制、索引技巧和锁定水平，并且最终提供广泛的、不同的功能和能力。通过选择不同的技术，数据库开发人员可以获得额外的速度或者功能，从而改善所设计应用的整体功能。

例如，如果在研究大量的临时数据时，开发人员需要使用内存 MySQL 存储引擎。内存存储引擎能够在内存中存储所有的表格数据。

MySQL 默认配置了许多不同的存储引擎，可以预先设置或者在 MySQL 服务器中启用。开发人员可以根据需要选择适用于服务器、数据库和表格的存储引擎，以便在选择如何存储信息、如何检索这些信息，以及需要数据结合什么性能和功能时为设计提供最大的灵活性。

与其他数据库管理系统不同，MySQL 提供了插件式（pluggable）的存储引擎，存储引擎是基于表的。同一个数据库，不同的表，存储引擎可以不同；同一个数据库表在不同的场合可以应用于不同的存储引擎。

在 Oracle 和 SQL Server 等数据库中只有一种存储引擎，所有的数据存储管理机制都一样，但是 MySQL 数据库提供了多种存储引擎，使用 MySQL 命令"show engines;"即可查看 MySQL 服务实例支持的存储引擎。每一种存储引擎都有各自的特点，对于不同业务类型的表，为了提升性能，数据库开发人员应该选用更合适的存储引擎。MySQL 常用的存储引擎有 InnoDB 存储引擎和 MyISAM 存储引擎两种。

2.5.1 InnoDB 存储引擎

与其他存储引擎相比，InnoDB 存储引擎是事务（Transaction）安全的，并且支持外键。如果某张表主要提供联机事务处理（OLTP）支持，需要执行大量的增、删、改操作

（即 insert、delete、update 语句），出于事务安全方面考虑，InnoDB 存储引擎是较好的选择。对于支持事务的 InnoDB 表，影响速度的主要原因是打开了自动提交（autocommit）选项，或者程序没有显示调用"begin trasaction;"（开始事务）和"commit;"（提交事务），导致每条 insert、delete 或者 update 语句都自动开始事务和提交事务，严重影响了更新语句（insert、delete、update 语句）的执行效率。让多条更新语句形成一个事务，可以大大提高更新操作的性能。从 MySQL 5.6 版本开始，InnoDB 存储引擎的表已经支持全文索引，这大幅提升了 InnoDB 存储引擎的检索能力。由于选课系统的数据库表经常需要执行更新操作，因此需要将这些表设置为 InnoDB 存储引擎。

对于 InnoDB 存储引擎的数据库表而言，存在表空间的概念，InnoDB 表空间分为共享表空间与独享表空间。

1. 共享表空间

MySQL 服务实例承载的所有数据库的所有 InnoDB 表的数据信息、索引信息、各种元数据信息，以及事务的回滚（UNDO）信息，全部存放在共享表空间文件中。默认情况下，该文件位于数据库的根目录下，文件名为 ibdata1，且文件的初始大小为 10MB。可以使用 MySQL 命令 show variables like"innodb_data_file_path"查看该文件的属性，包括文件名、文件初始大小和自动增长等属性信息。

2. 独享表空间

如果将全局系统变量 innodb_file_per_table 的值设为 ON（innodb_file_per_table 的默认值为 OFF），则之后再创建 InnoDB 存储引擎的新表时，这些表的数据信息和索引信息将保存到独享表空间文件中。

2.5.2 MyISAM 存储引擎

MyISAM 存储引擎是基于传统的 ISAM（Indexed Sequential Access Method，有索引的顺序访问方法）类型的，它是存储记录和文件的标注方法。与其他存储引擎相比，MyISAM 具有检查和修复表格的大多数工具。MyISAM 表格可以被压缩，且支持全文搜索。但它们不是事务安全的，且不支持外键。如果事物回滚将造成不完全回滚，不具有原子性。当执行大量的查询操作时，MyISAM 是比较好的选择。

2.5.3 存储引擎的选择

选择存储引擎时，应根据应用特点选择合适的存储引擎。对于复杂的应用系统，还可以根据实际情况选择多种存储引擎进行结合。

不需要事务支持、并发相对较低、数据修改相对较少、以读为主，以及数据一致性要求不高的场合，适合选用 MyISAM 存储引擎。

需要事务支持、行级锁定对高并发有很好的适应能力，但需要确保查询是通过索引完成，数据更新较为频繁的场合，适合选用 InnoDB 存储引擎。

在采用 InnoDB 存储引擎时需要注意：主键应尽量小，避免给 Secondary index 带来过大的空间负担，避免全表扫描，因为使用表锁可能缓存所有的索引和数据，提供响应速度，在大批量小插入时合理设置 innodb_flush_log_at_trx_commit 参数值，尽量自己控制事务而不使用 autocommit 自动提交，不用过度追求安全性，避免主键更新，因为这会带来大量数据

2.6 案例：网上书店系统

网上书店系统是一种具有交互功能的商业信息系统，它可以在网络上建立一个虚拟的网上书店，使购书过程变得轻松、便捷、方便。本节将继续介绍网上书店系统数据库的设计和实现过程。

本系统定义的数据库中主要包含以下几张表：用户表 Users、图书类别表 BookType、图书信息表 BookInfo、订单信息表 Orders 和订单详情表 OrderDetails。下面分别介绍这些表的结构。

1. 用户表 Users

Users 表的结构如表 2-1 所示。

表 2-1 Users 表结构

字段名	数据类型	长度	允许空	约束	描述
U_ID	int	4	Not Null	主键，自动增量	会员编号
U_Name	varchar	20	Not Null	唯一	会员名称
U_Pwd	varchar	20	Not Null		密码
U_Sex	char	2	Null		性别，男或女
U_Phone	varchar	20	Null		电话号码

参考代码如下。

```
CREATE TABLE users (
    U_ID int NOT NULL auto_increment,
    U_Name varchar(20) default NULL,
    U_Pwd varchar(20) default NULL,
    U_Sex char(2) default NULL,
    U_Phone varchar(20) default NULL,
    PRIMARY KEY    (U_ID),
    UNIQUE KEY U_Name (U_Name)
) ENGINE=InnoDB DEFAULT CHARSET=utf8;
```

2. 图书类别表 BookType

BookType 表的结构如表 2-2 所示。

表 2-2 BookType 表结构

字段名	数据类型	长度	允许空	约束	描述
BT_ID	int	4	Not Null	主键，自动增量	图书类别编号
BT_Name	varchar	20	Not Null		图书类别名称
BT_FatherID	int	4	Null		父类图书类别编号
BT_HaveChild	char	2	Null		是否有子类型

参考代码如下。

```
CREATE TABLE booktype (
    BT_ID int NOT NULL auto_increment,
    BT_Name varchar(20) default NULL,
    BT_FatherID int default NULL,
    BT_HaveChild char(2) default NULL,
    PRIMARY KEY    (BT_ID)
) ENGINE=InnoDB DEFAULT CHARSET=utf8;
```

3. 图书信息表 BookInfo

BookInfo 表的结构如表 2-3 所示。

表 2-3　BookInfo 表结构

字段名	数据类型	长度	允许空	约束	描述
B_ID	int	4	Not Null	主键，自动增量	图书编号
B_Name	varchar	50	Not Null		图书名称
BT_ID	int	4	Not Null	外键	图书类别编号
B_Author	varchar	20	Not Null		作者
B_ISBN	varchar	30	Not Null		ISBN
B_Publisher	varchar	30	Not Null		出版社
B_Date	datetime	8	Not Null		出版日期
B_MarketPrice	money	8	Not Null		市场价格
B_SalePrice	money	8	Not Null		会员价格
B_Quality	smallint	2	Not Null		库存数量
B_Sales	smallint	2	Not Null		销售数量

参考代码如下。

```
CREATE TABLE bookinfo (
    B_ID int NOT NULL auto_increment,
    B_Name varchar(50) default NULL,
    BT_ID int default NULL,
    B_Author varchar(20) default NULL,
    B_ISBN varchar(30) default NULL,
    B_Publisher varchar(30) default NULL,
    B_Date timestamp NOT NULL default CURRENT_TIMESTAMP,  //B_Date 列的默认值为当前时间戳
    B_MarketPrice double default NULL,
    B_SalePrice double default NULL,
    B_Quality smallint default NULL,
    B_Sales smallint default NULL,
    PRIMARY KEY    (B_ID),
    CONSTRAINT bookinfo_ibfk_1 FOREIGN KEY (BT_ID) REFERENCES booktype (BT_ID)
) ENGINE=InnoDB DEFAULT CHARSET=utf8;
```

4. 订单信息表 Orders

Orders 表的结构如表 2-4 所示。

表 2-4 Orders 表结构

字段名	数据类型	长度	允许空	约束	描述
O_ID	int	4	Not Null	主键，自动增量	订单编号
U_ID	int	4	Not Null	外键	会员编号
O_Time	datetime	8	Not Null		订单产生时间
O_Status	tinyint	1	Not Null		订单状态
O_UserName	varchar	20	Not Null		收货人姓名
O_Address	varchar	50	Not Null		收货人地址
O_PostCode	char	6	Not Null		收货人邮编
O_TotalPrice	float	8	Not Null		订单总价

O_Status（订单状态）可以分为 3 个阶段：0 表示图书还没有发送，1 表示图书已发送但客户还没有收到，2 表示图书已经交到客户手中，表示完成这份订单。

参考代码如下。

```
CREATE TABLE orders (
    O_ID int NOT NULL auto_increment,
    U_ID int default NULL,
    O_Time timestamp NOT NULL default CURRENT_TIMESTAMP,
    O_Status int default NULL,
    O_UserName varchar(20) default NULL,
    O_Address varchar(50) default NULL,
    O_PostCode char(6) default NULL,
    O_Email varchar(50) default NULL,
    O_TotalPrice double default NULL,
    PRIMARY KEY  (O_ID),
    CONSTRAINT orders_ibfk_1 FOREIGN KEY (U_ID) REFERENCES users (U_ID)
) ENGINE=InnoDB DEFAULT CHARSET=utf8;
```

5. 订单详情表 OrderDetails

OrderDetails 表的结构如表 2-5 所示。

表 2-5 OrderDetails 表结构

字段名	数据类型	长度	允许空	约束	描述
OD_ID	int	4	Not Null	主键，自动增量	订单详情编号
O_ID	int	4	Not Null	外键	订单编号
B_ID	int	4	Not Null	外键	图书编号
OD_Number	smallint	2	Not Null		购买数量
OD_Price	float	8	Not Null		图书总价

参考代码如下。

```
CREATE TABLE orderdetails (
    OD_ID int NOT NULL auto_increment,
    O_ID int default NULL,
    B_ID int default NULL,
    OD_Number smallint default NULL,
    OD_Price double default NULL,
    PRIMARY KEY  (OD_ID),
    CONSTRAINT orderdetails_ibfk_1 FOREIGN KEY (O_ID) REFERENCES orders (O_ID),
    CONSTRAINT orderdetails_ibfk_2 FOREIGN KEY (B_ID) REFERENCES bookinfo (B_ID)
) ENGINE=InnoDB DEFAULT CHARSET=utf8;
```

本章总结

本章首先简单地介绍了 MySQL 数据库及 MySQL 的体系结构，然后介绍了如何安装和配置 MySQL 服务。重点介绍了如何使用 MySQL 命令及 SQL 语句对 MySQL 数据库及数据表进行操作。最后，通过实现一个简单的案例，使读者能快速地掌握如何使用 MySQL 数据库。

实践与练习

1．选择题

（1）在 MySQL 中，通常使用（　　）语句来指定一个已有数据库作为当前工作数据库。

  A．USING   B．USED   C．USES   D．USE

（2）SQL 语句中修改表结构的命令是（　　）。

  A．MODIFY TABLE   B．MODIFY STRUCTURE

  C．ALTER TABLE   D．ALTER STRUCTURE

（3）用 SQL 的 ALTER TABLE 语句修改基本表时，删除其中某个列的约束条件应使用的子句是（　　）。

  A．ADD   B．DELETE   C．MODIFY   D．DROP

（4）用 SQL 语句建立表时，将某字段定义为主关键字，应使用关键字（　　）。

  A．CHECK   B．PRIMARY KEY   C．FREE   D．UNIQUE

（5）启动 MySQL 服务所使用的命令是（　　）。

  A．START   B．NET START MYSQL

  C．START MYSQL   D．START NET MYSQL

2．填空题

（1）创建唯一性索引时，通常使用的关键字是_____。

（2）在 CREATE TABLE 语句中，通常使用_____关键字来指定主键。

（3）在 MySQL 的安装过程中，若选用"启用 TCP/IP 网络"，则 MySQL 默认选用的端口号是_____。

(4) MySQL 安装成功后，在系统中会默认建立一个_____用户。
(5) 在 MySQL 中，查看当前服务器上数据库列表所使用的命令为_____。

实验指导：学生选课系统数据库设计

题目 1 MySQL 数据库的安装和配置

1. 任务描述

掌握 MySQL 数据库的安装和配置。

2. 任务要求

（1）下载相应版本的软件并安装，完成 MySQL 服务实例的配置。
（2）配置 PATH 环境变量。
（3）完成指定操作：启动服务、连接 MySQL 服务器和停止服务。

3. 操作步骤提示

（1）安装完 MySQL 后，进行 MySQL 服务实例的配置。
（2）在环境变量 PATH 中，添加 MySQL 安装目录下的 bin 目录。
（3）输入相应的 MySQL 命令，完成指定操作。

题目 2 数据库及数据表的基本操作

1. 任务描述

完成学生选课系统数据库的设计。

2. 任务要求

（1）设计学生选课系统的数据库。
（2）完成学生选课系统数据库的创建。
（3）完成学生选课系统数据表的创建。

3. 操作步骤提示

（1）根据自己的理解设计学生选课系统的数据库。各表参考结构如下。
Students(Sno,Sname,Sex,Department)，其中 Sno 为主键。
Courses(Cno,Cname,Credit,Semester,Period)，其中 Cno 为主键。
SC(Sno,Cno,Grade)，其中 Sno 和 Cno 为主键。

（2）在控制台中使用 SQL 语句创建数据库，参考代码如下。

```
create database StudentManage;
```

（3）在控制台中使用 SQL 语句创建数据表，参考代码如下。

```
use StudentManage;
Create table Students(              //学生表
    Sno varchar(8) primary key,     //学号
    Sname varchar(10) not null,     //姓名
    Sex enum('男','女') default '男', //性别
    Department varchar(20) default '计算机系')   //所在系
);
```

```
Create table Courses(              //课程表
    Cno varchar(10) primary key,   //课程号
    Cname varchar(20) not null,    //课程名称
    Credit int not null,           //学分
    Semester int not null,         //学期
    Period int not null            //学时
);
Create table SC(                   //成绩表
    Sno varchar(8) not null,       //学号
    Cno varchar(10) not null,      //课程号
    Grade int not null,            //成绩
    Primary key (Sno,Cno),
    Foreign key (Sno) references Students (Sno),
    Foreign key (Cno) references Courses (Cno)
);
```

题目 3　使用 Navicat 完成数据库及数据表的操作

1. 任务描述

使用 Navicat 完成学生选课系统数据库的设计。

2. 任务要求

（1）连接 MySQL 服务器。

（2）创建 StudentManage1 数据库。

（3）创建学生表、课程表及成绩表。

（4）完成数据的输入。

3. 操作步骤提示

（1）连接 MySQL 服务器。

（2）创建数据库。右击 mysql 连接，在弹出的快捷菜单中选择 New Database 命令，创建数据库 StudentManage1，设置字符集为 utf8，完成数据库的创建。

（3）创建数据表。双击 StudentManage1 数据库图标，然后右击 Tables 图标，在弹出的快捷菜单中选择 New Table 命令，在右侧窗口中设计表的结构。

（4）添加记录。在左侧导航窗口中双击 students 数据表图标，打开数据表，然后向表中添加记录。

第 3 章 MySQL 管理表记录

表是数据库中存储数据的基本单位,它由一个或多个字段组成,每个字段需要有对应的数据类型。例如,年龄对应整数类型,姓名对应字符串类型,生日对应日期类型等。因此,在创建表时必须为表中的每个字段指定正确的数据类型及可能的数据长度。数据表创建成功后,就可以使用 SQL 语句完成记录的增添、修改和删除。本章将详细介绍 MySQL 中提供的各种数据类型、运算符和字符集,以及数据表中记录的插入、修改和删除。

3.1 MySQL 的基本数据类型

在创建表时,表中的每个字段都有数据类型,用来指定数据的存储格式、约束和有效范围。选择合适的数据类型可以有效地节省存储空间,同时可以提升数据的计算性能。MySQL 提供了多种数据类型,主要包括数值类型(包括整数类型和小数类型)、字符串类型、日期时间类型、复合类型和二进制类型。

3.1.1 整数类型

MySQL 中的整数类型有 TINYINT、SMALLINT、MEDIUMINT、INT(INTEGER)和 BIGINT。每种整数类型所占用的字节数及表示的整数范围如表 3-1 所示。

表 3-1 整数类型的字节数其取值范围

类型	字节数	有符号数范围	无符号数范围
TINYINT	1 字节	−128～+127	0～255
SMALLINT	2 字节	−32768～+32767	0～65535
MEDIUMINT	3 字节	−8388608～+8388607	0～16777215
INT（INTEGER）	4 字节	−2147483648～+2147483647	0～4294967295
BIGINT	8 字节	−9223372036854775808～+9223372036854775807	0～18446744073709551615

默认情况下,整数类型既可以表示正整数,也可以表示负整数。如果只希望表示正整数,则可以使用关键字 unsigned 来进行修饰。例如,将学生表中的学生年龄字段定义为无符号整数,可以使用 SQL 语句 age tinyint unsigned 来实现。

对于整数类型还可以指定其显示宽度,如 int(8)表示当数值宽度小于 8 位时在数字前面填满宽度。如果在数字位数不够时需要用 0 填充时,则可以使用关键字 zerofill。但是在插入的整数位数大于指定的显示宽度时,将按照整数的实际值进行存储。

【例 3-1】整数类型的定义及使用。

1)在数据库 type_test 中创建表 int_test,表中包括两个 int 类型字段 int_field1 和

int_field2，字段的显示宽度分别为 6 和 4，然后输出表结构。SQL 语句如下。

```
create database type_test;
use type_test;
create table int_test(int_field1 int(6),int_field2 int(4));
desc int_test;
```

SQL 语句运行结果如图 3-1 所示。

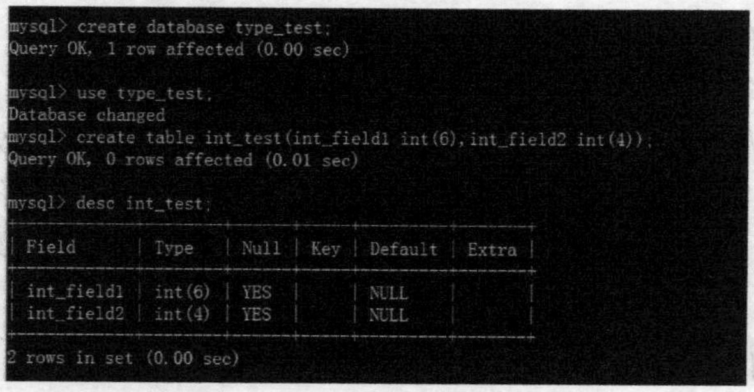

```
mysql> create database type_test;
Query OK, 1 row affected (0.00 sec)

mysql> use type_test;
Database changed
mysql> create table int_test(int_field1 int(6),int_field2 int(4));
Query OK, 0 rows affected (0.01 sec)

mysql> desc int_test;
+------------+--------+------+-----+---------+-------+
| Field      | Type   | Null | Key | Default | Extra |
+------------+--------+------+-----+---------+-------+
| int_field1 | int(6) | YES  |     | NULL    |       |
| int_field2 | int(4) | YES  |     | NULL    |       |
+------------+--------+------+-----+---------+-------+
2 rows in set (0.00 sec)
```

图 3-1　整数类型定义

2）在上面的 int_test 表中插入一条记录，使得两个整数字段的值都为 5，SQL 语句如下。

```
insert into int_test values(5,5);
```

SQL 语句运行结果如图 3-2 所示。

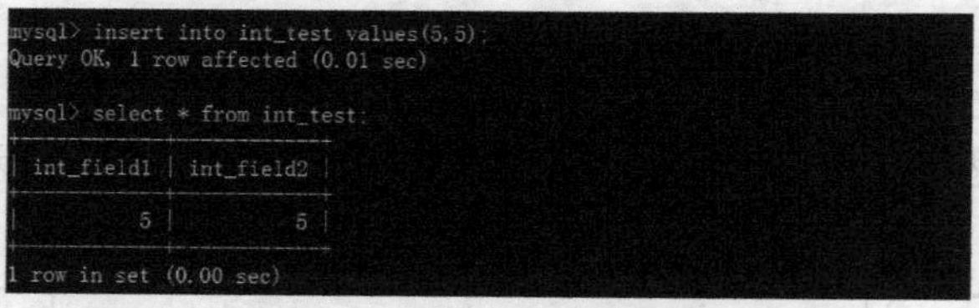

```
mysql> insert into int_test values(5,5);
Query OK, 1 row affected (0.01 sec)

mysql> select * from int_test;
+------------+------------+
| int_field1 | int_field2 |
+------------+------------+
|          5 |          5 |
+------------+------------+
1 row in set (0.00 sec)
```

图 3-2　插入整数值并输出

3）将 int_test 表中的两个字段的定义都加上关键字 zerofill，然后再输出表中的记录并查看结果。SQL 语句如下。

```
alter table int_test modify int_field1 int(6) zerofill;
alter table int_test modify int_field2 int(4) zerofill;
```

由于整数 5 的宽度小于字段的显示宽度 6 和 4，所以在 5 的前面用 0 来填充。SQL 语句运行结果如图 3-3 所示。

4）在上面的 int_test 表中插入 1 条记录，使得两个整数字段的值都为 123456789，SQL 语句如下。

```
insert into int_test values(123456789,123456789);
```

由于整数值 123456789 大于指定的显示宽度，所以按照整数的实际值进行存储。SQL 语句运行结果如图 3-4 所示。

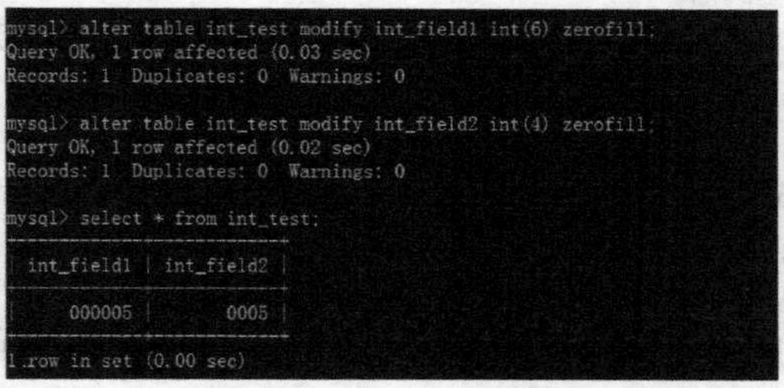

图 3-3　整数位数不够宽度时用 0 填充　　　图 3-4　整数位数大于显示宽度时按照实际值存储

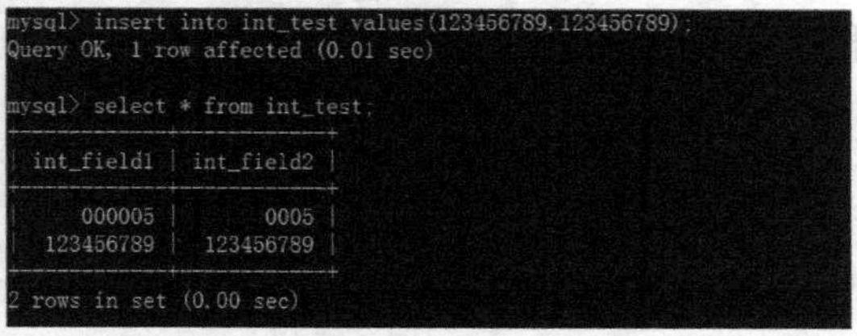

整数类型还有一个属性：AUTO_INCREMENT。在需要产生唯一标识符或顺序值时，可以利用此属性，该属性只适用于整数类型。一个表中最多只能有一个 AUTO_INCREMENT 字段，该字段应该为 NOT NULL，并且定义为 PRIMARY KEY 或 UNIQUE。AUTO_INCREMENT 字段值从 1 开始，每行记录其值增加 1。当插入 NULL 值到一个 AUTO_INCREMENT 字段时，插入的值为该字段中当前最大值加 1。

3.1.2　小数类型

MySQL 中的小数类型有两种：浮点数和定点数。浮点数包括单精度浮点数 FLOAT 类型和双精度浮点数 DOUBLE 类型，定点数为 DECIMAL 类型。定点数在 MySQL 内部以字符串形式存放，比浮点数更精确，适合用来表示货币等精度高的数据。

浮点数和定点数都可以在类型后面加上（M，D）来表示，M 表示该数值一共可显示 M 位数字，D 表示该数值小数点后的位数。当在类型后面指定（M，D）时，小数点后面的数值需要按照 D 来进行四舍五入。当不指定（M，D）时，浮点数将按照实际值来存储，而 DECIMAL 默认的整数位数为 10，小数位数为 0。

📖 由于浮点数存在误差问题，所以如货币等对于精度敏感的数据应该使用定点数来表示和存储。

【例 3-2】　小数类型的定义及使用。

1）在数据库 type_test 中创建表 number_test，表中包括 3 个字段：float_field、double_field 和 decimal_field，字段的类型分别为 float、double 和 decimal，然后输出表结构。SQL 语句如下。

```
create table number_test(float_field float,double_field double,decimal_field decimal);
desc number_test;
```

SQL 语句运行结果如图 3-5 所示，从运行结果中可以看出 DECIMAL 默认的整数位数为 10，小数位数为 0。

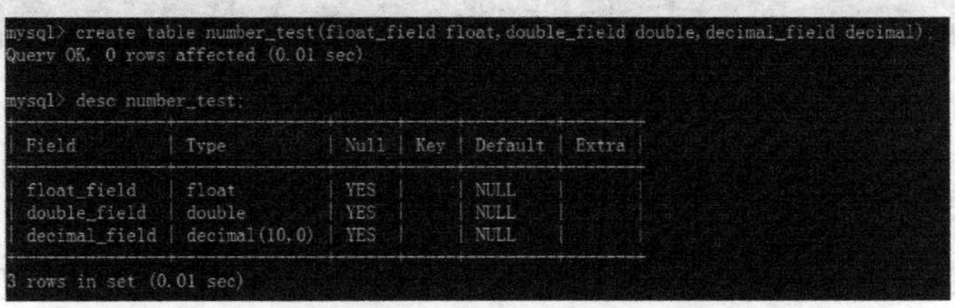

图 3-5　小数类型定义

2）在上面的 number_test 表中插入两条记录，使得 3 个小数字段的值都为 1234.56789 和 1.234，SQL 语句如下。

```
insert into number_test values(1234.56789, 1234.56789, 1234.56789);
insert into number_test values(1.234, 1.234, 1.234);
```

由于 DECIMAL 类型默认为 DECIMAL(10, 0)，所以插入 decimal_field 字段的值四舍五入到整数值后插入到表中。SQL 语句运行结果如图 3-6 所示。

```
mysql> insert into number_test values(1234.56789, 1234.56789, 1234.56789);
Query OK, 1 row affected, 1 warning (0.01 sec)

mysql> insert into number_test values(1.234, 1.234, 1.234);
Query OK, 1 row affected, 1 warning (0.00 sec)

mysql> select * from number_test;
+-------------+-------------+---------------+
| float_field | double_field | decimal_field |
+-------------+-------------+---------------+
|     1234.57 |  1234.56789 |          1235 |
|       1.234 |       1.234 |             1 |
+-------------+-------------+---------------+
2 rows in set (0.00 sec)
```

图 3-6　3 个不同类型字段中插入同一个值

3）将 number_test 表中的 3 个字段类型分别修改为 float(5,1)、double(5,1) 和 decimal(5,1)，并将记录输出。SQL 语句如下。

```
alter table number_test modify float_field float(5,1);
alter table number_test modify double_field double(5,1);
alter table number_test modify decimal_field decimal(5,1);
```

将表中的 3 个字段类型分别修改为 float(5,1)、double(5,1) 和 decimal(5,1) 后，数据在存储时将小数部分四舍五入并保留 1 位小数。SQL 语句运行结果如图 3-7 所示。

```
mysql> alter table number_test modify float_field float(5,1);
Query OK, 2 rows affected (0.04 sec)
Records: 2  Duplicates: 0  Warnings: 0

mysql> alter table number_test modify double_field double(5,1);
Query OK, 2 rows affected (0.03 sec)
Records: 2  Duplicates: 0  Warnings: 0

mysql> alter table number_test modify decimal_field decimal(5,1);
Query OK, 2 rows affected (0.03 sec)
Records: 2  Duplicates: 0  Warnings: 0

mysql> select * from number_test;
+-------------+--------------+---------------+
| float_field | double_field | decimal_field |
+-------------+--------------+---------------+
|      1234.6 |       1234.6 |        1235.0 |
|         1.2 |          1.2 |           1.0 |
+-------------+--------------+---------------+
2 rows in set (0.00 sec)
```

图 3-7　修改字段类型后的输出记录

3.1.3　字符串类型

MySQL 支持的字符串类型主要有 CHAR、VARCHAR、TINYTEXT、TEXT、MEDIUMTEXT 和 LONGTEXT。

CHAR 与 VARCHAR 都是用来保存 MySQL 中较短的字符串的，二者的主要区别在于存储方式不同。CHAR(n)为定长字符串类型，n 的取值范围为 0~255；VARCHAR(n)为变长字符串类型，n 的取值范围为 0~255（5.0.3 版本以前）或 0~65535（5.0.3 版本以后）。CHAR(n)类型的数据在存储时会删除尾部空格，而 VARCHAR(n)在存储数据时则会保留尾部空格。

除了 VARCHAR(n)是变长类型字符串外，TINYTEXT、TEXT、MEDIUMTEXT 和 LONGTEXT 类型也都是变长字符串类型。各种字符串类型及其存储长度范围如表 3-2 所示。

表 3-2 字符串类型及其存储长度范围

类型	存储长度范围
CHAR(n)	0~255
VARCHAR(n)	0~255（5.0.3 版本以前）或 0~65535（5.0.3 版本以后）
TINYTEXT	0~255
TEXT	0~65535
MEDIUMTEXT	0~16777215
LONGTEXT	0~4294967295

【例 3-3】 CHAR(n)与 VARCHAR(n)类型的定义及使用。

在数据库 type_test 中创建表 string_test，表中包括两个字段：char_field 和 varchar_field，字段的类型分别为 char(8)和 varchar(8)，然后在两个字段中都插入字符串 "test   "，并给两个字段值再追加字符串 "+"，显示追加后两个字段的值。SQL 语句如下。

```
create table string_test(char_field char(8),varchar_field varchar(8));
insert into string_test values('test    ','test    ');
select * from string_test;
update string_test set char_field=concat(char_field,'+'),varchar_field= concat(varchar_field,'+');
select * from string_test;
```

SQL 语句运行结果如图 3-8 所示。

图 3-8 CHAR(n)与 VARCHAR(n)类型的定义及使用

从运行结果中可以看出，CHAR(n)类型的数据在存储时会删除尾部空格，追加字符串 "+" 后新的字符串为 "test+"；而 VARCHAR(n)在存储数据时会保留尾部空格后再追加字符串"+",所以新的字符串为"test +"。

3.1.4 日期时间类型

日期时间类型包括 DATE、TIME、DATETIME、TIMESTAMP 和 YEAR。DATE 表示日期,默认格式为 YYYY-MM-DD;TIME 表示时间,默认格式为 HH:MM:SS;DATETIME 和 TIMESTAMP 表示日期和时间,默认格式为 YYYY-MM-DD HH:MM:SS;YEAR 表示年份。日期时间类型及其取值范围如表 3-3 所示。

表 3-3 日期时间类型及其取值范围

类 型	最 小 值	最 大 值
DATE	1000-01-01	9999-12-31
TIME	-838:59:59	838:59:59
DATETIME	1000-01-01 00:00:00	9999-12-31 23:59:59
TIMESTAMP	1970-01-01 08:00:01	2037 年的某个时刻
YEAR	1901	2155

在 YEAR 类型中,年份值可以为 2 位或 4 位,默认为 4 位。在 4 位格式中,允许值的范围为 1901~2155。在 2 位格式中,取值范围为 70~99 时,表示从 1970 年~1999 年;取值范围为 01~69 时,表示从 2001 年~2069 年。

DATETIME 与 TIMESTAMP 都包括日期和时间两部分,但 TIMESTAMP 类型与时区相关,而 DATETIME 则与时区无关。如果在一个表中定义了两个类型为 TIMESTAMP 的字段,则表中第一个类型为 TIMESTAMP 的字段其默认值为 CURRENT_TIMESTAMP,第二个 TIMESTAMP 字段的默认值为 0000-00-00 00:00:00。

【例 3-4】 日期时间类型的定义及使用。

1)在数据库 type_test 中创建表 year_test,在表中定义 year_field 字段为 YEAR 类型,在表中插入年份值 2155 和 69 并查看记录输出结果。SQL 语句如下。

```
create table year_test(year_field year);
insert into year_test values(2155);
insert into year_test values(69);
select * from year_test;
```

SQL 语句运行结果如图 3-9 所示。

图 3-9 YEAR 类型的定义及使用

2）在数据库 type_test 中创建表 date_test，在表中定义 date_field 字段为 DATE 类型，在表中插入日期值 9999-12-31 和 1000/01/01 并查看记录输出结果。SQL 语句如下。

```
create table date_test(date_field date);
insert into date_test values("9999-12-31");
insert into date_test values('1000/01/01');
select * from date_test;
```

SQL 语句运行结果如图 3-10 所示。

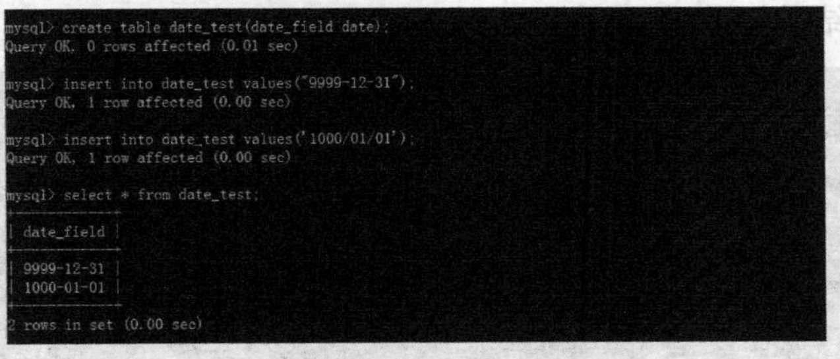

```
mysql> create table date_test(date_field date);
Query OK, 0 rows affected (0.01 sec)

mysql> insert into date_test values("9999-12-31");
Query OK, 1 row affected (0.00 sec)

mysql> insert into date_test values('1000/01/01');
Query OK, 1 row affected (0.00 sec)

mysql> select * from date_test;
+------------+
| date_field |
+------------+
| 9999-12-31 |
| 1000-01-01 |
+------------+
2 rows in set (0.00 sec)
```

图 3-10　DATE 类型的定义及使用

3）在数据库 type_test 中创建表 datetime_test，在表中定义 datetime_field 字段为 DATETIME 类型，timestamp_field1 和 timestamp_field2 字段为 TIMESTAMP 类型，并查看表结构。在表中插入两条记录，第一条记录的所有字段值都为当前日期值，第 2 条记录只有第一个字段为当前日期值其他两个字段为空，然后查看记录输出结果。SQL 语句如下。

```
create table datetime_test(
    datetime_field datetime,timestamp_field1 timestamp,timestamp_field2 timestamp);
desc datetime_test;
insert into datetime_test values(now(),now(),now());
insert into datetime_test (datetime_field) values(now());
select * from datetime_test;
```

SQL 语句运行结果如图 3-11 所示。

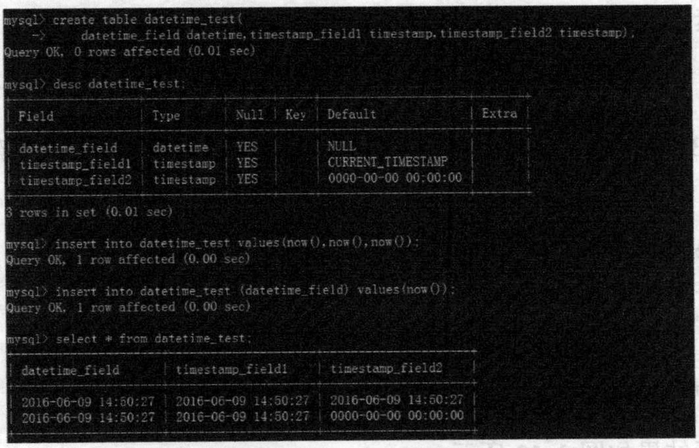

```
mysql> create table datetime_test(
    ->     datetime_field datetime,timestamp_field1 timestamp,timestamp_field2 timestamp);
Query OK, 0 rows affected (0.01 sec)

mysql> desc datetime_test;
+------------------+-----------+------+-----+---------------------+-------+
| Field            | Type      | Null | Key | Default             | Extra |
+------------------+-----------+------+-----+---------------------+-------+
| datetime_field   | datetime  | YES  |     | NULL                |       |
| timestamp_field1 | timestamp | YES  |     | CURRENT_TIMESTAMP   |       |
| timestamp_field2 | timestamp | YES  |     | 0000-00-00 00:00:00 |       |
+------------------+-----------+------+-----+---------------------+-------+
3 rows in set (0.01 sec)

mysql> insert into datetime_test values(now(),now(),now());
Query OK, 1 row affected (0.00 sec)

mysql> insert into datetime_test (datetime_field) values(now());
Query OK, 1 row affected (0.00 sec)

mysql> select * from datetime_test;
+---------------------+---------------------+---------------------+
| datetime_field      | timestamp_field1    | timestamp_field2    |
+---------------------+---------------------+---------------------+
| 2016-06-09 14:50:27 | 2016-06-09 14:50:27 | 2016-06-09 14:50:27 |
| 2016-06-09 14:50:27 | 2016-06-09 14:50:27 | 0000-00-00 00:00:00 |
+---------------------+---------------------+---------------------+
```

图 3-11　DATETIME 及 TIMESTAMP 类型的定义及使用

从上面的运行结果可以看出，表中第一个类型为 TIMESTAMP 的字段其默认值为 CURRENT_TIMESTAMP，第二个 TIMESTAMP 字段的默认值为 0000-00-00 00:00:00。

4）查看数据库服务器的当前时区，并将当前时区修改为东十时区，然后查看上面表中记录输出结果与时区的关系。SQL 语句如下。

```
show variables like 'time_zone';
set time_zone='+10:00';
select * from datetime_test;
```

SQL 语句运行结果如图 3-12 所示。

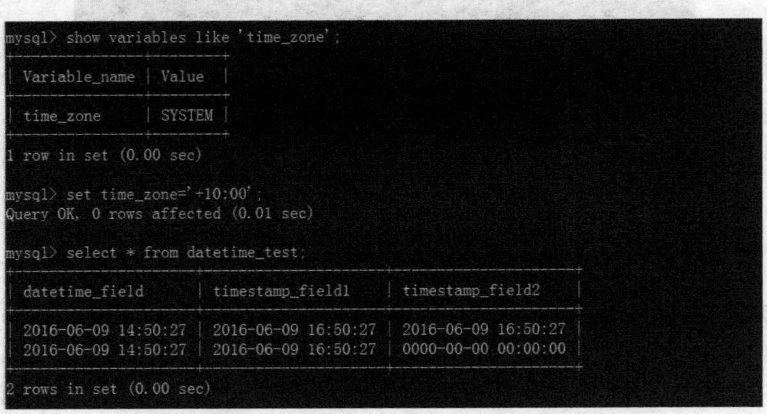

```
mysql> show variables like 'time_zone';
+---------------+--------+
| Variable_name | Value  |
+---------------+--------+
| time_zone     | SYSTEM |
+---------------+--------+
1 row in set (0.00 sec)

mysql> set time_zone='+10:00';
Query OK, 0 rows affected (0.01 sec)

mysql> select * from datetime_test;
+---------------------+---------------------+---------------------+
| datetime_field      | timestamp_field1    | timestamp_field2    |
+---------------------+---------------------+---------------------+
| 2016-06-09 14:50:27 | 2016-06-09 16:50:27 | 2016-06-09 16:50:27 |
| 2016-06-09 14:50:27 | 2016-06-09 16:50:27 | 0000-00-00 00:00:00 |
+---------------------+---------------------+---------------------+
2 rows in set (0.00 sec)
```

图 3-12　DATETIME 及 TIMESTAMP 类型与时区的关系

从上面的运行结果可以看出，当前的时区值为 SYSTEM，这个 SYSTEM 值表示时区与主机的时区相同，实际值为东八区（+8:00）。将时区设置为东十区后，对照图 3-11 可以发现，TIMESTAMP 类型值与时区相关，而 DATETIME 类型值则与时区无关。

3.1.5　复合类型

MySQL 中的复合数据类型包括 ENUM 枚举类型和 SET 集合类型。ENUM 类型只允许从集合中取得某一个值，SET 类型允许从集合中取得多个值。ENUM 类型的数据最多可以包含 65535 个元素，SET 类型的数据最多可以包含 64 个元素。

【例 3-5】 复合类型的定义及使用。

1）在数据库 type_test 中创建表 enum_test，在表中定义 sex 字段为 ENUM('男','女')类型，在表中插入 3 条记录，其值分别为“男”“女”和 NULL，然后查看记录输出结果。SQL 语句如下。

```
create table enum_test(sex enum('男','女'));
insert into enum_test values('女');
insert into enum_test values('男');
insert into enum_test values(NULL);
select * from enum_test;
```

SQL 语句运行结果如图 3-13 所示。

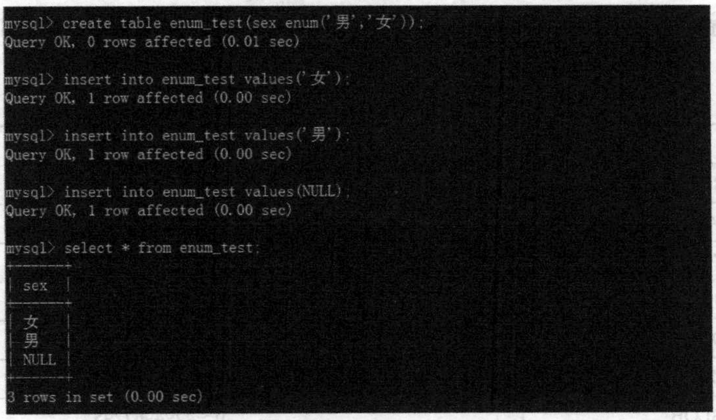

图 3-13 ENUM 类型的定义及使用

2）在数据库 type_test 中创建表 set_test，在表中定义 hobby 字段为 SET('旅游','听音乐','看电影','上网','购物')类型，在表中插入 3 条记录，其值分别为"看电影,听音乐""上网"和 NULL，然后查看记录输出结果。SQL 语句如下。

```
create table set_test(hobby set('旅游','听音乐','看电影','上网','购物'));
insert into set_test values('看电影,听音乐');
insert into set_test values('上网');
insert into set_test values(NULL);
select * from set_test;
```

SQL 语句运行结果如图 3-14 所示。

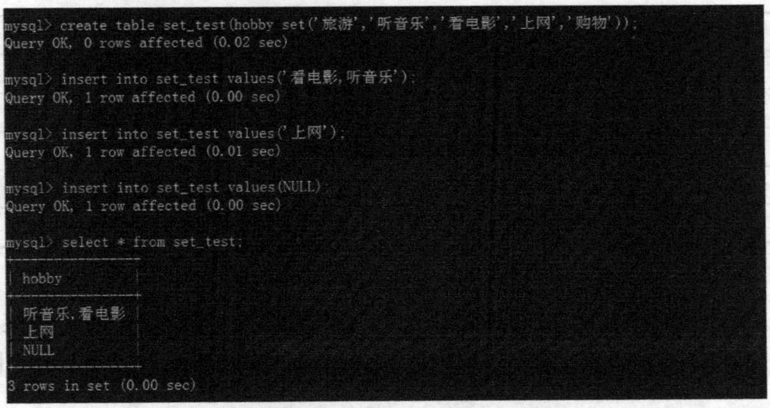

图 3-14 SET 类型的定义及使用

📖 复合数据类型 ENUM 和 SET 存储的仍然是字符串类型数据，只是数据的取值范围受到某种约束。

3.1.6 二进制类型

MySQL 中的二进制类型有 7 种，分别为 BINARY、VARBINARY、BIT、TINYBLOB、BLOB、MEDIUMBLOB 和 LONGBLOB。BIT 数据类型按位为单位进行存储，而其他二进

制类型的数据以字节为单位进行存储。各种二进制类型及其存储长度范围如表 3-4 所示。

表 3-4 二进制类型及其存储长度范围

类 型	存储长度范围
BINARY(n)	0~255
VARBINARY(n)	0~65535
BIT(n)	0~64
TINYBLOB	0~255
BLOB	0~65535
MEDIUMBLOB	0~16777215
LONGBLOB	0~4294967295

3.2 MySQL 运算符

MySQL 支持多种类型的运算符,主要包括算术运算符、比较运算符、逻辑运算符和位运算符。

3.2.1 算术运算符

MySQL 中的算术运算符包括加、减、乘、除和取余运算,这些算术运算符及其作用如表 3-5 所示。

表 3-5 MySQL 中的算术运算符及其作用

运 算 符	说 明
+	加法运算
-	减法运算
*	乘法运算
/	除法运算
%	取余运算

【例 3-6】 算术运算符的使用。

在数据库 type_test 中创建表 arithmetic_test,表中的字段 int_field 为 int 类型,往表中分别插入数值 34,123,1,0,NULL,对这些数值完成算术运算。SQL 语句如下。

```
create table arithmetic_test(int_field int);
insert into arithmetic_test values(34);
insert into arithmetic_test values(123);
insert into arithmetic_test values(1);
insert into arithmetic_test values(0);
insert into arithmetic_test values(NULL);
select int_field,int_field+10,int_field-15,int_field*3,int_field/2,int_field%3 from arithmetic_test;
```

SQL 语句运行结果如图 3-15 所示。

```
mysql> select int_field, int_field+10, int_field-15, int_field*3, int_field/2, int_field%3 from arithmetic_test;
+-----------+--------------+--------------+-------------+-------------+-------------+
| int_field | int_field+10 | int_field-15 | int_field*3 | int_field/2 | int_field%3 |
+-----------+--------------+--------------+-------------+-------------+-------------+
|        34 |           44 |           19 |         102 |     17.0000 |           1 |
|       123 |          133 |          108 |         369 |     61.5000 |           0 |
|         1 |           11 |          -14 |           3 |      0.5000 |           1 |
|         0 |           10 |          -15 |           0 |      0.0000 |           0 |
|      NULL |         NULL |         NULL |        NULL |        NULL |        NULL |
+-----------+--------------+--------------+-------------+-------------+-------------+
5 rows in set (0.00 sec)
```

图 3-15 算术运算符的使用

3.2.2 比较运算符

比较运算符是对表达式左右两边的操作数进行比较，如果比较结果为真则返回值为 1，为假则返回 0，当比较结果不确定时则返回 NULL。MySQL 中的各种比较运算符及其作用如表 3-6 所示。

表 3-6 MySQL 中的比较运算符及其作用

运 算 符	说 明
=	等于
!=或<>	不等于
<=>	NULL 安全的等于
<	小于
<=	小于等于
>	大于
>=	大于等于
IS NULL	为 NULL
IS NOT NULL	不为 NULL
BETWEEN AND	在指定范围内
IN	在指定集合内
LIKE	通配符匹配
REGEXP	正则表达式匹配

【例 3-7】 比较运算符的使用。

在数据库 type_test 中创建表 comparison_test，表中的字段 int_field 为 int 类型，字段 varchar_field 为 varchar 类型。往表中插入的记录分别为：(17,'Mr Li')和(NULL, 'Mrs Li')，对这些数值完成比较运算。SQL 语句如下。

```
create table comparison_test(int_field int,varchar_field varchar(10));
insert into comparison_test values(17,'Mr Li');
insert into comparison_test values(NULL,'Mrs Li');
select int_field, varchar_field, int_field=10,int_field<>17,int_field=NULL,int_field<>NULL
    from comparison_test;
select int_field, varchar_field, int_field=10,int_field<=>NULL,int_field<=17, int_field>=18
    from comparison_test;
select int_field, varchar_field, int_field between 10 and 20,int_field in(10,17,20),
```

```
int_field is null from comparison_test;
select int_field, varchar_field, varchar_field like '%Li',varchar_field regexp '^Mr',
varchar_field regexp 'Li$' from comparison_test;
```

在上面的 SQL 语句中，varchar_field like '%Li'表示当 varchar_field 中的字符串以 Li 结尾时，返回值为 1，否则返回值为 0。varchar_field regexp '^Mr'表示当 varchar_field 中的字符串以 Mr 开头时，返回值为 1，否则返回值为 0。varchar_field regexp 'Li$'表示当 varchar_field 中的字符串以 Li 结尾时，返回值为 1，否则返回值为 0。

SQL 语句运行结果如图 3-16 所示。

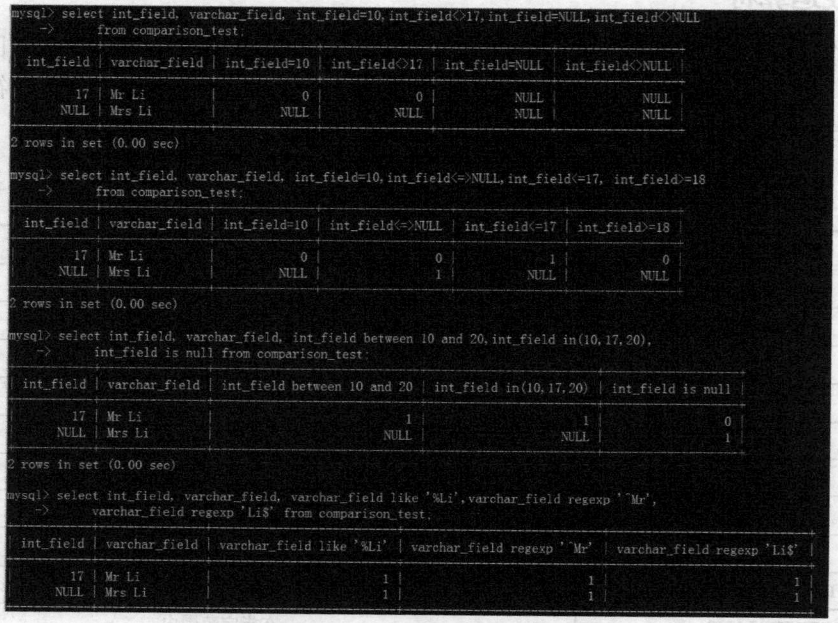

图 3-16 比较运算符的使用

3.2.3 逻辑运算符

逻辑运算符又称为布尔运算符，在 MySQL 中支持 4 种逻辑运算符：逻辑非（NOT 或!）、逻辑与（AND 或&&）、逻辑或（OR 或||）和逻辑异或（XOR）。

- 逻辑非（NOT 或!）：当操作数为假时，则取非的结果为 1；否则结果为 0。NOT NULL 的返回值为 NULL。
- 逻辑与（AND 或&&）：当操作数中有一个值为 NULL 时，则逻辑与操作结果为 NULL。当操作数不为 NULL，并且值为非零值时，逻辑与操作结果为 1；否则有一个操作数为 0 时，逻辑与结果为 0。
- 逻辑或（OR 或||）：当两个操作数均为非 NULL 值时，如果一个操作数为非 0 值，则逻辑或结果为 1；否则逻辑或结果为 0。当有一个操作数为 NULL 值时，如果另一个操作数为非 0 值，则逻辑或结果为 1；否则逻辑或结果为 0。如果两个操作都为 NULL 时，则逻辑或结果为 NULL。

- 逻辑异或（XOR）：当任意一个操作数为 NULL 时，逻辑异或的返回值为 NULL。对于非 NULL 操作数，如果两个操作数的逻辑真假值相异，则返回结果为 1；否则返回值为 0。

【例3-8】 逻辑运算符的使用。

```
select (not 0),(not -5),(!null);
select (null and null),(null && 1),(-2 && -5),(1 and 0);
select (null or null),(null or 1),(null || 0),(-8 or 0);
select (null xor null),(null xor 1),(0 xor 0),(-8 xor 0),(1 xor 1);
```

上面 SQL 语句的运行结果如图 3-17 所示。

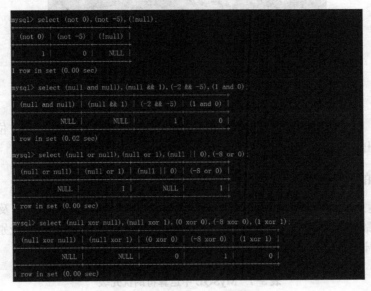

图 3-17 逻辑运算符的使用

3.2.4 位运算符

位运算是指对每一个二进制位进行的操作，包括位逻辑运算和移位运算。在 MySQL 中，位逻辑运算包括按位与（&）、按位或（|）、按位取反（~）和按位异或（^）。操作数在进行位运算时，是将操作数在内存中的二进制补码按位进行操作。

- 按位与（&）：如果两个操作数的二进制位同时为 1，则按位与（&）的结果为 1；否则按位与（&）的结果为 0。
- 按位或（|）：如果两个操作数的二进制位同时为 0，则按位或（|）的结果为 0；否则按位或（|）的结果为 1。
- 按位取反（~）：如果操作数的二进制位为 1，则按位取反（~）的结果为 0；否则按位取反（~）的结果为 1。
- 按位异或（^）：如果两个操作数的二进制位相同，则按位异或（^）的结果为 0；否则按位异或（^）的结果为 1。

移位运算是指将整型数据向左或向右移动指定的位数，移位运算包括左移（<<）和右

- 左移（<<）：将整型数据在内存中的二进制补码向左移出指定的位数，向左移出的位数丢弃，右侧添 0 补位。
- 右移（>>）：将整型数据在内存中的二进制补码向右移出指定的位数，向右移出的位数丢弃，左侧添 0 补位。

【例 3-9】 位运算符的使用。

```
select 5&2,5|2,~(-5),2^3,5<<3,(-5)>>63;
```

上面 SQL 语句的运行结果如图 3-18 所示。

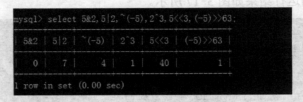

图 3-18 位运算符的使用

在 MySQL 中，整数常量用 8 个字节来表示，所以-5 在向右移动 63 位后就剩最高位 1，然后左端空出的 63 位都添 0，所以(-5)>>63 的结果为 1。

3.2.5 运算符的优先级

在一个表达式中往往有多种运算符，要先进行哪一种运算呢？这就涉及运算符优先级的问题。优先级高的运算符先执行，优先级低的运算符后执行，同一优先级别的运算符则按照其结合性依次计算。MySQL 中各运算符的优先级如表 3-7 所示。

表 3-7 MySQL 中运算符的优先级

优 先 级	运 算 符
1	!
2	~, -
3	^
4	*, /, DIV, %, MOD
5	+, -
6	>>, <<
7	&
8	|
9	=, <=>, <, <=, >, >=, !=, <>, IS, IN, LIKE, REGEXP
10	BETWEEN AND, CASE, WHEN, THEN, ELSE
11	NOT
12	&&, AND
13	||, OR, XOR
14	:=

3.3 字符集设置

默认情况下，MySQL 使用的字符集为 latin1（西欧 ISO_8859_1 字符集的别名）。由于 latin1 字符集是单字节编码，而汉字是双字节编码，由此可能导致 MySQL 数据库不支持中文字符查询或中文字符乱码等问题。为了避免此类问题，需要对字符集及字符排序规则进行设置。

3.3.1 MySQL 字符集与字符排序规则

给定一系列字符并赋予对应的编码后，所有这些字符和编码对组成的集合就是字符集（character set）。MySQL 中提供了 latin1、utf8、gbk 和 big5 等多种字符集。字符排序规则（collation）是指在同一字符集内字符之间的比较规则，一个字符集可以包含多种字符排序规则，每个字符集会有一个默认的字符排序规则。MySQL 中的字符排序规则命名方法为：以字符排序规则对应的字符集开头，中间是国家名（或 general），以 ci、cs 或 bin 结尾。以 ci 结尾的字符排序规则表示大小写不敏感；以 cs 结尾的字符排序规则表示大小写敏感；以 bin 结尾的字符排序规则表示按二进制编码值进行比较。

使用 MySQL 命令“show character set;”即可查看当前 MySQL 服务实例支持的字符集、字符集的默认排序规则，以及字符集占用的最大字节长度等信息。MySQL 中支持的字符集信息如图 3-19 所示。

```
mysql> show character set;
+----------+-----------------------------+---------------------+--------+
| Charset  | Description                 | Default collation   | Maxlen |
+----------+-----------------------------+---------------------+--------+
| big5     | Big5 Traditional Chinese    | big5_chinese_ci     |      2 |
| dec8     | DEC West European           | dec8_swedish_ci     |      1 |
| cp850    | DOS West European           | cp850_general_ci    |      1 |
| hp8      | HP West European            | hp8_english_ci      |      1 |
| koi8r    | KOI8-R Relcom Russian       | koi8r_general_ci    |      1 |
| latin1   | cp1252 West European        | latin1_swedish_ci   |      1 |
| latin2   | ISO 8859-2 Central European | latin2_general_ci   |      1 |
| swe7     | 7bit Swedish                | swe7_swedish_ci     |      1 |
| ascii    | US ASCII                    | ascii_general_ci    |      1 |
| ujis     | EUC-JP Japanese             | ujis_japanese_ci    |      3 |
| sjis     | Shift-JIS Japanese          | sjis_japanese_ci    |      2 |
| hebrew   | ISO 8859-8 Hebrew           | hebrew_general_ci   |      1 |
| tis620   | TIS620 Thai                 | tis620_thai_ci      |      1 |
| euckr    | EUC-KR Korean               | euckr_korean_ci     |      2 |
| koi8u    | KOI8-U Ukrainian            | koi8u_general_ci    |      1 |
| gb2312   | GB2312 Simplified Chinese   | gb2312_chinese_ci   |      2 |
| greek    | ISO 8859-7 Greek            | greek_general_ci    |      1 |
| cp1250   | Windows Central European    | cp1250_general_ci   |      1 |
| gbk      | GBK Simplified Chinese      | gbk_chinese_ci      |      2 |
| latin5   | ISO 8859-9 Turkish          | latin5_turkish_ci   |      1 |
| armscii8 | ARMSCII-8 Armenian          | armscii8_general_ci |      1 |
| utf8     | UTF-8 Unicode               | utf8_general_ci     |      3 |
| ucs2     | UCS-2 Unicode               | ucs2_general_ci     |      2 |
```

图 3-19 MySQL 中支持的字符集

使用 MySQL 命令“show variables like 'character%';”可以查看当前服务实例使用的字符集信息，如图 3-20 所示。

图 3-20 中各参数信息的说明如下。

- character_set_client：MySQL 客户机的字符集，默认安装 MySQL 时，该值为 latin1。

```
mysql> show variables like 'character%';
Variable_name            | Value
character_set_client     | gbk
character_set_connection | gbk
character_set_database   | gbk
character_set_filesystem | binary
character_set_results    | gbk
character_set_server     | gbk
character_set_system     | utf8
character_sets_dir       | C:\Program Files (x86)\MySQL\MySQL Server 5.0\share\charsets\
8 rows in set (0.00 sec)
```

图 3-20　当前 MySQL 服务实例使用的字符集

- character_set_connection：数据通信链路的字符集，当 MySQL 客户机向服务器发送请求时，请求数据以该字符集进行编码。默认安装 MySQL 时，该值为 latin1。
- character_set_database：数据库字符集，默认安装 MySQL 时，该值为 latin1。
- character_set_filesystem：MySQL 服务器文件系统的字符集，该值固定为 binary。
- character_set_results：结果集的字符集，MySQL 服务器向 MySQL 客户机返回执行结果时，执行结果以该字符集进行编码。默认安装 MySQL 时，该值为 latin1。
- character_set_server：MySQL 服务实例字符集，默认安装 MySQL 时，该值为 latin1。
- character_set_system：元数据（字段名、表名和数据库名等）的字符集，默认值为 utf8。

使用 MySQL 命令"show variables like 'collation%';"可以查看当前服务实例使用的字符排序规则，如图 3-21 所示。

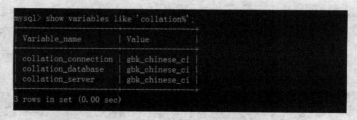

图 3-21　当前 MySQL 服务实例使用的字符排序规则

3.3.2　MySQL 字符集的设置

当启动 MySQL 服务并生成服务实例后，MySQL 服务实例的字符集 character_set_server 将使用 my.ini 配置文件中[mysqld]选项组中的 character_set_server 参数的值。character_set_client、character_set_connection 及 character_set_results 的字符值将使用 my.ini 配置文件中[mysqld]选项组中的 default_character_set 参数的值。可以使用下面 4 种方法来修改 MySQL 的默认字符集。

1. 修改 my.ini 配置文件

将 my.ini 配置文件中[mysqld]选项组中的 default_character_set 参数的值修改为 utf8 后，则 character_set_client、character_set_connection 及 character_set_results 的参数值都被修改为 utf8。将 my.ini 配置文件中[mysqld]选项组中的 character_set_server 参数的值修改为 utf8

后，character_set_server 和 character_set_database 的参数值都被修改为 utf8。保存修改后的 my.ini 配置文件，重新启动 MySQL 服务器，这些字符集将在新的 MySQL 实例中生效。

> 修改字符集后只会影响数据库中的新数据，并不会影响数据库中的原有数据。

2. 使用 set 命令设置相应的字符集

可以使用命令 set character_set_database=utf8 将数据库的字符集设置为 utf8，但这种设置只在当前的 MySQL 服务器连接内有效。当打开新的 MySQL 客户机时，字符集将恢复为 my.ini 配置文件中的默认值。

3. 使用 set names 命令设置字符集

使用 set names utf8 可以一次性地将 character_set_client、character_set_connection 及 character_set_results 的参数值都设置为 utf8，但这种设置也只在当前的 MySQL 服务器连接内有效。

4. 连接 MySQL 服务器时指定字符集

当使用命令 mysql --default-character-set=utf8 -h 127.0.0.1 -u root -p 连接 MySQL 服务器时，相当于连接服务器后执行命令 set names=utf8。

3.4 增添表记录

一旦创建了数据库和表，就可以向表中增添记录，使用 INSERT 语句和 REPLACE 语句可以向表中增添一条或多条记录。

3.4.1 INSERT 语句

使用 INSERT 语句可以将一条或多条记录插入表中，也可以将另一个表中的结果集插入到当前表中。

INSERT 语句的语法格式如下。

```
INSERT [INTO] table_name [(column_name,…)]
    VALUES ({expr|DEFAULT}, ...), (...), …
    |SET column_name={expr|DEFAULT},…
```

对 INSERT 语句的说明如下。

- table_name：表示进行插入操作的表名。
- column_name：表示需要插入数据的字段名。当省略字段名时，表示给全部字段插入数据。如果只给表中的部分字段插入数据，则需要指出字段名。对于没有指定的字段，其值根据字段的默认值或相关属性来确定。相关规则如下：具有默认值的字段，其值为默认值；没有默认值的字段，若允许为空值，则其值为空值，否则出错；向自增型 auto_increment 字段插入数据时，系统自动生成下一个编号并插入；类型为 timestamp 的字段，其值系统自动填充为当前系统日期和时间。
- VALUES 子句：包含各字段需要插入的数据清单，数据的顺序要与字段的顺序相对应。如果省略字段名，则要给出每一个字段值。字段值可以为常量、变量或者表达式,也可以为 NULL,并且数据类型要与字段的数据类型相一致。
- SET 子句:用于给指定字段赋值。

使用 INSERT 语句可以向表中插入一行记录或多行记录,插入的记录可以给出每个字段的值或给出部分字段值,还可以插入其他表中的数据。

使用 INSERT INTO…SELECT…可以从一个表或多个表中向目标表中插入记录。SELECT 语句中返回的是一个查询到的结果集,INSERT 语句将这个结果集插入到目标表中,结果集中记录的字段数和字段的数据类型要与目标表完全一致。INSERT INTO…SELECT…的语法格式如下。

```
INSERT [INTO] table_name[(column_name,…)]
    SELECT (column_name,…) from source_table_name where conditions;
```

【例 3-10】 INSERT 语句的使用。

1)使用 INSERT 语句向表中的所有字段插入数据。在数据库 teacher_course 中创建教师表 teacher,教师表中包括教师编号、教师姓名和联系电话 3 个字段,然后向教师表中增添 3 个教师信息。具体的 SQL 语句如下。

```
create database teacher_course;
use teacher_course;
create table teacher(
    teacher_id char(10) primary key,
    teacher_name varchar(20) not null,
    teacher_phone char(20) not null
);
insert into teacher values('0412893401','张明','13901234567');
insert into teacher values('0412893402','王小刚','13801823412');
insert into teacher values('0412893403','李晓梅','13701234567');
select * from teacher;
```

SQL 语句运行结果如图 3-22 所示。

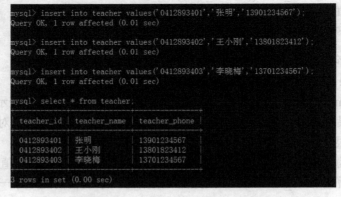

图 3-22 使用 INSERT 语句向表中的所有字段插入数据

📖 当插入的数据为字符串和日期类型时,字段值要用引号括起来。

2）使用 INSERT 语句向表中的部分字段插入数据。在数据库 teacher_course 中创建课程表 course，课程表中包括课程编号、课程名称、课程学时数和任课教师编号 4 个字段。其中课程编号为整数，从 1 开始依次递增；课程学时数的默认值为 72；teacher 表与 course 表之间存在外键约束，向课程表中增添课程信息。具体的 SQL 语句如下。

```
create table course(
   course_id int auto_increment primary key,
   course_name varchar(20),
   course_hours int default 72,
   teacher_id char(10) not null,
   constraint course_teacher_fk foreign key(teacher_id) references teacher(teacher_id)
);
insert into course values(NULL,'C 程序设计',default,'0412893402');
insert into course(course_name,teacher_id) values('Java 程序设计','0412893401');
insert into course values(NULL,'MySQL 数据库',60,'0412893403');
```

SQL 语句运行结果如图 3-23 所示。

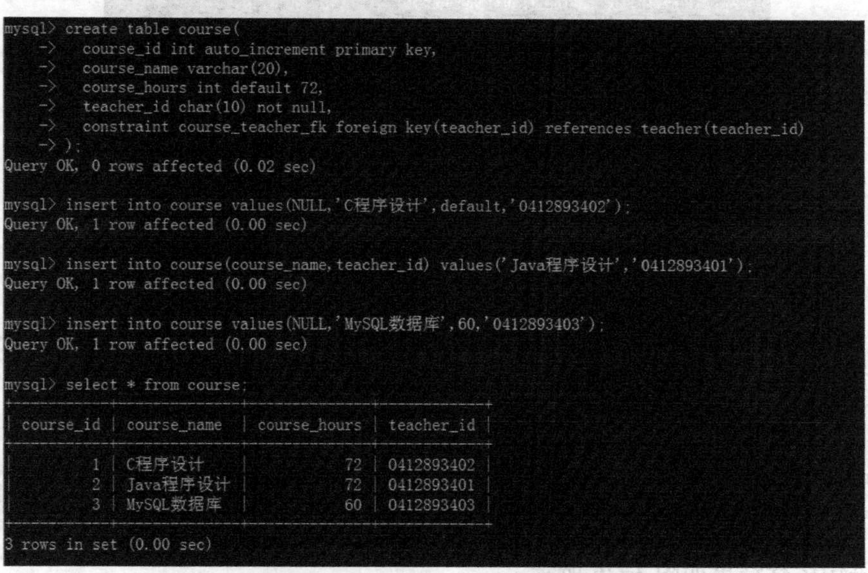

```
mysql> create table course(
    ->   course_id int auto_increment primary key,
    ->   course_name varchar(20),
    ->   course_hours int default 72,
    ->   teacher_id char(10) not null,
    ->   constraint course_teacher_fk foreign key(teacher_id) references teacher(teacher_id)
    -> );
Query OK, 0 rows affected (0.02 sec)

mysql> insert into course values(NULL,'C程序设计',default,'0412893402');
Query OK, 1 row affected (0.00 sec)

mysql> insert into course(course_name,teacher_id) values('Java程序设计','0412893401');
Query OK, 1 row affected (0.00 sec)

mysql> insert into course values(NULL,'MySQL数据库',60,'0412893403');
Query OK, 1 row affected (0.00 sec)

mysql> select * from course;
+-----------+--------------+--------------+------------+
| course_id | course_name  | course_hours | teacher_id |
+-----------+--------------+--------------+------------+
|         1 | C程序设计    |           72 | 0412893402 |
|         2 | Java程序设计 |           72 | 0412893401 |
|         3 | MySQL数据库  |           60 | 0412893403 |
+-----------+--------------+--------------+------------+
3 rows in set (0.00 sec)
```

图 3-23　使用 INSERT 语句向表中的部分字段插入数据

在上面的 INSERT 语句中，当向自增型 auto_increment 字段插入数据时，可以插入 NULL 值或省略该字段，此时插入的值为该字段的下一个自增值。当向默认值约束字段插入数据时，字段值可以使用 default 关键字或省略该字段，此时插入的值为该字段的默认值。

由于 course 表与 teacher 表之间存在着外键约束关系，所以 course 表中的 teacher_id 字段值要来自于表 teacher 中 teacher_id 字段，否则会产生错误。如下面的 SQL 语句所示。

```
insert into course values(NULL,'组成原理',75,'0412893408');
```

其运行结果如图 3-24 所示。

图 3-24 插入值不符合外键约束关系时的出错信息

3）使用 INSERT 语句一次向表中插入多条记录。在上面的 course 表中将原有的课程信息删除，使用一条 INSERT 语句重新插入 3 门课程信息。具体的 SQL 语句如下。

```
truncate course;
insert into course(course_name,course_hours,teacher_id) values
    ('C 程序设计',default,'0412893402'),
    ('Java 程序设计',default,'0412893401'),
    ('MySQL 数据库',60,'0412893403');
```

SQL 语句运行结果如图 3-25 所示。

图 3-25 使用 INSERT 语句一次向表中插入多条记录

4）使用 INSERT 语句将一个表中的查询结果集添加到目标表中。将上面的 course 表中学时数为 72 学时的课程信息添加到表 course_hours_72 中。具体的 SQL 语句如下。

```
create table course_hours_72 like course;
insert into course_hours_72 select * from course where course_hours=72;
select * from course_hours_72;
```

SQL 语句运行结果如图 3-26 所示。

图 3-26 使用 INSERT 语句将一个表中的查询结果集添加到目标表中

3.4.2 REPLACE 语句

使用 REPLACE 语句也可以将一条或多条记录插入表中，或者将一个表中的结果集插入到目标表中。

REPLACE 语句的语法格式 1 如下。

```
REPLACE [INTO] table_name [(column_name,…)]
    VALUES ({expr|DEFAULT}, ...), (...), …
    |SET column_name={expr|DEFAULT},…
```

REPLACE 语句的语法格式 2 如下。

```
REPLACE [INTO] table_name[(column_name,…)]
    SELECT (column_name,…) from source_table_name where conditions;
```

从上面的语法格式中可以看出，INSERT 语句与 REPLACE 语句的功能基本相同。不同之处在于：使用 REPLACE 语句添加记录时，如果新记录的主键值或者唯一性约束的字段值与已有记录相同，则已有记录被删除后再添加新记录。

【例 3-11】 REPLACE 语句与 INSERT 语句的区别。

在教师表 teacher 中，使用 REPLACE 语句插入教师记录：'0412893404'，'唐明明'，'13401234567'。然后再分别使用 INSERT 和 REPLACE 语句插入教师记录：'0412893404'，'张明明'，'18701234567'，并查看记录插入情况，具体的 SQL 语句如下。

```
replace into teacher values('0412893404','唐明明','13401234567');
insert into teacher values('0412893404','张明明','18701234567');
replace into teacher values('0412893404','张明明','18701234567');
```

SQL 语句运行结果如图 3-27 所示。

```
mysql> replace into teacher values('0412893404','唐明明','13401234567');
Query OK, 1 row affected (0.00 sec)

mysql> select * from teacher;
+------------+--------------+---------------+
| teacher_id | teacher_name | teacher_phone |
+------------+--------------+---------------+
| 0412893401 | 张明         | 13901234567   |
| 0412893402 | 王小刚       | 13801823412   |
| 0412893403 | 李晓梅       | 13701234567   |
| 0412893404 | 唐明明       | 13401234567   |
+------------+--------------+---------------+
4 rows in set (0.00 sec)

mysql> insert into teacher values('0412893404','张明明','18701234567');
ERROR 1062 (23000): Duplicate entry '0412893404' for key 1
mysql> replace into teacher values('0412893404','张明明','18701234567');
Query OK, 2 rows affected (0.02 sec)

mysql> select * from teacher;
+------------+--------------+---------------+
| teacher_id | teacher_name | teacher_phone |
+------------+--------------+---------------+
| 0412893401 | 张明         | 13901234567   |
| 0412893402 | 王小刚       | 13801823412   |
| 0412893403 | 李晓梅       | 13701234567   |
| 0412893404 | 张明明       | 18701234567   |
+------------+--------------+---------------+
4 rows in set (0.00 sec)
```

图 3-27 REPLACE 语句与 INSERT 语句的区别

当使用 INSERT 语句插入教师记录：'0412893404'，'张明明'，'18701234567'，由于表中已经存在主键为'0412893404'的教师记录，所以插入失败。当使用 REPLACE 语句插入时，会先将主键为'0412893404'的教师记录删除后，再插入新的教师记录。

3.5 修改表记录

当记录插入后，可以使用 UPDATE 语句对表中的记录进行修改。UPDATE 语句的语法格式如下。

```
UPDATE table_name
    SET column_name={expr|DEFAULT},…
    [where condition]
```

在上面的 UPDATE 语句中，where 子句用于指出表中哪些记录需要修改。如果省略了 where 子句，则表示表中的所有记录都需要修改。set 子句用于指出记录中需要修改的字段及其取值。

【例 3-12】 UPDATE 语句的使用。

在课程表 course 中，将课程名为"C 程序设计"的课程的学时数改为 90 学时，具体的 SQL 语句如下。

```
update course set course_hours=90 where course_name='C 程序设计';
select * from course;
```

SQL 语句运行结果如图 3-28 所示。

```
mysql> update course set course_hours=90 where course_name='C程序设计';
Query OK, 1 row affected (0.00 sec)
Rows matched: 1  Changed: 1  Warnings: 0

mysql> select * from course;
+-----------+-------------+--------------+------------+
| course_id | course_name | course_hours | teacher_id |
+-----------+-------------+--------------+------------+
|         1 | C程序设计   |           90 | 0412893402 |
```

图 3-28 UPDATE 语句的使用

3.6 删除表记录

当不再使用表中的记录时，可以使用 DELETE 或 TRUNCATE 语句将其删除。

3.6.1 DELETE 删除表记录

DELETE 语句的语法格式如下。

```
DELETE from table_name
    [WHERE condition]
```

在上面的 DELETE 语句中，如果没有指定 WHERE 子句，则表中的所有记录都将被删除，但表结构仍然存在。

【例 3-13】 DELETE 语句的使用。

1）使用 DELETE 语句删除课程表 course 中课程名为"C 程序设计"的课程信息。具体的 SQL 语句如下。

```
delete from course where course_name='C 程序设计';
select * from course;
```

SQL 语句运行结果如图 3-29 所示。

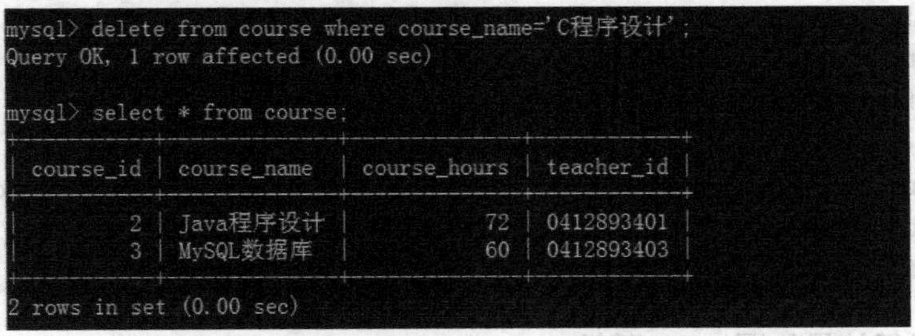

图 3-29 DELETE 语句的使用

2）使用 DELETE 语句删除教师表 teacher 中教师编号为"0412893401"的教师信息。由于教师表 teacher 与课程表 course 之间的外键约束关系，所以要先删除课程表 course 中教师编号为"0412893401"的课程信息，然后再删除教师表 teacher 中教师编号为"0412893401"的教师信息。具体的 SQL 语句如下。

```
delete from teacher where teacher_id='0412893401';
delete from course where teacher_id='0412893401';
delete from teacher where teacher_id='0412893401';
select * from teacher where teacher_id='0412893401';
```

SQL 语句运行结果如图 3-30 所示。

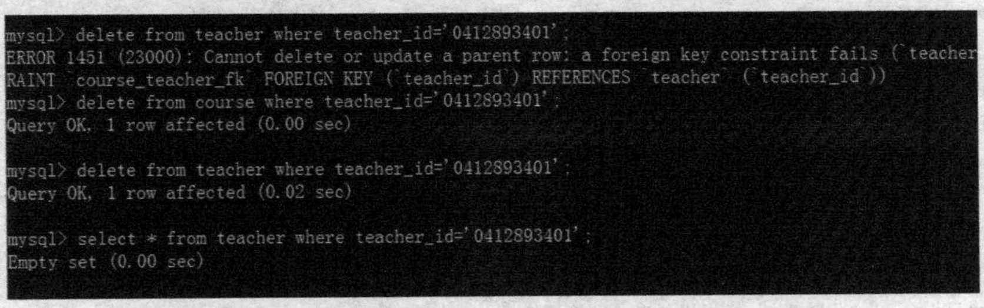

图 3-30 使用 DELETE 语句删除具有外键约束关系的记录

3.6.2 TRUNCATE 清空表记录

除了使用 DELETE 语句删除表中的记录外，还可以使用 TRUNCATE 语句清空表记录。TRUNCATE 语句的语法格式如下。

```
TRUNCATE [table] table_name
```

从上面的语法格式中可以看出，TRUNCATE 语句的功能与 DELETE from table_name 语句的功能相同。但使用 TRUNCATE table 语句清空表记录后会重新设置自增型字段的计数起始值，但 DELETE 语句不会。

【例 3-14】 TRUNCATE 语句与 DELETE 语句的区别。

1）将课程表 course 中的所有记录复制到新表 course_copy 中，然后使用 TRUNCATE 语句清空 course_copy 中的所有记录。插入课程记录：'C 程序设计'，72，'0412893402'，并注意课程编号值。具体的 SQL 语句如下。

```
create table course_copy like course;
insert into course_copy select * from course;
select * from course_copy;
truncate course_copy;
select auto_increment from information_schema.tables where table_name='course_copy';
insert into course_copy values(NULL,'C 程序设计',default,'0412893402');
select * from course_copy;
```

SQL 语句运行结果如图 3-31 所示。

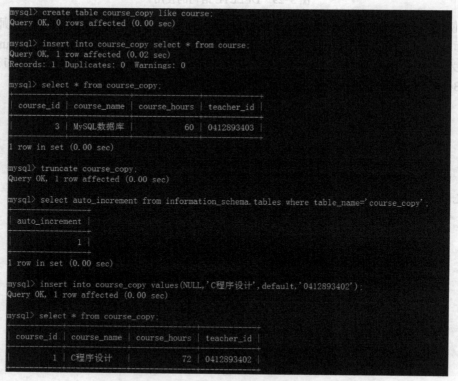

图 3-31 使用 TRUNCATE 语句清空表记录

2）使用 DELETE 语句清空 course_copy 中的所有记录，然后插入课程记录：'C 程序设计'，72，'0412893402'，并注意课程编号值。具体的 SQL 语句如下。

```
delete from course_copy;
select * from course_copy;
select auto_increment from information_schema.tables where table_name='course_copy';
insert into course_copy values(NULL,'C 程序设计',default,'0412893402');
select * from course_copy;
```

SQL 语句运行结果如图 3-32 所示。

```
mysql> delete from course_copy;
Query OK, 1 row affected (0.02 sec)

mysql> select * from course_copy;
Empty set (0.00 sec)

mysql> select auto_increment from information_schema.tables where table_name='course_copy';
+----------------+
| auto_increment |
+----------------+
|              2 |
+----------------+
1 row in set (0.00 sec)

mysql> insert into course_copy values(NULL,'C程序设计',default,'0412893402');
Query OK, 1 row affected (0.02 sec)

mysql> select * from course_copy;
+-----------+-------------+--------------+------------+
| course_id | course_name | course_hours | teacher_id |
+-----------+-------------+--------------+------------+
|         2 | C程序设计    |           72 | 0412893402 |
+-----------+-------------+--------------+------------+
1 row in set (0.00 sec)
```

图 3-32 使用 DELETE 语句清空表记录

"select auto_increment from information_schema.tables where table_name='course_copy';"语句的作用是查询 course_copy 表中自增字段的起始值。从上面的结果中可以看出：使用 TRUNCATE table 语句清空表记录后会重新设置自增型字段的计数起始值为 1；而使用 DELETE 语句删除记录后自增字段的值并没有设置为起始值，而是依次递增。

3.7 案例：图书管理系统中表记录的操作

1. 图书管理系统中数据库及表的创建

在图书管理系统中首先创建数据库 library，在 library 数据库中主要创建 4 个表：图书信息表 book、读者信息表 reader、图书借阅信息表 borrow 和图书归还信息表 giveback。图书信息表中的主要字段有图书 ID、书名、作者、出版社、价格、录入时间和是否删除。创建数据库及图书信息表 book 的 SQL 语句如下。

```
create database library;
use library;
create table book(
    bookid int auto_increment primary key,
    bookname varchar(60) not null,
    author varchar(40) not null,
    publisher varchar(60) not null,
    price float(8,2) not null,
```

```
            intime timestamp,
            isdelete tinyint default 0
        );
```

读者信息表中的主要字段有读者 ID、姓名、性别、证件号码、电话和登记日期。创建读者信息表 reader 的 SQL 语句如下。

```
create table reader(
    readerid int auto_increment primary key,
    readername varchar(40) not null,
    readersex varchar(4) not null,
    paperid varchar(20) not null,
    telephone varchar(20),
    createdate timestamp
);
```

图书借阅信息表中的主要字段有图书借阅 ID、读者 ID、图书 ID、借书日期、应还日期和是否归还。创建图书借阅信息表 borrow 的 SQL 语句如下。

```
create table borrow(
    borrowid int auto_increment primary key,
    readerid int,
    bookid int,
    borrowdate date not null,
    givebackdate date not null,
    isback tinyint default 0,
    constraint borrow_reader_fk foreign key(readerid)
        references reader(readerid) on delete cascade,
    constraint borrow_book_fk foreign key(bookid) references book(bookid)
);
```

图书归还信息表中的主要字段有图书归还 ID、读者 ID、图书 ID 和归还日期。创建图书归还信息表 giveback 的 SQL 语句如下。

```
create table giveback(
    givebackid int auto_increment primary key,
    readerid int not null,
    bookid int not null,
    givebackdate date not null,
    constraint giveback_reader_fk foreign key(readerid) references reader(readerid)
        on delete cascade,
    constraint giveback_book_fk foreign key(bookid) references book(bookid)
);
```

2．在图书信息表和读者信息表中插入表记录

在图书信息表 book 中插入 4 本图书信息。具体的 SQL 语句如下。

```
insert into book values(
    null,'Java Web 开发与实践','高翔','人民邮电出版社',59.80,default,default
);
insert into book values(
    null,'Oracle 数据库','杨少敏','清华大学出版社',39.00,default,default
);
insert into book values(
    null,'计算机应用基础','焦家林','清华大学出版社',32.50,default,default
);
insert into book values(
    null,'Servlet/JSP 深入详解','孙鑫','电子工业出版社',75.00,default,default
);
```

SQL 语句运行结果如图 3-33 所示。

```
mysql> select * from book;
+--------+---------------------+--------+----------------+-------+---------------------+----------+
| bookid | bookname            | author | publisher      | price | intime              | isdelete |
+--------+---------------------+--------+----------------+-------+---------------------+----------+
|      1 | Java Web开发与实践  | 高翔   | 人民邮电出版社 | 59.80 | 2016-07-02 10:30:49 |        0 |
|      2 | Oracle数据库        | 杨少敏 | 清华大学出版社 | 39.00 | 2016-07-02 10:30:49 |        0 |
|      3 | 计算机应用基础      | 焦家林 | 清华大学出版社 | 32.50 | 2016-07-02 10:30:49 |        0 |
|      4 | Servlet/JSP深入详解 | 孙鑫   | 电子工业出版社 | 75.00 | 2016-07-02 10:30:49 |        0 |
+--------+---------------------+--------+----------------+-------+---------------------+----------+
4 rows in set (0.00 sec)
```

图 3-33　使用 INSERT 语句在 book 表中插入图书信息

在读者信息表 reader 中插入两个读者信息。具体的 SQL 语句如下。

```
insert into reader values(
    null,'谢丹丹','女','210102197507041211',default,default);
insert into reader values(
    null,'李冰','男','210104198510202124','13523457891',default);
```

SQL 语句运行结果如图 3-34 所示。

```
mysql> select * from reader;
+----------+------------+-----------+--------------------+-------------+---------------------+
| readerid | readername | readersex | paperid            | telephone   | createdate          |
+----------+------------+-----------+--------------------+-------------+---------------------+
|        1 | 谢丹丹     | 女        | 210102197507041211 | NULL        | 2016-07-02 10:39:05 |
|        2 | 李冰       | 男        | 210104198510202124 | 13523457891 | 2016-07-02 10:39:05 |
+----------+------------+-----------+--------------------+-------------+---------------------+
2 rows in set (0.00 sec)
```

图 3-34　使用 INSERT 语句在 reader 表中插入读者信息

3．读者借书

如果第一个读者要借第三、四本书，则在图书借阅信息表 borrow 中插入借书记录，默认借书时间为 60 天。具体的 SQL 语句如下。

```
insert into borrow values(
    null,'1','3',curdate(),date_add(curdate(),interval 60 day),default);
insert into borrow values(
    null,'1','4',curdate(),date_add(curdate(),interval 60 day),default);
```

SQL 语句运行结果如图 3-35 所示。

图 3-35　使用 INSERT 语句在 borrow 表中插入读者借阅信息

4．读者还书

如果第一个读者 10 天后归还第三、四本书，则将读者归还图书信息添加到表 giveback 中，并将图书借阅信息表 borrow 中的相应字段"是否归还"修改为 1，表示图书已经归还。具体的 SQL 语句如下。

```
insert into giveback values( null,'1','3','2016-07-12');
insert into giveback values( null,'1','4','2016-07-12');
update borrow set isback=1 where readerid='1' and bookid='3';
update borrow set isback=1 where readerid='1' and bookid='4';
```

SQL 语句运行结果如图 3-36 所示。

图 3-36　读者还书信息设置

5．删除读者

第一个读者已将所借书归还，并且退还借书卡后，可以将第一个读者信息删除。具体的 SQL 语句如下。

```
delete from reader where readerid='1';
```

SQL 语句运行结果如图 3-37 所示。

图书借阅信息表和图书归还信息表中的外键约束定义了在删除时都为级联删除，所以在删除读者信息时会同时删除上面两个表中的相应记录。图书借阅信息表中的外键约束定义为：constraint borrow_reader_fk foreign key(readerid) references reader(readerid) on delete cascade。图书归还信息表中的外键约束定义为：constraint giveback_reader_fk foreign key(readerid) references reader(readerid) on delete cascade。

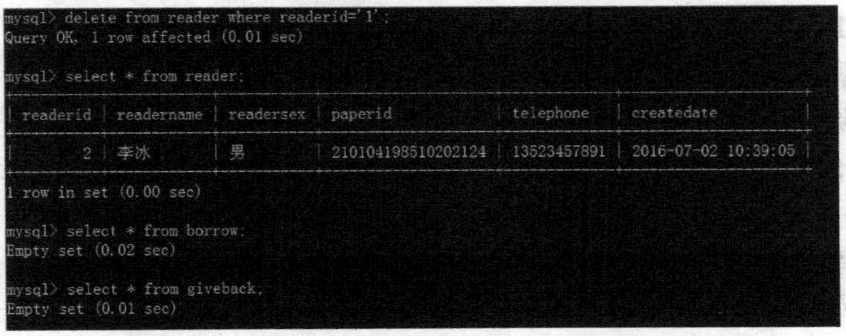

图 3-37　删者读者信息

本章总结

在创建表时，表中的每个字段都有数据类型，用来指定一定的存储格式、约束和有效范围。MySQL 提供了多种数据类型，主要包括数值类型（包括整数类型和小数类型）、字符串类型、日期时间类型、复合类型和二进制类型。MySQL 中的整数类型有 TINYINT、SMALLINT、MEDIUMINT、INT（INTEGER）和 BIGINT。MySQL 中的小数类型有两种：浮点数和定点数。浮点数包括单精度浮点数 FLOAT 类型、双精度浮点数 DOUBLE 类型和定点数 DECIMAL 类型。定点数在 MySQL 内部以字符串形式存放，比浮点数更精确，适合用来表示货币等精度高的数据。MySQL 支持的字符串类型主要有 CHAR、VARCHAR、TINYTEXT、TEXT、MEDIUMTEXT 和 LONGTEXT。CHAR 与 VARCHAR 都是用来保存 MySQL 中较短的字符串的，二者的主要区别在于存储方式不同。日期时间类型包括 DATE、TIME、DATETIME、TIMESTAMP 和 YEAR。DATE 表示日期，默认格式为 YYYY-MM-DD；TIME 表示时间，默认格式为 HH:MM:SS；DATETIME 和 TIMESTAMP 表示日期和时间，默认格式为 YYYY-MM-DD HH:MM:SS；YEAR 表示年份。MySQL 中的复合数据类型包括 ENUM 枚举类型和 SET 集合类型。ENUM 类型只允许从集合中取得某一个值，SET 类型允许从集合中取得多个值。ENUM 类型的数据最多可以包含 65535 个元素，SET 类型的数据最多可以包含 64 个元素。MySQL 中的二进制类型有 7 种，分别为 BINARY、VARBINARY、BIT、TINYBLOB、BLOB、MEDIUMBLOB 和 LONGBLOB。BIT 数据类型按位为单位进行存储，而其他二进制类型的数据以字节为单位进行存储。

一旦创建了数据库和表，就可以向表中增添记录，使用 INSERT 语句和 REPLACE 语句可以向表中增添一条或多条记录。插入记录后，可以使用 UPDATE 语句对表中的记录进行修改。当表中的记录不再使用时，可以使用 DELETE 或 TRUNCATE 语句将其删除。

实践与练习

1．选择题

（1）要快速完全清空一个表，可以使用语句（　　）。

  A．truncate table_name;　　　　　　　　B．delete table_name;
  C．drop table_name;　　　　　　　　　　D．clear table_name;

（2）使用 DELETE 语句删除数据时，会有一个返回值，其含义是（　　）。
　　A．被删除的记录数目　　　　　　　　B．删除操作所针对的表名
　　C．删除是否成功执行　　　　　　　　D．以上均不正确

（3）在 MySQL 中，与表达式"仓库号 NOT IN("wh1", "wh2")"功能相同的表达式是（　　）。
　　A．仓库号="wh1" AND 仓库号="wh2"
　　B．仓库号!= "wh1" OR 仓库号!= "wh2"
　　C．仓库号="wh1" OR 仓库号="wh2"
　　D．仓库号!= "wh1" AND 仓库号!= "wh2"

（4）要显示数字时，要想使用 0 作为填充符，可以使用哪一个关键字（　　）。
　　A．ZEROFILL;　　　　B．ZEROFULL;　　　　C．FILLZERO;　　　　D．FULLZERO;

（5）DATETIME 类型支持的最大年份为哪一年（　　）。
　　A．2070　　　　　　B．9999　　　　　　C．3000　　　　　　D．2099

2．概念题

（1）MySQL 中整数类型有几种？每种类型所占用的字节数为多少？
（2）MySQL 中日期类型的种类及其取值范围是什么？
（3）MySQL 中复合数据类型有几种？
（4）使用什么命令可以查看 MySQL 服务器实例支持的字符集信息？
（5）使用什么命令可以查看 MySQL 服务器实例使用的字符集信息？

3．操作题

在数据库 employees_test 中有雇员信息表 employees，雇员信息表中的数据如表 3-8 所示。

表 3-8　employees 表数据

employee_id	employee_name	employee_sex	department	salary
0001	刘卫平	男	开发部	5500.00
0002	马东	男	开发部	6200.00
0003	张明华	女	销售部	4500.00
0004	郭文斌	男	财务部	5000.00
0005	肖海燕	女	开发部	6000.00

使用 SQL 语句完成以下操作。
（1）创建数据库及数据表，并在表中插入雇员信息。
（2）修改"开发部"雇员的薪水，修改后其薪水增加 20%。
（3）将雇员表中性别为"男"的所有雇员信息复制到 employee_copy 表中。
（4）将 employee_copy 表中的所有记录清空。

实验指导

在创建表时，表中的每个字段都有数据类型，用来指定数据的存储格式、约束和有效范围。因此，在创建表时必须为表中的每个字段指定正确的数据类型及可能的数据长度。默

认情况下，MySQL 使用的字符集为 latin1（西欧 ISO_8859_1 字符集的别名）。由于 latin1 字符集是单字节编码，而汉字是双字节编码，由此可能导致 MySQL 数据库不支持中文字符查询或中文字符乱码等问题。为了避免此类问题，需要对字符集及字符排序规则进行设置。数据表创建成功后，就可以使用 SQL 语句完成记录的增添、修改和删除。

实验目的和要求
- 掌握 MySQL 中的基本数据类型。
- 掌握 MySQL 运算符。
- 掌握 MySQL 的字符集设置。
- 掌握 MySQL 中表记录的增添、修改和删除。

实验1 MySQL 中字符集的设置

MySQL 中有 4 种方法可以修改服务实例的默认字符集：修改 my.ini 配置文件、使用 set 命令设置相应的字符集、使用 set names 命令设置字符集，以及连接 MySQL 服务器时指定字符集。

题目 在 MySQL 中设置字符集使其支持中文

1. 任务描述
在 MySQL 数据库表中插入记录时使其支持中文。

2. 任务要求
（1）设置服务实例的默认字符集为 latin1。
（2）在数据表中插入中文后查询结果是否出现乱码。
（3）设置服务实例的默认字符集为 gbk。
（4）在数据表中插入中文后查询结果是否出现乱码。

3. 知识点提示
本任务主要用到以下知识点。
（1）参数 character_set_client 表示 MySQL 客户机的字符集。
（2）参数 character_set_connection 表示数据通信链路的字符集，当 MySQL 客户机向服务器发送请求时，请求数据以该字符集进行编码。
（3）参数 character_set_database 表示数据库字符集。
（4）参数 character_set_results 表示结果集的字符集，MySQL 服务器向 MySQL 客户机返回执行结果时，执行结果以该字符集进行编码。
（5）参数 character_set_server 表示 MySQL 服务实例字符集。

4. 操作步骤提示
（1）使用 set character_set_client=latin1 将 character_set_client 字符集设置为 latin1。
（2）在 library 数据库图书信息表 book 中插入图书信息，SQL 语句为：insert into book values(null,'数据库基础与 SQL Server','徐孝凯','清华大学出版社',35.50,default,default)。
（3）使用 select * from book 语句查看刚插入的记录是否为乱码。
（4）使用 set character_set_client=gbk 将 character_set_client 字符集设置为 gbk。
（5）再使用 SQL 语句 insert into book values(null,'数据库基础与 SQL Server','徐孝凯','清华大学出版社',35.50,default,default)插入记录，然后查看记录是否为乱码。

实验2 数据表中记录的插入、修改和删除

一旦创建了数据库和表，就可以向表中增添记录，使用 INSERT 语句和 REPLACE 语句可以向表中增添一条或多条记录。当插入记录后，可以使用 UPDATE 语句对表中的记录进行修改。当不再使用表中的记录时，可以使用 DELETE 或 TRUNCATE 语句将其删除。

题目 学生成绩管理系统中表记录的操作

1. 任务描述

创建学生成绩管理数据库 student_score，在学生成绩管理数据库中创建学生表 student、课程表 course 和学生成绩表 score，然后在表中完成记录的插入、修改和删除。

2. 任务要求

（1）创建数据库和表。
（2）使用 INSERT 语句或 REPLACE 语句向表中增添记录。
（3）使用 UPDATE 语句对表中的记录进行修改。
（4）使用 DELETE 或 TRUNCATE 语句删除表中的记录。

3. 知识点提示

本任务主要用到以下知识点。
（1）INSERT 和 REPLACE 语句的使用。
（2）UPDATE 语句的使用。
（3）DELETE 和 TURNCATE 语句的使用。

4. 操作步骤提示

（1）创建学生成绩管理数据库 student_score。
（2）在学生成绩管理数据库中创建学生表 student，学生表中的主要字段为学号、姓名和性别，并在学生表 student 中插入学生信息，如表 3-9 所示。

表 3-9 学生信息

student_id	student_name	student_sex
2014013601	陈明	男
2014013602	靳晓晨	女
2014013603	李宁	女
2014013604	杨浩宁	男

（3）在学生成绩管理数据库中创建课程表 course，课程表中的主要字段为课程号、课程名称和学分，并在课程表 course 中插入课程信息，如表 3-10 所示。

表 3-10 课程信息

course_id	course_name	course_credit
0001	离散数学	3
0002	数据结构	4
0003	计算机组成原理	4

（4）在学生成绩管理数据库中创建学生成绩表 score，学生成绩表中的主要字段为学

号、课程号和成绩。在学生成绩表中设置两个参照完整性约束,一个名为score_student_fk,约束表 score 的学号参照引用表 student 中的学号,UPDATE 的处理方式为级联,DELETE 的处理方式为禁止;另一个约束名为 score_course_fk,约束表 score 中的课程号参照引用表 course 中的课程号,UPDATE 的处理方式为级联,DELETE 的处理方式为禁止。在学生成绩表 score 中插入学生成绩信息,如表 3-11 所示。

表 3-11 学生成绩信息

student_id	course_id	score
2014013601	0001	87
2014013601	0002	83
2014013602	0001	80
2014013602	0002	79
2014013602	0003	95
2014013603	0001	88
2014013604	0001	70

(5)将学生表中学生学号为"2014013601"的记录改为"2014013611",然后查看 student 表与 score 表的相关信息。

(6)将学生成绩表中学号为"2014013602"的学生成绩信息删除。

第4章 检索表记录

数据库查询是指数据库管理系统按照数据库用户指定的条件，从数据库中的相关表中找到满足条件的记录的过程。本章将结合网上书店系统数据库（相关表结构请参考第2章中的相关内容）来学习使用 SELECT 语句对数据进行检索的相关知识。

4.1 SELECT 基本查询

查询数据是使用数据库的最基本也是最重要的方式。在 MySQL 中，可以使用 SELECT 语句执行数据查询的操作。该语句具有灵活的使用方式和丰富的功能，既可以完成简单的单表查询，也可以完成复杂的连接查询和子查询。

基本查询也称为简单查询，是指在查询的过程中只涉及一个表的查询。

4.1.1 SELECT…FROM 查询语句

SELECT 语句的一般格式如下。
SELECT [ALL | DISTINCT] <目标列表达式> [，<目标列表达式>]
FROM <表名或视图名>[，<表名或视图名>]
[WHERE <条件表达式>]
[GROUP BY <列名 1> [HAVING <条件表达式>]]
[ORDER BY <列名 2> [ASC | DESC]]
[LIMIT [start,] count]
其中，各参数的说明如下。
- SELECT 子句用于指定要查询数据的列名称。
- FROM 子句用于指定要查询的表或视图。
- WHERE 子句用于指定查询的数据应满足的条件。
- GROUP BY 子句表示将查询结果按照<列名 1>的值进行分组，将该列值相等的记录作为一个组。如果 GROUP 子句带有 HAVING 子句，则只有满足指定条件的组才会输出，HAVING 子句通常和 GROUP 子句一起使用。
- ORDER BY 子句表示将查询结果按照<列名 2>的值进行升序或降序排列后输出，默认为升序 ASC。
- LIMIT 子句用于限制结果的行数。

在 SELECT 语句的结构中，除了 SELECT 子句是必不可少的之外，其他子句都是可选的。

例如，下面这条查询语句只显示一些表达式的值，这些值的计算并未涉及任何表，因此这里就不需要 FROM 子句。

【例 4-1】 计算 25 的平方根并输出 MySQL 的版本号。

> SELECT SQRT(25),VERSION();

上述 SELECT 语句的执行结果如图 4-1 所示。

图 4-1 使用 SELECT 语句输出表达式

4.1.2 查询指定字段信息

某些情况下，用户只对表或视图中的部分字段的信息感兴趣，那么可以在 SELECT 子句后面直接列出要显示的字段的列名，列名之间必须以逗号分隔。此时需要使用 FROM 子句来指定选择查询的对象。

【例 4-2】 检索 Users 表，查询所有会员的名称、性别和电话号码。

> SELECT U_Name,U_Sex,U_Phone FROM Users;

查询结果如图 4-2 所示。

图 4-2 查询指定的数据列

> 提示：若在控制台中出现中文显示乱码的情况，可在控制台中执行 "set names gbk;" 命令。

如果在查询的过程中，要检索表或视图中的所有字段信息，那么可以在 SELECT 子句中实际列名的位置使用通配符 "*"。在实际应用时，除非确实需要表中的每个列，否则不建议使用通配符，检索不需要的列通常会降低查询的速度，影响应用程序的性能。

【例 4-3】 检索 Users 表，查询所有会员的基本资料。

> SELECT * FROM Users;

在默认情况下，查询结果中显示出来的列标题就是在定义表结构时使用的列名称。为了将查询的结果更清楚地显示给用户，方便用户对结果集的理解，可以在 SELECT 子句中使用别名修饰。在定义查询语句时定义别名，在显示查询结果时，定义的别名会取代表结构中的列名称。

定义别名可用以下方法。
- 通过"列名 列标题"形式。
- 通过"列名 AS 列标题"形式。

使用定义别名的方法重新输出【例 4-1】的结果，语句修改如下。

```
SELECT SQRT(25) 平方根,VERSION() as 版本号;
```

此时的查询结果如图 4-3 所示。

图 4-3　输出别名修饰

4.1.3　关键字 DISTINCT 的使用

在 SELECT 子句中，可以通过使用 ALL 或 DISTINCT 关键字来控制查询结果集的显示。ALL 关键字表示将会显示所有检索的数据行，包括重复的数据行；而 DISTINCT 关键字表示仅仅显示不重复的数据行，对于重复的数据行，则只显示一次。默认情况下使用的是 ALL 关键字。

【例 4-4】　检索 Orders 表，查询订购了书籍的会员号。

```
SELECT U_ID FROM Orders;
```

查询结果如图 4-4a 所示，从查询结果可以看出，结果集中包括了重复的数据行。如果希望在显示结果时去掉重复行，此时可以显式地使用 DISTINCT 关键字。即

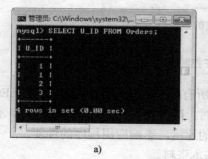
a)
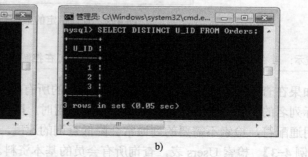
b)

图 4-4　使用 DISTINCT 关键字

```
SELECT DISTINCT U_ID FROM Orders;
```

查询结果如图 4-4b 所示。

4.1.4 ORDER BY 子句的使用

ORDER BY 子句是根据查询结果中的一个字段或多个字段对查询结果进行排序。默认情况下按升序排列。

【例 4-5】 检索 BookInfo 表，按图书出版的日期进行排序。

```
SELECT B_ID,B_Name, B_Date FROM BookInfo ORDER BY B_Date DESC;
```

这里使用了 DESC 关键字，查询结果是按照图书出版日期的降序进行排列，如图 4-5 所示。

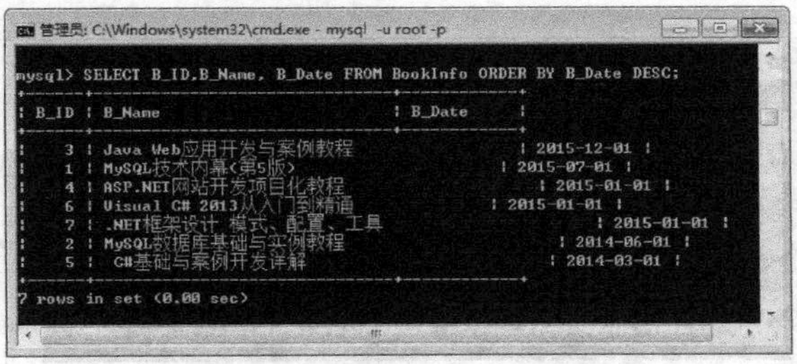

图 4-5　ORDER BY 排序

有时需要按照多个列进行数据排序，可以在 ORDER BY 后面指定多个列名，列名之间用逗号分隔，并使用 ASC 或 DESC 关键字指定每个列的排序方式。

【例 4-6】 检索 BookInfo 表，按图书类别的升序及图书出版日期的降序进行排序。

```
SELECT BT_ID,B_Name, B_Date FROM BookInfo ORDER BY BT_ID,B_Date DESC;
```

检索结果如图 4-6 所示。

图 4-6　多列排序

4.1.5 LIMIT 子句的使用

LIMIT 子句的用途是从结果集中进一步选取指定数量的数据行，其基本语法格式如下。

```
LIMIT [start,] count
```

这个子句可以带一个或两个参数，这些参数必须是整数。若指定一个参数，则表示返回结果集中从头开始的指定数量的行数。如果指定了两个参数，则 start 表示从第几行记录开始检索，count 表示检索的记录行数。

> 注意：在结果集中，第一行记录的 start 值为 0，而不是 1。

例如，LIMIT 5 表示返回结果集中的前 5 行记录，LIMIT 10,20 表示从结果集的第 11 行记录开始返回 20 行记录。

【例 4-7】 检索 BookInfo 表，按图书编号查询前 5 本图书的信息。

SELECT B_ID,B_Name FROM BookInfo ORDER BY B_ID LIMIT 5;

本次检索首先按照图书编号 B_ID 进行升序排序，然后取出前 5 个数据行显示输出，查询结果如图 4-7 所示。

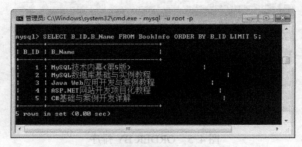

图 4-7　输出符合条件的前 5 条记录

【例 4-8】 检索 BookInfo 表，按图书编号检索从第 3 条记录开始的 2 条记录的信息。

SELECT B_ID,B_Name FROM BookInfo ORDER BY B_ID LIMIT 2,2;

查询结果如图 4-8 所示。

图 4-8　输出符合条件的 2 条记录

4.2　条件查询

一般数据库表中都包含大量的数据，很少需要检索表中的所有行。通常只会根据特定条件提取表数据的子集。在 SELECT 语句中，可以使用 WHERE 子句指定搜索条件，只有满足条件的数据行才会显示在结果集中。在指定搜索条件时，只能在相同数据类型之间进行比较，如字符串不能与数值进行比较。如果使用字符串作为检索条件，则该字符串必须用单引号括起来。

4.2.1 使用关系表达式查询

关系表达式主要是指在表达式中含有关系运算符。常见的关系运算符有：=（等于）、>（大于）、<（小于）、>=（大于等于）、<=（小于等于）、!=或<>（不等于）。如果在 WHERE 子句中含有关系表达式，则只有满足关系表达式的数据行才会被显示到结果集中。

【例 4-9】 检索 BookInfo 表，查询会员价大于 40 元的图书信息。

```
SELECT B_ID,B_Name, B_SalePrice FROM BookInfo WHERE B_SalePrice>40;
```

该查询将满足关系表达式（B_SalePrice>40）的数据行显示到结果集中，查询结果如图 4-9 所示。

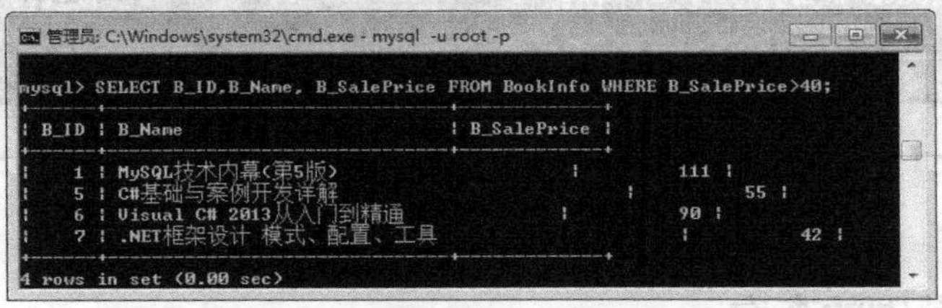

图 4-9 会员价格大于 40 元的结果集

4.2.2 使用逻辑表达式查询

在 WHERE 子句中，可以使用逻辑运算符把多个关系表达式连接起来，形成一个更复杂的查询条件。常用的逻辑运算符有 AND、OR 和 NOT。当一个 WHERE 子句同时包括若干个逻辑运算符时，其优先级从高到低依次为 NOT、AND、OR。如果想改变优先级，可以使用括号。

【例 4-10】 检索 BookInfo 表，查询"清华大学出版社"出版的书名为"ASP.NET 网站开发项目化教程"的图书的基本信息。

```
SELECT B_Name,B_Author,B_Publisher
FROM BookInfo
WHERE B_Name='ASP.NET 网站开发项目化教程' AND B_Publisher='清华大学出版社';
```

查询结果如图 4-10 所示。

图 4-10 查询满足条件的图书信息

【例 4-11】 检索 BookInfo 表，查询图书的会员价格在 20 元到 40 元之间的图书信息。

```
SELECT B_ID,B_Name, B_SalePrice
FROM BookInfo
WHERE B_SalePrice>=20 AND B_SalePrice<=40;
```

查询结果如图 4-11 所示。

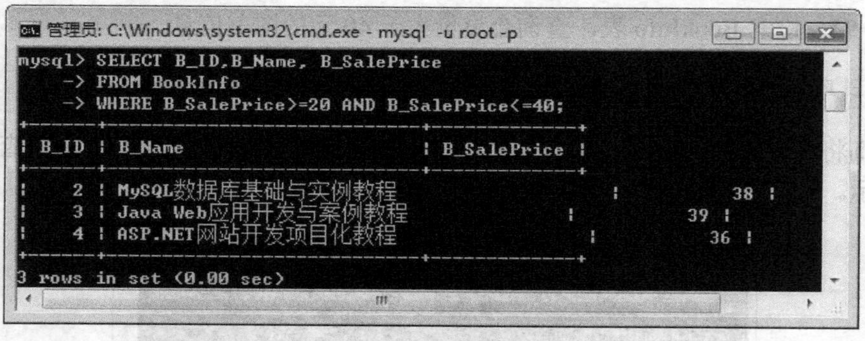

图 4-11 查询会员价格在 20 元到 40 元之间的图书信息

4.2.3 设置取值范围的查询

当需要返回某一个字段的值介于两个指定值之间的记录时，就可以使用范围查询条件。谓词 BETWEEN…AND 和 NOT BETWEEN…AND 可以用来设置查询条件，其中，BETWEEN 后面是范围的下限，AND 后是范围的上限。

上面的【例 4-11】可以使用 BETWEEN…AND 来完成，语句如下。

```
SELECT B_ID,B_Name, B_SalePrice
FROM BookInfo
WHERE B_SalePrice BETWEEN 20 AND 40;
```

使用谓词 BETWEEN…AND 时需要注意的是，字段名要写到 BETWEEN 关键字之前。

4.2.4 空值查询

在设计表结构时，可以指定某列是否允许为空。空值（NULL）只能在允许为空的列中出现。NULL 是特殊的值，代表"无值"，与 0、空字符串或仅仅包含空格都不相同。在涉及空值的查询中，可以使用 IS NULL 或者 IS NOT NULL 来设置这种查询条件。

【例 4-12】 在 Users 表中新增一条记录，只输入会员名 baip 和密码 654321，然后检索 Users 表，查询电话号码为空的会员编号和会员名称。

```
SELECT U_ID,U_Name
FROM Users
WHERE U_Phone IS NULL;
```

查询结果如图 4-12 所示。

图 4-12　空值查询

4.2.5　模糊查询

通常在查询字符数据时,提供的查询条件并不是十分精确。例如,如何查询书名中包含文本"MySQL"的所有图书信息?这里的查询条件仅仅是包含或类似某种样式的字符,这种查询称为模糊查询。要实现模糊查询,必须使用通配符,利用通配符可以创建与特定字符串进行比较的搜索模式。如果查询条件中使用了通配符,则操作符必须使用LIKE 关键字。

LIKE 关键字用于搜索与特定字符串相匹配的字符数据,其基本的语法形式如下。

[NOT] LIKE <匹配字符串>

如果在 LIKE 关键字之前加上 NOT 关键字,表示该条件取反。匹配字符串可以是一个完整的字符串,也可以包含通配符。通配符本身是 SQL 的 WHERE 子句中具有特殊含义的字符,SQL 支持以下通配符。

- %:代表任意多个字符。
- _(下划线):代表任意一个字符。

【例 4-13】 检索 BookInfo 表,查询所有 MySQL 相关书籍的名称、出版社和会员价格。

```
SELECT B_Name,B_Publisher,B_SalePrice
FROM BookInfo
WHERE  B_Name LIKE '%MySQL%';
```

查询结果如图 4-13 所示。

图 4-13　使用 LIKE 关键字进行查询

【例 4-14】 检索 BookInfo 表,查询所有的第 2 个字为"国"的作者所写图书的书名、作者和出版社信息。

```
SELECT B_Name,B_Author,B_Publisher
FROM BookInfo
```

```
WHERE B_Author LIKE '_国%';
```

查询结果如图 4-14 所示。

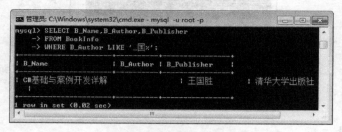

图 4-14 使用了通配符的查询

如果用户要查询的字符串本身就含有通配符，此时就需要用 ESCAPE 关键字对通配符进行转义。例如，在 Users 表中添加一条记录：会员名为 yiyi_2016，密码为 123456。

现要查询会员名中含有"_"的会员信息，可以使用以下语句。

```
SELECT * FROM Users WHERE U_Name LIKE '%/_%' ESCAPE '/';
```

ESCAPE '/' 表示"/"为转义字符，这样匹配字符串中紧跟在"/"后面的字符"_"就不再具有通配符的含义，而是转义为普通的字符处理。

4.3 分组查询

如果要在数据检索时对表中的数据按照一定条件进行分组汇总或求平均值，就要在 SELECT 语句中与 GROUP BY 子句一起使用聚合函数。使用 GROUP BY 子句进行数据检索可得到数据分类的汇总统计、平均值或其他统计信息。常用的聚合函数如表 4-1 所示。

表 4-1 聚合函数

聚合函数	说明
SUM（）	返回某列所有值的总和
AVG（）	返回某列的平均值
MAX（）	返回某列的最大值
MIN（）	返回某列的最小值
COUNT（）	返回某列的行数

例如，要统计 Users 表中会员的数量，可以使用 COUNT(*)，计算出来的结果就是查询所选取到的行数，相关语句如下。

```
SELECT COUNT(*) FROM Users;
```

使用 COUNT(*)对表中行的数目进行计数，将返回 Users 表中的所有行，所以本例返回值为 9。若使用的是 COUNT(列名)对特定列中具有值的行进行计数，将忽略 NULL 值。下面的实例只统计填写电话号码的会员个数。

```
SELECT COUNT(U_Phone) FROM Users;
```

本例返回值为 7，因为有两个会员的电话号码为 NULL。

> 注意：SUM( )、AVG( )、MAX( )和 MIN( )函数都忽略列值为 NULL 的行。

4.3.1　GROUP BY 子句

如果要返回清华大学出版社出版的图书数量，可以使用下面的语句。

```
SELECT COUNT(*) AS 总数  FROM BookInfo WHERE B_Publisher='清华大学出版社';
```

但如果要返回每个出版社出版的图书数量，这时就要使用分组了。分组允许把数据分为多个逻辑组，以便能对每个组进行计算统计。

分组是通过 GROUP BY 子句来实现的，其基本语法格式如下。
GROUP BY <列名>

使用 GROUP BY 子句，将根据所指定的列对结果集中的行进行分组。

【例 4-15】　检索 BookInfo 表，查询每个出版社出版的图书的数量。

```
SELECT B_Publisher ,COUNT(*) AS 总数
FROM BookInfo
GROUP BY B_Publisher;
```

查询结果如 4-15 所示。

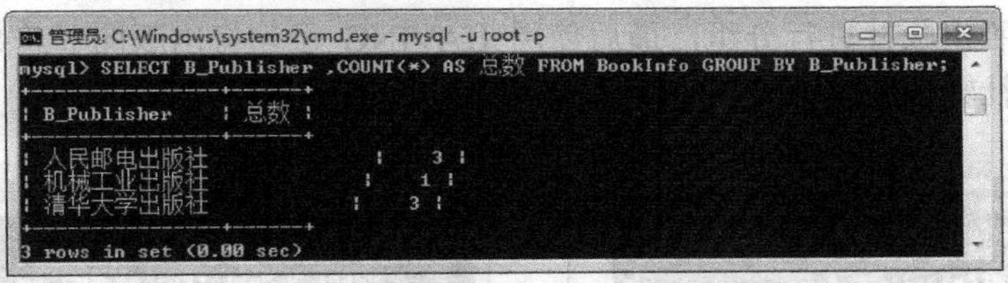

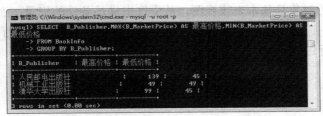

图 4-15　分组统计 1

【例 4-16】　检索 BookInfo 表，查询每个出版社图书的最高价格和最低价格。

```
SELECT   B_Publisher,MAX(B_MarketPrice) AS 最高价格,MIN(B_MarketPrice) AS 最低价格
FROM BookInfo
GROUP BY B_Publisher;
```

查询结果如图 4-16 所示。

图 4-16　分组统计 2

4.3.2 HAVING 子句

如果分组以后要求按一定条件对这些组进行筛选，如要求图书数量在两本以上的出版社信息，则需要使用 HAVING 子句指定筛选条件。HAVING 子句必须和 GROUP BY 子句同时使用。

【例 4-17】 检索 BookInfo 表，查询出版图书在两本及两本以上的出版社信息。

```
SELECT B_Publisher ,COUNT(*) AS 总数
FROM BookInfo
GROUP BY B_Publisher
HAVING COUNT(*)>=2;
```

查询结果如图 4-17 所示。

【例 4-18】 检索 BookInfo 表，查询出版了两本及两本以上，并且价格大于等于 50 元的图书信息。

```
SELECT B_Publisher ,COUNT(*) AS 总数
FROM BookInfo
WHERE B_MarketPrice>=50
GROUP BY B_Publisher
HAVING COUNT(*)>=2;
```

在该查询语句中，先将满足 WHERE 条件的记录查询出来，然后使用 GROUP BY 子句对查询的记录按照出版社进行分组，最后使用 HAVING 子句将出版图书总数大于等于 2 的分组对应的出版社输出，查询结果如图 4-18 所示。

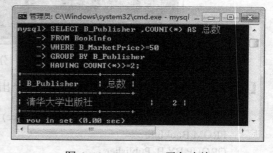

图 4-17 HAVING 条件查询　　　　　图 4-18 HAVING 子句查询

HAVING 子句和 WHERE 子句都是设置查询条件，但两个子句的作用对象不同，WHERE 子句作用的对象是基本表或视图，从中选出满足条件的记录；而 HAVING 子句的作用对象是组，从中选出满足条件的分组。WHERE 在数据分组之前进行过滤，而 HAVING 在数据分组之后进行过滤。

4.4 表的连接

前面的查询都是在单个表中进行的查询。在数据库的实际使用过程中，往往需要同时

从两个或两个以上的表中检索数据,这时就要使用连接查询。

多表连接的语法格式如下。

SELECT <查询列表>
FROM <表名 1> [连接类型] JOIN <表名 2> ON <连接条件>
WHERE <查询条件>

其中,连接类型有 3 种:内连接(INNER JOIN)、外连接(OUTER JOIN)和交叉连接(CROSS JOIN)。用来连接两个表的条件称为连接条件,通常是通过匹配多个表中的公共字段来实现的。

当两个表进行连接时,其运行过程通常是将第一个表中的每一行与第二个表中的所有行分别进行匹配,结果只包含那些匹配连接条件的行。

4.4.1 内连接

内连接是从两个或两个以上的表的组合中,挑选出符合连接条件的数据,如果数据无法满足连接条件,则将其丢弃。内连接是最常用的连接类型,也是默认的连接类型。在 FROM 子句中使用 INNER JOIN(INNER 关键字可以省略)来实现内连接。

【例 4-19】 检索 BookInfo 和 BookType 表,查询每本图书所属的图书类别。

```
SELECT B_Name, BookInfo.BT_ID, BT_Name
FROM BookInfo INNER JOIN BookType
ON BookInfo.BT_ID= BookType.BT_ID
ORDER BY BT_ID;
```

查询结果如图 4-19 所示。

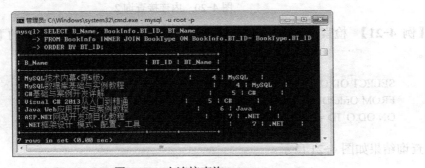

图 4-19 内连接查询 1

在该查询语句中,首先检索 BookInfo 表中满足条件的行,然后依据该行中的 BT_ID 列值,在 BookType 表中查找拥有相同 BT_ID 列值的行。对于两张表中相匹配的每一个行组合,显示出其中的图书名、图书类别编号和图书类别名称信息。在本例中通过使用 BookInfo.BT_ID 来限定显示的是哪张表中的 BT_ID 值,其语法格式为:表名.列名。因为这两张表中都有 BT_ID 列,如果不限定表名,将会产生二义性。这条查询语句中的其他列(B_Name 和 BT_Name)可以直接使用,不用限定表名,因为这两个列只存在于其中的一个表中,不会产生二义性。

如果表名重复次数较多,可以使用给表定义别名的方法,具体方法同给列名指定别名的方法，上述代码还可以写成以下形式。

```sql
SELECT B_Name, BI.BT_ID, BT_Name
FROM BookInfo BI INNER JOIN BookType BT
ON BI.BT_ID= BT.BT_ID
ORDER BY BT_ID;
```

【例 4-20】 检索 Users 和 Orders 表，查询订单总价超过 100 元的会员名、下单时间及订单总价。

```sql
SELECT U.U_Name,O.O_ID, O.O_Time, O.O_TotalPrice
FROM Users U INNER JOIN Orders O
ON U.U_ID = O.U_ID
WHERE O_TotalPrice>100;
```

查询结果如图 4-20 所示。

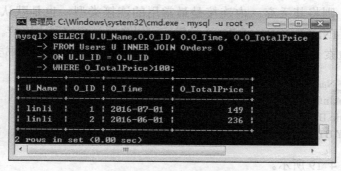

图 4-20　内连接查询 2

【例 4-21】 检索 OrderDetails、Orders 和 BookInfo 表，查询订单的下单时间及所购图书名。

```sql
SELECT OD.OD_ID,O.O_Time,BI.B_Name
FROM OrderDetails OD INNER JOIN Orders O INNER JOIN BookInfo BI
ON OD.O_ID = O.O_ID AND OD.B_ID=BI.B_ID;
```

查询结果如图 4-21 所示。

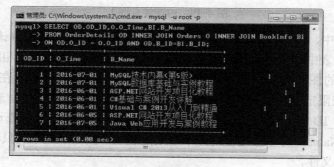

图 4-21　内连接查询 3

4.4.2 外连接

在外连接中，参与连接的表有主从之分。使用外连接时，以主表中每行的数据去匹配从表中的数据行，如果符合连接条件则返回到结果集中；如果没有找到匹配行，则主表的行仍然保留，并且返回到结果集中，相应的从表中的数据行被填上 NULL 值后也返回到结果集中。

外连接有 3 种类型，分别是左外连接（LEFT OUTER JOIN）、右外连接（RIGHT OUTER JOIN）和全外连接（FULL OUTER JOIN）。MySQL 暂不支持全外连接。

1. 左外连接

左外连接的结果集中包含左表（JOIN 关键字左边的表）中所有的记录，然后左表按照连接条件与右表进行连接。如果右表中没有满足连接条件的记录，则结果集中右表中的相应行数据填充为 NULL。

【例 4-22】 以左外连接方式查询所有会员的订书情况，在结果集中显示会员编号、会员名称、订单产生时间及订单总价，并按会员编号排序。

```
SELECT U.U_ID,U.U_Name, O.O_Time,O.O_TotalPrice
FROM Users U LEFT OUTER JOIN Orders O
ON U.U_ID = O.U_ID
ORDER BY U_ID;
```

查询结果如图 4-22 所示。

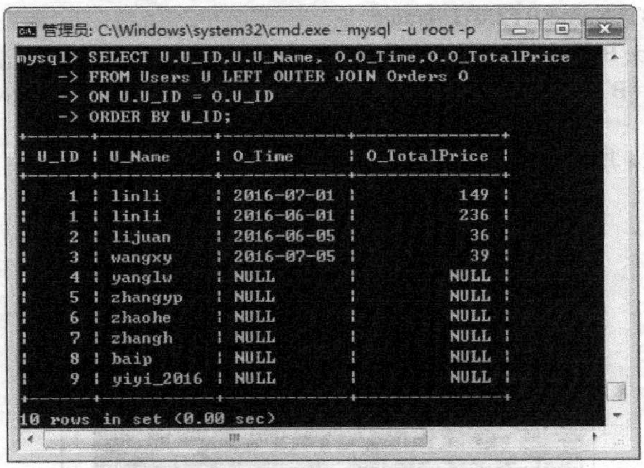

```
管理员: C:\Windows\system32\cmd.exe - mysql -u root -p
mysql> SELECT U.U_ID,U.U_Name, O.O_Time,O.O_TotalPrice
    -> FROM Users U LEFT OUTER JOIN Orders O
    -> ON U.U_ID = O.U_ID
    -> ORDER BY U_ID;
+------+------------+------------+--------------+
| U_ID | U_Name     | O_Time     | O_TotalPrice |
+------+------------+------------+--------------+
|    1 | linli      | 2016-07-01 |          149 |
|    1 | linli      | 2016-06-01 |          236 |
|    2 | lijuan     | 2016-06-05 |           36 |
|    3 | wangxy     | 2016-07-05 |           39 |
|    4 | yanglw     | NULL       |         NULL |
|    5 | zhangyp    | NULL       |         NULL |
|    6 | zhaohe     | NULL       |         NULL |
|    7 | zhangh     | NULL       |         NULL |
|    8 | baip       | NULL       |         NULL |
|    9 | yiyi_2016  | NULL       |         NULL |
+------+------------+------------+--------------+
10 rows in set (0.00 sec)
```

图 4-22　左外连接查询

2. 右外连接

右外连接的结果集中包含满足连接条件的所有数据和右表（JOIN 关键字右边的表）中不满足条件的数据，左表中的相应行数据为 NULL。

【例 4-23】 以右外连接方式查询所有订单的详细情况，在结果集中显示订单详情号、订单产生时间、订单总价及图书名。

```
SELECT OD.OD_ID,OD_Number,BI.B_ID,BI.B_Name
FROM OrderDetails OD RIGHT OUTER JOIN BookInfo BI
ON OD.B_ID = BI.B_ID;
```

查询结果如图 4-23 所示。

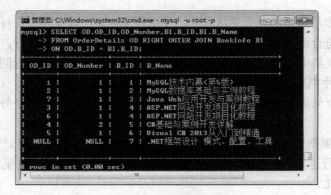

图 4-23 右外连接查询

4.4.3 自连接

不仅可以在不同的表中进行连接，还可以在同一个表中进行连接，这种连接被称为自连接。对一个表使用自连接时，可以看做是这张表的两个副本之间进行的连接，必须为该表指定两个别名。

【例 4-24】 在图书类别表 BookType 中，查询每种图书类别和它的子类别。

```
SELECT BT1.BT_Name,BT2. BT_Name
FROM BookType BT1 INNER JOIN BookType BT2
ON BT1.BT_ID=BT2.BT_FatherID;
```

查询结果如图 4-24 所示。

图 4-24 自连接查询结果 1

【例 4-25】 要查询 BookInfo 表中高于"C#基础与案例开发详解"会员价格的图书号、图书名称和图书会员价格，查询后的结果集要求按会员价格降序排列。

```
SELECT B2.B_ID,B2.B_Name,B2.B_SalePrice
FROM BookInfo B1 INNER JOIN BookInfo B2
ON B1.B_Name='C#基础与案例开发详解' AND B1.B_SalePrice<B2.B_SalePrice
ORDER BY B2.B_SalePrice DESC;
```

查询结果如图 4-25 所示。

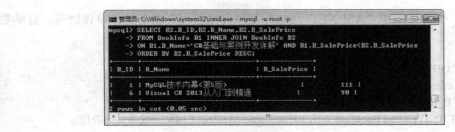

图 4-25 自连接查询结果 2

4.4.4 交叉连接

使用交叉连接查询，如果不带 WHERE 子句时，则返回的结果是被连接的两个表的笛卡儿积；如果交叉连接带有 WHERE 子句时，则返回结果为连接两个表的笛卡儿积减去 WHERE 子句所限定而省略的行数。交叉连接使用 CROSS JOIN 关键字。

【例 4-26】 在 Orders 表和 OrderDetails 表中使用交叉连接。

> SELECT O.O_ID,OD.OD_ID
> FROM Orders O CROSS JOIN OrderDetails OD;

在此例中，Orders 表中有 4 条记录，OrderDetails 表中有 7 条记录，交叉连接后的结果集中包含 28 条记录。部分查询结果如图 4-26 所示。

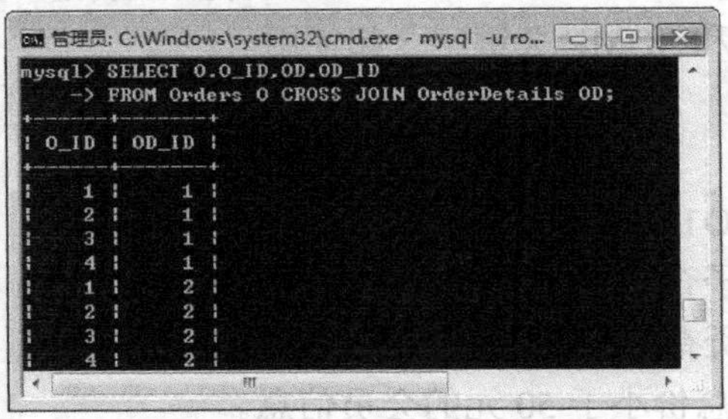

图 4-26 交叉连接查询结果

4.5 子查询

子查询是指在一个外层查询中包含另一个内层查询，即在一个 SELECT 语句中的 WHERE 子句中，包含有另一个 SELECT 语句。外层的 SELECT 语句称为主查询，WHERE 子句中包含的 SELECT 语句称为子查询。一般将子查询的查询结果作为主查询的查询条件。子查询除了可以用在主查询的 WHERE 子句中，也可以用在 HAVING 子句中。为了区分主查询和子查询，通常将子查询写在小括号内。

4.5.1 返回单行的子查询

返回单行的子查询是指子查询的查询结果只返回一个值，并将这个返回值作为父查询的条件，在父查询中进一步查询。在 WHERE 子句中可以使用比较运算符来连接子查询。

【例 4-27】 查询订购了"ASP.NET 网站开发项目化教程"图书的订单详情号、订购数量及图书总价。

```
SELECT OD_ID,OD_Number,OD_Price
FROM OrderDetails
WHERE B_ID=
(SELECT B_ID FROM BookInfo WHERE B_Name='ASP.NET 网站开发项目化教程');
```

查询结果如图 4-27 所示。

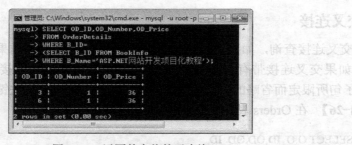

图 4-27 返回单个值的子查询

4.5.2 返回多行的子查询

返回多行的子查询是指子查询的查询结果中包含多行数据。返回多行的子查询经常与 IN、EXIST、ALL、ANY 和 SOME 关键字一起使用。

1. 使用 IN 关键字

其语法格式如下。

WHERE <表达式> [NOT] IN （<子查询>）

如果主查询里的行与子查询返回的某一个行相匹配，那么 IN 的结果即为真。如果主查询里的行与子查询返回的所有行都不匹配，那么 NOT IN 的结果即为真。

【例 4-28】 查询订单总价小于 50 元的会员信息。

```
SELECT U_ID,U_Name,U_Phone
FROM Users
WHERE U_ID IN
(SELECT U_ID FROM Orders WHERE O_TotalPrice<50);
```

查询结果如图 4-28 所示。

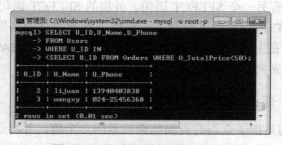

图 4-28 使用 IN 关键字的子查询

2. 使用 EXISTS 关键字

其语法格式如下。

WHERE [NOT] EXISTS（<子查询>）

EXISTS 关键字表示存在量词，使用 EXISTS 关键字的子查询并不返回任何数据，只返回逻辑真值和逻辑假值。当子查询返回的结果不为空时，则返回逻辑真值，否则返回逻辑假值。在使用 EXISTS 时，子查询通常将"*"作为输出列表。因为这个关键字只是根据子查询是否有返回行来判断真假，并不关心返回行里所包含的具体内容，所以没必要列出列名。NOT EXISTS 则与 EXISTS 查询结果相反。

【例 4-29】 查询订购了图书的会员信息。

```
SELECT U.U_ID,U.U_Name,U.U_Sex
FROM Users U
WHERE EXISTS
(SELECT * FROM Orders O WHERE O.U_ID=U.U_ID);
```

查询结果如图 4-29 所示。

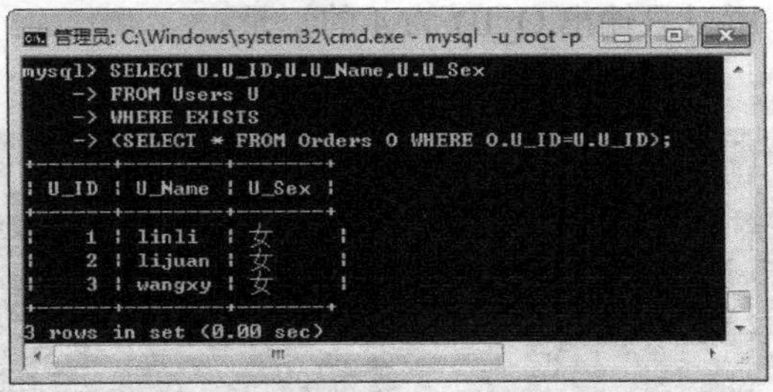

图 4-29 使用 EXISTS 关键字的子查询

3. 使用 ALL、ANY 和 SOME 关键字

其语法格式如下。

WHERE <表达式> <比较运算符> [ALL| ANY|SOME]（<子查询>）

其中，ANY 关键字表示任何一个（其中之一），只要与子查询中的一个值相符合即可；ALL 关键字表示所有（全部），要求与子查询中的所有值相符合；SOME 与 ANY 是同义词。例如，当表达式的值小于或等于子查询返回的每一个值时，<=ALL 的结果为真；当表达式的值小于或等于子查询返回的任何一个值时，<=ANY 的结果为真。

【例 4-30】 查询订购了图书编号大于 3 的订单编号及收货人的姓名、地址、邮编。

```
SELECT O_ID,O_UserName,O_Address,O_PostCode
FROM Orders
WHERE O_ID >ANY
(SELECT O_ID FROM OrderDetails WHERE B_ID>3);
```

查询结果如图 4-30 所示。本实例查询的结果集中 O_ID 的值分别为 2 和 3，所以父查询中只要 O_ID 的值大于 2 或 3 中的任何一个，即只要大于 2 就可满足条件，所以输出 O_ID 为 3 和 4 两条记录。

图 4-30 使用 ANY 关键字的子查询

上例中如果使用 ALL 关键字,语句如下。

> SELECT O_ID,O_UserName,O_Address,O_PostCode
> FROM Orders
> WHERE O_ID >ALL
> (SELECT O_ID FROM OrderDetails WHERE B_ID>3);

查询的结果如图 4-31 所示。本例父查询中,O_ID 的值既要大于 2 又要大于 3,即至少要大于 3 才可满足条件,所以只输出 O_ID 为 4 的记录。

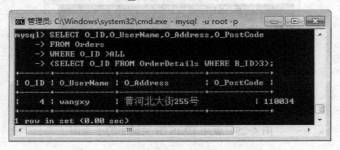

图 4-31 使用 ALL 关键字的子查询

4.5.3 子查询与数据更新

子查询还能与 INSERT、UPDATE、DELETE 这 3 种语句结合,以实现更加灵活的数据更新操作。

1. 子查询与 INSERT 语句

子查询与 INSERT 语句相结合,可以完成一批数据的插入。其语法格式如下。

INSERT INTO <表名> [<列名>]

<子查询>

需要注意的是,使用 INSERT INTO 插入多条记录时,要插入数据的表必须已经存在;要插入数据的表结构必须和子查询语句的结果集结构相兼容,也就是说,两者结构的数量和顺序必须一致,列的数据类型必须兼容。

【例 4-31】 查询每一类图书会员价格的平均价格,并将结果保存到新表 AvgPrice 中。

(1)创建新表 AvgPrice。

> CREATE TABLE AvgPrice(B_ID int,Avg_Price float);

（2）将查询结果插入到新表 AvgPrice 中。

> INSERT INTO AvgPrice
> SELECT BT_ID,AVG(B_SalePrice)FROM BookInfo GROUP BY BT_ID ;

（3）查看 AvgPrice 表中的记录。

> SELECT * FROM AvgPrice;

运行结果如图 4-32 所示。

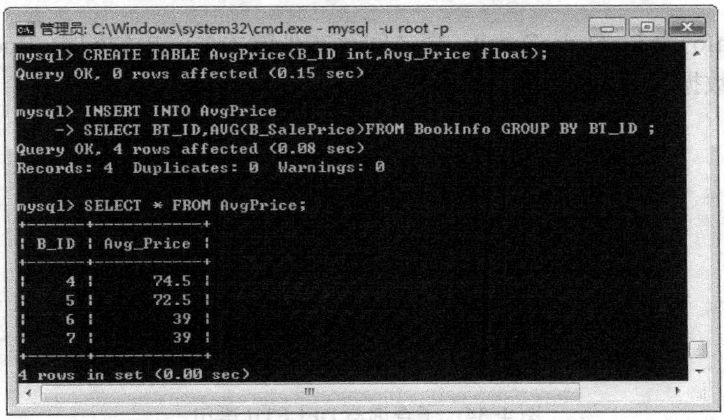

图 4-32 子查询与 INSERT 语句

2. 子查询与 UPDATE 语句

子查询与 UPDATE 语句相结合，一般是嵌在 WHERE 子句中，查询结果作为修改数据的条件依据之一，可以同时修改一批数据。

【例 4-32】 将 BookInfo 表中 MySQL 类别图书的会员价格修改为市场价格的 70%。

> UPDATE BookInfo SET B_SalePrice=B_MarketPrice*0.7
> WHERE 'MySQL'=
> (SELECT BT_Name FROM BookType WHERE BookInfo.BT_ID=BookType.BT_ID);

运行结果如图 4-33 所示。

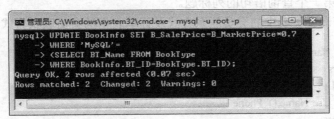

图 4-33 子查询与 UPDATE 语句

3. 子查询与 DELETE 语句

子查询与 DELETE 语句相结合，一般也是嵌在 WHERE 子句中，查询结果作为删除数据的条件依据之一，可以同时删除一批数据。

【例 4-33】 删除 BookInfo 表中 Java 类别图书的基本信息。

```
DELETE FROM BookInfo
WHERE 'Java'=
(SELECT BT_Name FROM BookType WHERE BookInfo.BT_ID=BookType.BT_ID);
```

在执行上述语句前，要先将 OrderDetails 表中 B_ID 为 3 的记录删除，对应的 SQL 语句如下。

```
DELETE FROM OrderDetails WHERE B_ID=3;
```

因为 BookInfo 表与 OrderDetails 表之间存在外键关系，单独删除 BookInfo 表中的数据，会引起表间数据的不一致问题。运行结果如图 4-34 所示。

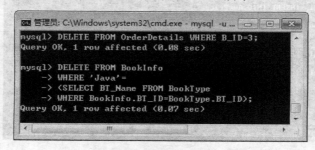

图 4-34 子查询与 DELETE 语句

4.6 联合查询

联合查询是指合并两个或多个查询语句的结果集，其语法格式如下。

SELECT 语句 1
UNION [ALL]
SELECT 语句 2

其中，ALL 选项表示保留结果集中的重复记录，默认时系统自动删除重复记录。使用联合查询时，所有查询语句中的列的数量和顺序必须相同，而且数据类型必须兼容，并且查询结果的列标题为第一个查询语句的列标题。

【例 4-34】 查询会员表中的会员联系方式及订单表中的会员联系方式。

```
SELECT U_Name,U_Phone
FROM Users
UNION ALL
SELECT O_UserName,O_Phone
FROM Orders;
```

查询结果如图 4-35a 所示。若将 ALL 选项去掉，则将删除结果集中重复的记录，查询结果如图 4-35b 所示。

图 4-35 联合查询
a) 使用 ALL　b) 未使用 ALL

4.7 案例：网上书店系统综合查询

本节将结合网上书店系统，使用 SELECT 语句从数据库中检索满足条件的记录。

【例 4-35】 查询会员表中会员编号、会员名称及电话号码，要求列名以汉字标题显示。

```
SELECT U_ID 会员编号,U_Name 会员名称,U_Phone 电话号码
FROM Users;
```

查询结果如图 4-36 所示。

图 4-36 查询会员信息

【例 4-36】 查询价格最高的图书信息。

```
SELECT B_ID,B_Name,B_MarketPrice
```

```
FROM BookInfo
ORDER BY B_MarketPrice DESC
LIMIT 1;
```

查询结果如图 4-37 所示。

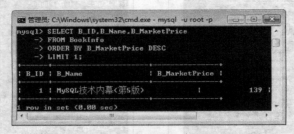

图 4-37 查询价格最高的图书信息

【例 4-37】 统计每本图书的销量信息。

```
SELECT BI.B_ID,BI.B_Name,SUM(OD.OD_Number) 销量
FROM BookInfo BI LEFT JOIN OrderDetails OD
ON BI.B_ID=OD.B_ID
GROUP BY OD.B_ID
ORDER BY B_ID;
```

查询结果如图 4-38 所示。在【例 4-33】中已经删除了 B_ID 为 3 的记录，所以本例结果中不含有 B_ID 为 3 的销量。本例使用了左连接，这样可以保证 BookInfo 表中的所有图书都在统计范围之内，包括销量为 0 的 B_ID 为 7 的图书，其销量列数据由 NULL 填充。

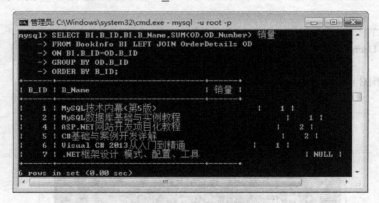

图 4-38 统计图书销量

【例 4-38】 查询销量为 0 的图书信息。

```
SELECT B_ID,B_Name
FROM BookInfo BI
WHERE NOT EXISTS
(SELECT * FROM OrderDetails OD WHERE OD.B_ID=BI.B_ID);
```

查询结果如图 4-39 所示。

图 4-39 查询销量为 0 的图书

【例 4-39】 查询 linli 所购图书的信息。

SELECT BI.B_ID,BI.B_Name
FROM BookInfo BI INNER JOIN OrderDetails OD
ON BI.B_ID=OD.B_ID
WHERE OD.O_ID IN
(SELECT O.O_ID FROM Orders O INNER JOIN Users U
ON O.U_ID=U.U_ID
WHERE U.U_Name='linli');

查询结果如图 4-40 所示。

图 4-40 查询 linli 所购图书的信息

本章总结

本章主要介绍了 MySQL 中 T-SQL 语言的各种查询功能和用法。使用 SQL 查询语句可以完成大部分的数据查询操作，包括基本的数据查询、条件查询、分组查询、连接查询、子查询和联合查询等，为学习数据库编程和数据库操作打下基础。

SQL 查询语句功能强大，同时也比较灵活和复杂，需要加强练习，并能熟练掌握。

实践与练习

1. 选择题

（1）在 SELECT 子句中，关键字（　　）用于消除重复项。

　　A．AS　　　　　　B．DISTINCT　　　　C．LIMIT　　　　D．LIKE

(2) 要使用模糊查询从数据库中查找与某一数据相关的信息，可以使用关键字（　　）。

    A．AND   B．OR   C．ALL   D．LIKE

(3) 在 SELECT 语句中，分组时使用（　　）子句。

    A．ORDER BY   B．GROUP BY   C．FROM   D．WHERE

(4) 在 SELECT 语句中，下列（　　）子句用于对分组统计进一步设置条件。

    A．ORDER BY   B．GROUP BY   C．HAVING   D．WHERE

(5) 在 WHERE 子句中，如果出现了"age BETWEEN 30 AND 40"，这个表达式等同于（　　）。

    A．age>=30 AND age<=40   B．age>=30 OR age<=40

    C．age>30 AND age<40   D．age>30 OR age<40

(6) 在 WHERE 子句的条件表达式中，可以匹配 0 个到多个字符的通配符是（　　）。

    A．*   B．%   C．-   D．?

2．操作题

结合网上书店数据库，完成下列操作。

(1) 查询书名中含有"C#"字样的图书详细信息。

(2) 查询清华大学出版社在 2014 年 07 月 01 日以后出版的图书详细信息。

(3) 对 BookInfo 表按市场价格降序排序，市场价格相同的按出版日期升序排序。

(4) 统计 Orders 表中每个会员的订单总额。

(5) 统计 Orders 表中每天的订单总额，并按照订单总额进行降序排序。

(6) 查询会员 lijuan 所购图书的详细信息。

(7) 将 Orders 表中会员 linli 的订单的订单状态（O_Status）全部修改为 2。

实验指导：学生选课系统数据库检索

题目1　学生选课系统数据库的简单查询

1．任务描述

掌握 SELECT 语句的简单查询。

2．任务要求

(1) 会使用 SELECT 语句进行单表的查询。

(2) 熟练应用条件语句、排序语句及分组语句。

3．具体任务

(1) 检索 student 表中所有学生的学号及姓名信息。

(2) 检索 course 表中"MySQL 数据库设计"课程的信息。

(3) 检索 course 表中课程名中含有"数据库"字样的课程。

(4) 统计 student 表中的学生人数。

(5) 将 sc 表中的记录按成绩降序排序。

题目2　学生选课系统数据库的连接查询

1．任务描述

掌握 SELECT 语句中的多表连接查询。

2. 任务要求
（1）会使用 SELECT 语句进行多表的查询。
（2）掌握内连接、外连接、自连接及交叉连接。
3. 操作步骤提示
（1）检索 sc 表及 student 表中，"MySQL 数据库设计"课程不及格学生的学号和姓名。
（2）检索"李四"所选课程及课程成绩信息。
（3）统计每个学生所选课程的数量、最高分、最低分、总分及平均分成绩。
（4）检索平均成绩高于 70 分的学生信息及平均成绩，结果按平均分降序排序。
（5）检索选修了"MySQL 数据库设计"课程的学生信息及成绩。

题目 3　学生选课系统数据库的子查询

1. 任务描述
掌握 SELECT 语句中的子查询。
2. 任务要求
（1）会使用 SELECT 语句进行子查询。
（2）掌握子查询的相关关键词的使用，以及子查询与数据更新操作的联合使用。
3. 操作步骤提示
（1）应用子查询，检索成绩在 90 分（含）以上的学生的学号和姓名。
（2）应用子查询，检索没有学生选修的课程号和课程名。
（3）应用子查询，将每个学生的平均成绩保存到新表 AvgGrade 中。
（4）应用子查询，将选修"MySQL 数据库设计"课程的学生成绩增加 5 分。
（5）应用子查询，删除选修"计算机组成原理"课程的选课记录。

第 5 章 视图和触发器

作为常用的数据库对象，视图（view）为数据查询提供了捷径。视图是从一个或多个表或者视图中导出的表，是一种虚拟存在的表。视图就像一个窗口，透过这个窗口可以看到系统专门提供的用户感兴趣的数据，而不是整个数据表中过多的不关心的数据。触发器由事件来触发某个操作，这些事件包括 insert 语句、update 语句和 delete 语句。当数据库执行这些事件时，就会激活触发器执行相应的操作。本章将介绍视图与触发器的相关知识与应用。

5.1 视图

视图是用于创建动态表的静态定义，视图中的数据是根据预定义的选择条件从一个或多个行集中生成的。用视图可以定义一个或多个表的行列组合。为了得到所需要的行列组合的视图，可以使用 select 语句来指定视图中包含的行和列。

视图是一个虚拟的表，其结构和数据是建立在对表的查询基础上的，也可以说视图的内容由查询定义，而视图中的数据并不像表和索引那样需要占用存储空间，视图中保存的仅仅是一条 select 语句，其数据来自于视图所引用的数据库表或者其他视图，对视图的操作与对表的操作一样，可以对其进行查询、修改和删除。

当对视图进行修改时，相应的基本表的数据也要发生变化，同样，当基本表发生变化时，视图的数据也会随之变化。视图与基本表之间的关系如图 5-1 所示。对视图所引用的基本表来说，其作用类似于筛选。定义视图的筛选可以来自当前或者其他数据库的一个或多个表或者其他视图。

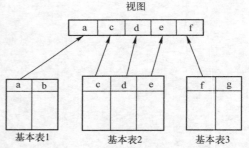

图 5-1 视图与基本表的关系

视图有很多优点，主要体现在以下几点。

1. 保护数据安全

视图可以作为一种安全机制，同一个数据库可以创建不同的视图，为不同的用户分配不同的视图。通过视图用户只能查询或修改他们所能看到的数据，其他数据库或者表既不可见也不可以访问，从而增强了数据的安全访问控制。

2. 简化操作

视图向用户隐藏了表与表之间复杂的连接操作，大大简化了用户对数据的操作。在定义视图时，如果视图本身就是一个复杂查询的结果集，则在每一次执行相同的查询时，不必重写这些复杂的查询语句，只需一条简单的查询视图语句即可。另外，视图可以为用户屏蔽数据库的复杂性，简化用户对数据库的查询语句。例如，即使是底层数据库表发生了更改，也不会影响上层用户对数据库的正常使用,只需数据库编程人员重新定义视图的内容即可。

3. 使分散数据集中

当用户所需的数据分散在数据库多个表中时,通过定义视图可以将这些数据集中在一起,以方便用户对分散数据的集中查询与处理。

4. 提高数据的逻辑独立性

有了视图之后,应用程序可以建立在视图之上,从而使应用程序和数据库表结构在一定程度上实现了逻辑分离。视图在以下两个方面使应用程序与数据逻辑独立。

- 使用视图可以向应用程序屏蔽表结构,此时即便表结构发生变化(如表的字段名发生变化),只需重新定义视图或者修改视图的定义,无须修改应用程序即可使一个程序正常执行。
- 使用视图可以向数据库表屏蔽应用程序,此时即便应用程序发生变化,只需重新定义视图或者修改视图的定义,无须修改数据库表结构,即可使应用程序正常运行。

5.1.1 创建视图

创建视图需要具有针对视图的 create view 权限,以及针对由 select 语句选择的每一列上的某些权限。对于在 select 语句中其他地方使用的列,必须具有 select 权限。如果还有 or replace 子句,必须在视图上具有 drop 权限。具体内容将在"第 9 章常见函数和数据管理"中进行讲解。

使用 create view 语句来创建视图语法格式如下。

```
create
    [or replace]
    [algorithm={undefined |merge | temptable }]
    view view_name [(column_list)]
    as select_statement
    [with [cascaded | local] check option]
```

主要语法说明如下。

1)or replace:可选项,用于指定 or replace 子句。该语句用于替换数据库中已有的同名视图,但需要在该视图上具有 DROP 权限。

2)algorithm 子句:这个可选的 algorithm 子句是 MySQL 对标注 SQL 的扩展,规定了 MySQL 处理视图的算法,这些算法会影响 MySQL 处理视图的方式。algorithm 可取 3 个值:undefined、merge 和 temptable。如果没有给出 algorithm 的子句,则 create view 语句的默认算法是 undefined(未定义的)。

- 如果指定 merge 选项,表示会将引用视图的 SQL 语句的文本与视图定义合并起来,使视图定义的某一部分取代语句的对应部分。merge 算法要求视图中的行和基本表中的行具有一对一关系,如果不具有该关系,必须使用临时表取而代之。
- 如果指定 temptable 选项,表示视图的结果将被置于临时表中,然后使用临时表执行语句。
- 如果指定 undefined 选项,表示 MySQL 将自动选择所要使用的算法。

3）view_name：指定视图的名称。该名称在数据库中必须是唯一的，不能与其他表或视图同名。

4）column_list：该可选子句可以为视图中的每个列指定明确的名称。其中列名的数目必须等于 select 语句检索出来的结果数据集的列数，并且每个列名间用逗号分隔。如果省略 column_list 子句，则新建视图使用与基本表或源视图中相同的列名。

5）select_statement：用于指定创建视图的 select 语句，这个 select 语句给出了视图的定义，它可以用于查询多个基本表或者源视图。

6）with check option：该可选子句用于指定在可更新视图上所进行的修改都需要符合 select_statement 中所指定的限制条件，这样可以确保数据修改后仍可以通过视图看到修改后的数据。当视图是根据另一个视图定义时，with check option 给出了两个参数，即 cascaded 和 local，它们决定检查测试的范围，cascaded 为选项默认值，会对所有视图进行检查，local 则使 check option 只对定义的视图进行检查。

1. 定义单源表视图

当视图的数据取自一个基本表的部分行和列时，这样的视图称为单源表视图。此时视图的行列与基本表行列对应，用这种方法创建的视图可以对数据进行查询和修改操作。

【例 5-1】 在 student 表上创建一个简单的视图，并将视图命名为 student_view1。

```
create view student_view1
as select * from student;
```

程序中的截图如图 5-2 所示。

```
mysql> create view student_view1 as select * from student;
Query OK, 0 rows affected (0.04 sec)
```

图 5-2　创建 student_view1 视图

使用 select 语句查询截屏如图 5-3 所示。

```
mysql> select * from student_view1;
+-----+-------+------+------+-------------+
| sno | sname | ssex | sage | inf         |
+-----+-------+------+------+-------------+
|   1 | 张三  | M    |   21 | 15884488547 |
|   2 | 李四  | F    |   20 | 15228559623 |
|   3 | 王五  | M    |   19 | 19633521145 |
|   4 | 赵六  | F    |   22 | 15623364524 |
|   5 | 钱七  | M    |   24 | 15882556263 |
|   6 | 孙八  | F    |   22 | 15225856956 |
|   7 | 周九  | M    |   20 | 12552569856 |
+-----+-------+------+------+-------------+
7 rows in set (0.00 sec)
```

图 5-3　使用 select 语句进行查询

【例 5-2】 在 student 表上创建一个简单的视图，并将视图命名为 student_view2，要求视图包含学生姓名、课程名，以及课程所对应的成绩。

```
create view student_view2（sname,cname,grade）
as select sname,cname,grade
from student ,course,sc
```

```
where student.sno=sc.sno and course.cno=sc.cno;
```

程序中的截图如图 5-4 所示。

```
mysql> create view student_view2 (sname,cname,grade) as se
lect sname,cname,grade from student,course,sc where studen
t.sno=sc.sno and course.cno=sc.cno;
Query OK, 0 rows affected (0.06 sec)
```

图 5-4　创建 student_view2 视图

并用 select 语句查询截屏如图 5-5 所示。

```
mysql> select * from student_view2;
+--------+----------------------+-------+
| sname  | cname                | grade |
+--------+----------------------+-------+
| 张三   | C语言程序设计        |    80 |
| 李四   | C语言程序设计        |    92 |
| 王五   | MySQL数据库设计      |    45 |
| 钱七   | C语言程序设计        |    77 |
| 赵六   | MySQL数据库设计      |    66 |
| 孙八   | C语言程序设计        |    59 |
| 周九   | MySQL数据库设计      |    82 |
| 李四   | C语言程序设计        |    64 |
| 王五   | java程序设计         |    98 |
| 李四   | 计算机组成原理       |    92 |
| 李四   | java程序设计         |    81 |
+--------+----------------------+-------+
11 rows in set (0.00 sec)
```

图 5-5　使用 select 语句进行查询

定义后就可以像查询基本表那样对视图进行查询。

2. 定义多源表视图

多源表视图是指定义视图的查询语句所涉及的表可以有多个，这样定义的视图一般只用于查询，不用于修改数据。

【例 5-3】 在 student、course、sc 表上创建视图并命名为 scs_view，要求视图包含学生学号、姓名、课程名，以及课程所对应的成绩及学分。

```
create view scs_view（sno,sname,cname,grade,credit）
as select sno,sname,cname,grade,credit
from student,course,sc
where student.sno=sc.sno and c.cno=sc.cno;
```

使用 select 语句查询截屏如图 5-6 所示。

```
mysql> select * from scs_view;
+-----+--------+----------------------+-------+--------+
| sno | sname  | cname                | grade | credit |
+-----+--------+----------------------+-------+--------+
|   1 | 张三   | C语言程序设计        |    80 |      4 |
|   2 | 李四   | C语言程序设计        |    92 |      4 |
|   3 | 王五   | MySQL数据库设计      |    45 |      4 |
|   5 | 钱七   | C语言程序设计        |    77 |      4 |
|   4 | 赵六   | MySQL数据库设计      |    66 |      4 |
|   6 | 孙八   | C语言程序设计        |    59 |      4 |
|   7 | 周九   | MySQL数据库设计      |    82 |      4 |
|   2 | 李四   | C语言程序设计        |    64 |      4 |
|   3 | 王五   | java程序设计         |    98 |      4 |
|   2 | 李四   | 计算机组成原理       |    92 |      4 |
|   2 | 李四   | java程序设计         |    81 |      4 |
+-----+--------+----------------------+-------+--------+
```

图 5-6　使用 select 语句进行查询

再试试下面的语句，并使用 select 语句查询，如图 5-7 所示。

```
create view scs_view（sno,sname,cname,grade,credit）
as
select sc.sno as 学号,student.sname as 姓名,course.cname as 课程名, sc.grade as 成绩,
course.credit as 学分
from student,course,sc
where student.sno=sc.sno and course.cno=sc.cno;
```

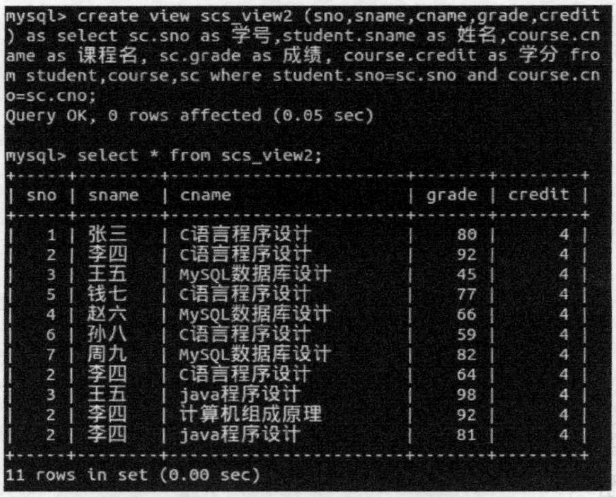

```
mysql> create view scs_view2 (sno,sname,cname,grade,credit
) as select sc.sno as 学号,student.sname as 姓名,course.cn
ame as 课程名, sc.grade as 成绩, course.credit as 学分 fro
m student,course,sc where student.sno=sc.sno and course.cn
o=sc.cno;
Query OK, 0 rows affected (0.05 sec)

mysql> select * from scs_view2;
+-----+--------+-----------------------------+-------+--------+
| sno | sname  | cname                       | grade | credit |
+-----+--------+-----------------------------+-------+--------+
|   1 | 张三   | C语言程序设计               |    80 |      4 |
|   2 | 李四   | C语言程序设计               |    92 |      4 |
|   3 | 王五   | MySQL数据库设计             |    45 |      4 |
|   5 | 钱七   | C语言程序设计               |    77 |      4 |
|   4 | 赵六   | MySQL数据库设计             |    66 |      4 |
|   6 | 孙八   | C语言程序设计               |    59 |      4 |
|   7 | 周九   | MySQL数据库设计             |    82 |      4 |
|   2 | 李四   | C语言程序设计               |    64 |      4 |
|   3 | 王五   | java程序设计                |    98 |      4 |
|   2 | 李四   | 计算机组成原理              |    92 |      4 |
|   2 | 李四   | java程序设计                |    81 |      4 |
+-----+--------+-----------------------------+-------+--------+
11 rows in set (0.00 sec)
```

图 5-7　使用 select 语句进行查询

3. 在已有视图上创建新视图

可以在视图上再创建视图，此时作为数据源的视图必须是已经建立好的视图。

【例 5-4】 在刚才创建的视图 scs_view 上创建一个只能浏览某一门课程成绩的视图，并命名为 scs_view1。

```
create view scs_view1
as
select *from scs_view
where scs_view.cname='MySQL 数据库设计';
```

使用 select 语句查询截屏如图 5-8 所示。

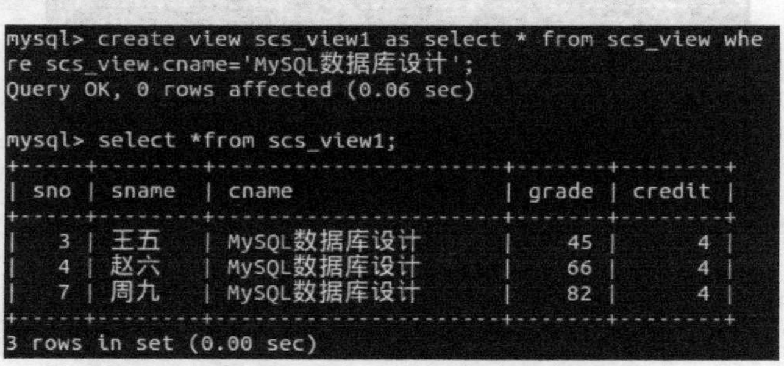

```
mysql> create view scs_view1 as select * from scs_view whe
re scs_view.cname='MySQL数据库设计';
Query OK, 0 rows affected (0.06 sec)

mysql> select *from scs_view1;
+-----+--------+-----------------------------+-------+--------+
| sno | sname  | cname                       | grade | credit |
+-----+--------+-----------------------------+-------+--------+
|   3 | 王五   | MySQL数据库设计             |    45 |      4 |
|   4 | 赵六   | MySQL数据库设计             |    66 |      4 |
|   7 | 周九   | MySQL数据库设计             |    82 |      4 |
+-----+--------+-----------------------------+-------+--------+
3 rows in set (0.00 sec)
```

图 5-8　使用 select 语句进行查询

4. 创建带表达式的视图

在定义基本表时，为了减少数据库中的冗余数据，表中只存放基本数据，而基本数据经过各种计算派生出的数据一般是不存储的，但由于视图中的数据并不实际存储，所以定义视图时可以根据需要设置一些派生属性列，在这些派生属性列中保存经过计算的值。这些派生属性由于在基本表中并不实际存在，因此，也称它们为虚拟列。包含虚拟列的视图也称为带表达式的视图。

【例 5-5】 创建一个查询学生学号、姓名和出生年份的视图。

```
create view student_birthyear（sno,sname,birthyear）
as
select sno,sname,2010-sage
from student
```

使用 select 语句查询截屏如图 5-9 所示。

```
mysql> select * from student_birthyear;
+-----+--------+-----------+
| sno | sname  | birthyear |
+-----+--------+-----------+
|   1 | 张三   |      1989 |
|   2 | 李四   |      1990 |
|   3 | 王五   |      1991 |
|   4 | 赵六   |      1988 |
|   5 | 钱七   |      1986 |
|   6 | 孙八   |      1988 |
|   7 | 周九   |      1990 |
+-----+--------+-----------+
7 rows in set (0.00 sec)
```

图 5-9 使用 select 语句进行查询

5. 含分组统计信息的视图

含分组统计信息的视图是指定义视图的查询语句中含有 group by 子句，这样的视图只能用于查询，不能用于修改数据。

【例 5-6】 创建一个查询每个学生的学号和考试平均成绩的视图。

```
create view student_avg（sno,avggrade）
as
select sno,avg（grade）from sc
group by sno;
```

使用 select 语句查询截屏如图 5-10 所示。

```
mysql> select * from student_avg;
+-----+----------+
| sno | avggrade |
+-----+----------+
|   1 |       80 |
|   2 |    82.25 |
|   3 |     71.5 |
|   4 |       66 |
|   5 |       77 |
|   6 |       59 |
|   7 |       82 |
+-----+----------+
7 rows in set (0.00 sec)
```

图 5-10 使用 select 语句进行查询

如果查询语句中的选择列表包含表达式或者统计函数，而且在查询语句中也没有为这样的列指定列名，则在定义视图的语句中必须指定视图属性列的名称。

6. 创建视图的注意事项

1) 运行创建视图的语句需要用户具有创建视图（create view）的权限，如果加上[or replace]，还需要用户具有删除视图（drop view）的权限。

2) select 语句不能包含 from 子句中的字查询。

3) select 语句不能引用系统或者用户变量。

4) select 语句不能引用预处理语句参数。

5) 在存储子程序内，定义不能引用子程序参数或者局部变量。

6) 在定义中引用的表或者视图必须存在，但是创建了视图后，能够舍弃定义引用的表或者视图。要想检查视图定义是否存在这类问题，可以使用 check table 语句。

7) 在定义中不能引用 temporary 表，不能创建 temporary 视图。

8) 在视图定义中命名的表必须已经存在。

9) 不能将触发程序与视图关联在一起。

10) 在视图定义中允许使用 order by，但是，如果从特定视图进行选择，而该视图使用了具有自己 order by 的语句，它将被忽视。

5.1.2 查看视图

查看视图是指查看数据库中已经存在的视图的定义。查看视图必须有 show view 的权限。查看视图的方法包括以下几条语句，它们从不同的角度显示了视图的相关信息。

1) describe 语句，语法格式如下。

    describe view_name;

或者

    dec view_name

2) show table status 语句，语法格式如下。

    show table status like'view_name'

3) show create view 语句，语法格式如下。

    show create view'view_name'

4) 查询 information_schema 数据库下的 view 表，语法格式如下。

    select *from information_schema.views where table_name='view_name'

【例 5-7】 分别采用 4 种方式查看 student_view2 的视图信息。

方式一：

    describe student_view2;

程序中的截图如图 5-11 所示。

```
mysql> describe student_view2;
+-------+-------------+------+-----+---------+-------+
| Field | Type        | Null | Key | Default | Extra |
+-------+-------------+------+-----+---------+-------+
| sname | varchar(20) | NO   |     | NULL    |       |
| cname | varchar(20) | NO   |     | NULL    |       |
| grade | float       | YES  |     | 0       |       |
+-------+-------------+------+-----+---------+-------+
3 rows in set (0.00 sec)
```

图 5-11　使用 describe 语句查看视图

方式二：

```
show table status like'student_view2'\G;
```

程序中的截图如图 5-12 所示。

```
mysql> show table status like 'student_view2' \G;
*************************** 1. row ***************************
           Name: student_view2
         Engine: NULL
        Version: NULL
     Row_format: NULL
           Rows: NULL
 Avg_row_length: NULL
    Data_length: NULL
Max_data_length: NULL
   Index_length: NULL
      Data_free: NULL
 Auto_increment: NULL
    Create_time: NULL
    Update_time: NULL
     Check_time: NULL
      Collation: NULL
       Checksum: NULL
 Create_options: NULL
        Comment: VIEW
```

图 5-12　使用 show table status 语句查看视图

方式三：

```
show create view'student_view2' \G;
```

程序中的截图如图 5-13 所示。

```
mysql> show create view student_view2 \G;
*************************** 1. row ***************************
                View: student_view2
         Create View: CREATE ALGORITHM=UNDEFINED DEFINER=`root`@`localhost` SQL SECURITY DEFINER VIEW `student_view2` AS select `student`.`sname` AS `sname`,`course`.`cname` AS `cname`,`sc`.`grade` AS `grade` from ((`student` join `course`) join `sc`) where ((`student`.`sno` = `sc`.`sno`) and (`course`.`cno` = `sc`.`cno`))
character_set_client: utf8
collation_connection: utf8_general_ci
```

图 5-13　使用 show create view 语句查看视图

方式四：

```
select *from information_schema.views where table_name='student_view2' \G;
```

程序中的截图如图 5-14 所示。

图 5-14 查询 information_schema 数据库下的 view 表

5.1.3 管理视图

视图的管理涉及现有视图的修改与删除。

1. 修改视图

修改视图是指修改数据库中已经存在表的定义。当基本表的某些字段发生改变时，可以通过修改视图来保持视图和基本表之间的一致。使用 alter view 语句用于修改一个先前创建好的视图，包括索引视图，既不影响相关的存储过程或触发器，也不更改权限。alter view 语句语法格式如下。

```
alter    [algorithm={undefined |merge | temptable }]
         view view_name [(column_list)]
         as select_statement
         [with [cascaded | local] check option]
```

其中各参数的含义与 create view 表达式中的参数含义相同。

【例 5-8】 使用 alter view 修改视图 student_view2 的列名为姓名、课程名及成绩。

```
alter  view
student_view2 (姓名,课程名,成绩)
as select sname,cname,grade
from student,course,sc
where student.sno=sc.sno and course.cno=sc.cno;
```

用 desc 查看 student_view2 如图 5-15 所示。

图 5-15 修改视图 student_view2 的列名 1

【例 5-9】 使用 alter view 修改视图 student_view2 的列名为 sname、cname 和 grade。

```
alter view
student_view2 (sname,cname,grade)
as select sname,cname,grade
from student,course,sc
where student.sno=sc.sno and course.cno=sc.cno;
```

用 desc 查看 student_view2 如图 5-16 所示。

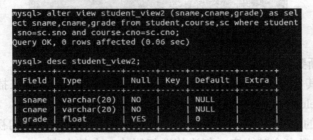

图 5-16　修改视图 student_view2 的列名 2

2. 删除视图

在创建并使用视图后，如果确定不再需要某一视图，或者想清除视图定义及与之相关的权限，可以使用 drop view 语句删除该视图。视图被删除后，基本表的数据不受影响。

drop view 语句的语法格式如下。

```
drop view view_name
```

【例 5-10】 删除【例 5-9】中的 student_view2 视图。

```
drop view student_view2
```

📖 使用 drop view 语句可以一次删除多个视图，如果被删除的视图是其他视图的基视图，那么在删除基视图时其他派生的视图将自动删除，但删除某个基本表后视图不能自动删除，要想删除，只能使用 drop view 语句。

5.1.4 使用视图

视图与表相似，对表的许多操作在视图中同样可以使用。用户可以使用视图对数据进行查询、修改和删除等操作。

1. 使用视图查询数据

视图被定义好后，可以对其进行查询，查询语句语法格式为：select *from view_name。

【例 5-11】 利用【例 5-3】中建立的视图 scs_view，查询成绩小于等于 90 的学生的学号和姓名。

```
select sno,sname,
from scs_view
```

where grade<=90;

程序中的截图如图 5-17 所示。

图 5-17　查询成绩小于等于 90 的学生的学号

2. 使用视图更新数据

对视图的更新其实就是对表的更新，更新视图是指通过视图来插入（insert）、更新（update）和删除（delete）表中的数据。在操作时需要注意以下几点。

1）修改视图中的数据时，可以对基于两个以上基本表或者视图的视图进行修改，但是不能同时影响两个或者多个基本表，每次修改仅影响一个基本表。

2）不能修改那些通过计算得到的列，如平均分等。

3）如果创建视图时定义了 with check option 选项，那么使用视图修改基本表中的数据时，必须保证修改后的数据满足定义视图的限制条件。

4）执行 update 或者 delete 命令时，所更新或者删除的数据必须包含在视图的结果集中。

5）如果视图引用多个表，使用 insert 或者 update 语句对视图进行操作时，被插入或更新的列必须属于同一个表。

（1）插入数据

可以通过视图向基本表中插入数据，但插入的数据实际上存放在基本表中，而不在视图中。

【例 5-12】　创建一个视图 student_view3，要求视图中显示所有男同学的信息。

```
create view student_view3
as
select *
from student
where ssex='M';
```

程序中的截图如图 5-18 所示。

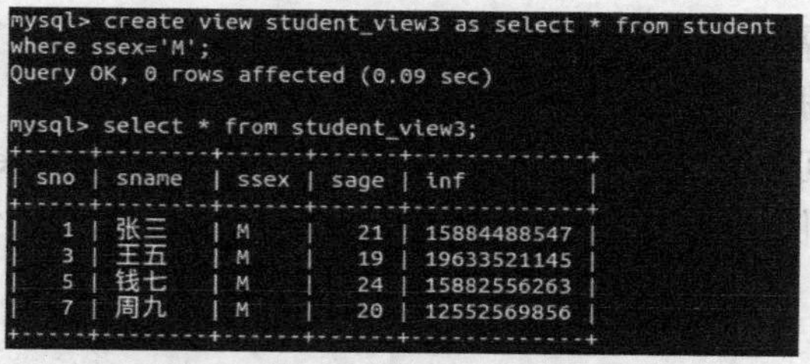

图 5-18　创建视图 student_view3

【例 5-13】 通过视图 student_view3 向学生表 student 中插入数据。

```
insert into student_view3
values(null,'zmp','M',21,'15888889999');
```

程序中的截图如图 5-19 所示。

图 5-19 向学生表 student 中插入数据

（2）更新数据

使用 update 语句可以通过视图修改基本表的数据。

【例 5-14】 将 student_view2 视图中所有学生的成绩增加 10。

```
update student_view2
set grade=grade+10;
```

通过该语句，将 student_view2 视图所依赖的基本表 student 中所有记录的成绩（grade）字段值在原来基础上增加 10，程序截图如图 5-20 所示。

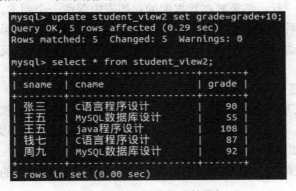

图 5-20 将所有学生的成绩增加 10

（3）删除数据

使用 delete 语句可以通过视图删除基本表中的数据。

【例 5-15】 删除 student 中女同学的记录。

```
Delete from student
where ssex='F';
```

程序中的截图如图 5-21 所示。

```
mysql> Delete from student where ssex='F';
Query OK, 3 rows affected (0.05 sec)

mysql> select * from student;
+-----+-------+------+------+-------------+
| sno | sname | ssex | sage | inf         |
+-----+-------+------+------+-------------+
|   1 | 张三  | M    |   21 | 15884488547 |
|   3 | 王五  | M    |   19 | 19633521145 |
|   5 | 钱七  | M    |   24 | 15882556263 |
|   7 | 周九  | M    |   20 | 12552569856 |
|   8 | zmp   | M    |   21 | 15888889999 |
+-----+-------+------+------+-------------+
```

图 5-21　删除记录

5.2　触发器的使用

触发器定义了一系列操作，这一系列操作称为触发程序，当触发事件发生时，触发程序会自动运行。

触发器主要用于监视某个表的插入（insert）、更新（update）和删除（delete）等操作，这些操作可以分别激活该表的 insert、update 和 delete 类型的触发程序运行，从而实现数据的自动维护。

- 当增加一个学生到数据库的学生基本信息表时，都需要检查学生的学号的格式是否正确。
- 当学生选修一门课程时，都从课程人数上限中减去选修的数量。
- 当删除学生选课基本信息表中一个学生的全部基本信息数据时，该学生所选修的尚未通过审核的课程信息也应该被自动删除。
- 无论何时删除一行，都需要在数据库的存档表中保留一个副本。

触发器与表的关系十分密切，用于保护表中的数据。当有操作影响到触发器所保护的数据时，触发器会自动执行，从而保障数据库中数据的完整性，以及多个表之间数据的一致性。

数据库触发器主要作用如下。

1）安全性。可以基于数据库的值使用户具有操作数据库的某种权利。可以基于时间限制用户的操作，例如，不允许下班后和节假日修改数据库数据等。可以基于数据库中的数据限制用户的操作，例如，不允许学生的分数大于满分等。

2）审计。可以跟踪用户对数据库的操作。审计用户操作数据库的语句，把用户对数据库更新写入审计表。

3）实现复杂的数据完整性规则。实现非标准的数据完整性检查和约束。触发器可产生比规则更为复杂的限制。与规则不同，触发器可以引用列或者数据库对象。

4）实现复杂的非标准的数据库相关完整性规则。在修改或者删除时，级联修改或者删除其他表中与之匹配的行。在修改或者删除时，把其他表中与之匹配的行设成 null 值。在修改或者删除时，把其他的表中与之匹配的行级联设成默认值。触发器能够拒绝或者回退破坏相关完整性的变化，取消试图进行数据更新的事务。当插入一个与其主键不匹配的外键时，触发器起作用。

5.2.1 创建并使用触发器

1. 创建触发器

触发程序是与表有关的命名数据库对象,当表上出现特定事件时,将激活该对象。在 MySQL 中,可以使用 create trigger 语句创建触发器,具体语法格式如下。

```
create trigger trigger_name trigger_time trigger_event
ontbl_name for each low trigger_stmt
```

语法说明如下。

1) trigger_name:触发器的名称,触发器在当前数据库中必须具有唯一性的名称。如果要在某个特定数据库中创建,名称前面应该加上数据库的名称。

2) trigger_time:是触发器被触发的时间。它可以是 before 或者 after,用以指明触发器是在激活它的语句之前或之后触发。如果希望验证新数据是否满足使用的限制,可以使用 before;如果希望在激活触发器的语句执行之后完成几个或更多的改变,可以使用 after。

3) trigger_event:指明了激活触发器的语句的类型。trigger_event 可以是下述值之一。

- insert:将新行插入表时激活触发器,例如,通过 insert、load data 和 replace 语句。
- update:更改某一行时激活触发器,例如,通过 update 语句。
- delete:从表中删除某一行时激活触发器,例如,通过 delete 和 replace 语句。

4) tbl_name:与触发器相关联的表名。tbl_name 必须引用永久性表。不能将触发程序与 temporary 表或视图关联起来。在该表上触发事件发生时才会激活触发器,同一个表不能同时拥有两个具有相同触发时刻和事件的触发器。例如,对于一个数据表,不能同时有两个 before update 触发器,但是可以有一个 before update 触发器和一个 before insert 触发器,或者一个 before update 触发器和一个 after update 触发器。

5) for each low:用来指定对于受触发事件影响的每一行都要激活触发器的动作。例如,使用一条 insert 语句向一个表中插入多行数据时,触发器会对每一行数据的插入都执行相应的触发器动作。

6) trigger_stmt:是当触发程序激活时执行的语句。如果打算执行多个语句,可使用 begin…end 复合语句结构。这样,就能使用存储子程序中允许的相同语句。

2. 使用触发器

【例 5-16】 创建并使用触发器实现检查约束,保证课程的人数上限 up_limit 字段值在 (60,150,230) 范围内。

```
delimiter $$
create trigger course_insert_before_trigger before insert
on course for each low
begin
if(new.up_limit=60||new.up_limit=150||new.up_limit=230) then
set new.up_limit=new.up_limit;
else insert into mytable valuses(0);
end if;
end;
```

```
$$
delimiterr;
```

该例中的 create trigger 语句创建了名为 course_insert_before_trigger 的触发器，该触发器实现的功能是：向 course 表中插入记录前，首先检查 up_limit 字段值是否在（60,150,230）范围内。如果检查不通过，则向一个不存在的数据库表中插入一条记录。

下面通过两条 insert 语句对触发器进行测试。第一条 insert 语句向 teacher 表中插入一条记录；第二条 insert 语句首先激活 course_insert_before_trigger 触发器运行，由于触发程序 new.up_limit 的值为 20，因此导致触发程序中的 "insert into mytable valuses(0);" 语句运行。由于 choose 数据库中不存在 mytable 表，因此触发程序被迫终止运行，最终避免将 20 插入到 course 表的 up_limit 字段，从而实现了 course 表中 up_limit 字段的检查约束，执行结果如图 5-22 所示。

```
insert into teacher values('002','李老师','00000000000');
insert into course values(null,'大学外语','20','暂无','已审核','002',20);
```

```
mysql> insert into teacher values('002','李老师','00000000
000');
Query OK, 1 row affected (0.05 sec)

mysql> insert into course values(null,'大学外语','20','暂
无','已审核','002',20);
Query OK, 1 row affected (0.04 sec)
```

图 5-22 运行结果

【例 5-17】 在【例 5-16】的基础上，创建 course_update_before_trigger 触发器，负责进行修改检查。

```
delimiter $$
create trigger course_update_before_trigger before update
on course for each low
begin
if(new.up_limit!=60||new.up_limit!=150||new.up_limit!=230) then
set new.up_limit=old.up_limit;
end if;
end;
$$
delimiterr;
```

使用下面的 update 语句将所有课程的 up_limit 值修改为 10，执行结果如图 5-23 所示。从执行结果来看，0 条记录发生了变化，这说明触发器已经起到了检查约束的作用。

```
update course set up_limit=10;
```

语法总结如下。

1）触发程序不能调用将数据返回客户端的存储程序，也不能使用采用 call 语句的动态 SQL（允许存储程序通过参数将数据返回触发程序）。

2）触发程序如使用 old 和 new 关键字，能够访问受触发程序影响的行中的列。

3）在 insert 触发程序中，仅能使用 new.col_name，没有旧行。在 delete 触发程序中仅能使用 old.col_name，没有新行。

```
mysql> delimiter $$
mysql> create trigger course_update_before_trigger before
update
    -> on course for each row
    -> begin
    -> if(new.up_limit!=60||new.up_limit!=150||new.up_limi
t!=230) then
    -> set new.up_limit=old.up_limit;
    -> end if;
    -> end;
    -> $$
Query OK, 0 rows affected (0.12 sec)

mysql> delimiter ;
mysql>
mysql> update course set up_limit=10;
Query OK, 0 rows affected (0.03 sec)
Rows matched: 10  Changed: 0  Warnings: 0
```

图 5-23　运行结果

4）在 update 触发程序中，可以使用 old.col_name 来引用更新前的某一行的列，也可以使用 new.col_name 来引用更新后的行中的列。用 old 命名的列是只读的，可以引用它，但是不能够改变它。对于用 new 命名的列，如果具有 select 权限，可以引用它。

5）在 before 触发程序中，如果具有 update 权限，可以使用语句 set new.col_name=value 更改它的值。

6）通过使用 begin…end 结构，可以定义执行多条语句的触发程序。在 begin 块中，可以使用存储子程序允许的其他语法，如条件和循环等。但是，当定义执行多条语句的触发程序时，如果使用 MySQL 程序来输入触发程序，需要重新定义语句分隔符，以便能够在触发程序定义中使用字符";"。

5.2.2　查看触发器

查看触发器是指查看数据库中已经存在的触发器的定义、权限和字符集等信息，可以使用下面 4 种方法查看触发器的定义。

1）使用 show triggers 命令查看触发器的定义。

使用 show trigger \G 命令可以查看当前数据库中所有触发器的信息，用这种方式查看触发器的定义时，可以查看当前数据库中所有触发器的定义。如果触发器太多，可以使用"show trigger like 模式\G"命令查看与模式模糊匹配的触发器信息。

2）通过查询 information_schema 数据库中的 triggers 表，可以查看触发器的定义。

MySQL 中所有触发器的定义都存放在 information_schema 数据库下的 triggers 表中，查询 triggers 表时，可以查看数据库中所有触发器的详细信息，查询语句如下：

select *from information_schema.triggers\G

3）使用 show create trigger 命令可以查看某一个触发器的定义。

4）成功创建触发器后，MySQL 自动在数据库目标下创建 TRN 及 TRG 触发器文件，用记事本方式打开文件可以查看触发器的定义。

5.2.3 删除触发器

与其他数据库对象一样，可以使用 drop 语句将触发器从数据库中删除，语法格式如下。

> drop trigger [schema_name.]trigger_name

语法说明如下。

1) schema_name.：可选项，用于指定触发器所在的数据库的名称。如果没有指定，则为当前默认数据库。

2) trigger_name：要删除的触发器名称。

3) drop trigger：语句需要 super 权限。

4) 当删除一个表的同时，也会自动删除表上的触发器。另外，触发器不能更新或者覆盖，为了修改一个触发器，必须先删除它，然后再重新创建。

【例 5-18】 删除数据库 student_info 中的触发器 course_insert_before_trigger。

> drop trigger student_info.course_insert_before_trigger;

程序中的截图如图 5-24 所示。

```
mysql> drop trigger student_info.course_insert_before_trigger;
Query OK, 0 rows affected (0.04 sec)
```

图 5-24 删除触发器

5.2.4 触发器的应用

1. 触发器使用注意事项

在 MySQL 中，使用触发器时有以下几个注意事项。

1) 如果触发程序中包含 select 语句，则 select 语句不能返回结果集。

2) 同一个表不能创建两个拥有相同触发时间和触发事件的触发程序。

3) 触发程序中不能使用以显示或者隐式方式打开、开始或者结束事务的语句，如 start transaction、commit、rollback 或者 set autocommit=0 语句。

4) MySQL 触发器针对记录进行操作，当批量更新数据时，引入触发器会导致批量更新操作的性能降低。

5) 在 MySQL 存储引擎中，触发器不能保证原子性，例如，当使用一个更新语句更新一个表后，触发程序实现另外一个表的更新，如果触发程序执行失败，那么不会回滚第一个表的更新。InnoDB 存储引擎支持事务，使用触发器可以保证更新操作与触发程序的原子性，此时触发程序和更新操作是在同一个事务中完成的。例如，如果 before 类型的触发器程序执行失败，那么更新语句不会执行；如果更新语句执行失败，那么 after 类型的触发器不会执行；如果 after 类型的触发器程序执行失败，那么更新语句执行后也会被撤销（或者回滚），以便保证事务的原子性。

6) InnoDB 存储引擎实现外键约束关系时，建议使用级联选项维护外键数据；使用触发器维护 InnoDB 外键约束的级联选项时，应该首先维护子表的数据，然后再维护父表的数据，否则可能会出现错误。

7）MySQL 的触发程序不能对本表执行 update 操作，触发程序中的 update 操作可以直接使用 set 命令替代，否则可能出现错误，甚至陷入死循环。

8）在 before 触发程序中，auto_increment 字段的 new 值为 0，不是实际插入新记录时自动生成的自增型字段值。

9）添加触发器后，建议对其进行详细的测试，测试通过后再决定是否使用触发器。

2. 触发器实例

（1）维护冗余数据

冗余的数据需要额外的维护，维护冗余数据时，为了避免数据不一致问题的发生（例如，剩余的学生名额+已选学生人数≠课程的人数上限），冗余数据应该尽量避免交由人工维护，建议交由应用系统（如触发器）自动维护。

【例 5-19】 某学生选修了某门课程，请创建 choose_insert_before_trigger 触发器维护课程 available 的字段值。

```
delimiter $$
create trigger choose_insert_before_trigger before insert
on choose for each low
begin
update course set available=available-1 where course_no=new.course_no;
end;
$$
delimiter;
```

程序中的截图如图 5-25 所示。

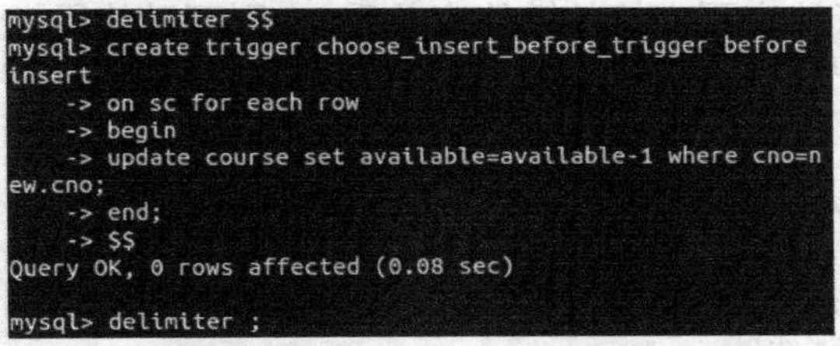

图 5-25　创建触发器

【例 5-20】 某学生放弃选修某门课程，请创建 choose_delete_before_trigger 触发器维护课程 available 的字段值。

```
delimiter $$
create trigger choose_delete_before_trigger before insert
on choose for each low
begin
update course set available=available+1 where course_no=old.course_no;
end;
$$
delimiter;
```

程序中的截图如图 5-26 所示。

```
mysql> delimiter $$
mysql> create trigger choose_delete_before_trigger before
delete
    -> on sc for each row
    -> begin
    -> update course set available=available+1 where cno=o
ld.cno;
    -> end;
    -> $$
Query OK, 0 rows affected (0.07 sec)
mysql> delimiter ;
```

图 5-26 创建触发器

（2）使用触发器模拟外键级联选项

对于 InnoDB 存储引擎的表而言，由于支持外键约束，在定义外键约束时，通过设置外键的级联选项 cascade、set null 或者 no action（restrict），外键约束关系可以交由 InnoDB 存储引擎自动维护。

【例 5-21】 在选课系统中，管理员可以删除选修人数少于 20 人的课程信息，课程信息删除后与该课程相关的选课信息也应该随之删除，以便相关学生可以选修其他课程。请使用 InnoDB 存储引擎维护外键约束关系，向 choose 子表中的 course_no 字段添加外键约束，使得当删除父表 course 中的某条课程信息时，级联删除与之对应的选课信息。

```
alter table choose drop foreign key choose_course_fk;
alter table choose add constraint choose_course_fk foreign key (course_no) references course(course_no) on delete cascade;
```

如果 InnoDB 存储引擎的表之间存在外键约束关系，但是不存在级联选项；或者使用的数据库表为 MyISAM（该表不支持外键约束关系），则可以使用触发器模拟实现"外键约束"之间的"级联选项"。

例如，下面的 SQL 语句分别创建了 organization 表（父表）与 member 表（子表）。这两个表之间虽然创建了外键约束关系，但是不存在级联删除选项。

```
create table organization(
o_no int not null auto_increment,
o_name varchar(32) default '',
primary key (o_no)
)engine=innodb;


create table member(
m_no int not null auto_increment,
m_name varchar(32) default '',
o_no int,
primary key(m_no),
constraint organization_member_fk foreign key (o_no) references organization (o_no)
)engine=innodb;
```

使用下面的 insert 语句分别向两个表中插入若干条测试数据。

```
insert into organization (o_no,o_name) values
(null, 'o1'),
(null, 'o2');
insert into member(m_no,m_name,o_no) values
(null, 'm1',1),
(null, 'm2',1),
(null, 'm3',1),
(null, 'm4',2),
(null, 'm5',2);
```

接着使用 create trigger 语句创建一个名为 organization_delete_before_trigger 的触发器，该触发器实现的功能是：删除 organization 表中的某条信息前，首先删除成员 member 表中与之对应的信息。

```
delimiter $$
create trigger organization_delete_before_trigger before delete
on organization for each row
begin
delete from member where o_no=old.o_no;
end;
$$
delimiter;
```

下面的 SQL 语句使用 select 语句查询 member 表中的所有记录信息，然后使用 delete 语句删除 o_no=1 的信息，最后使用 select 语句重新查询 member 表中的所有记录信息。运行结果如图 5-27 所示。

```
mysql> select * from member;
+------+--------+------+
| m_no | m_name | o_no |
+------+--------+------+
|    1 | m1     |    1 |
|    2 | m2     |    1 |
|    3 | m3     |    1 |
|    4 | m4     |    2 |
|    5 | m5     |    2 |
+------+--------+------+
5 rows in set (0.00 sec)

mysql> delete from organization where o_no=1;
Query OK, 1 row affected (0.08 sec)

mysql> select * from member;
+------+--------+------+
| m_no | m_name | o_no |
+------+--------+------+
|    4 | m4     |    2 |
|    5 | m5     |    2 |
+------+--------+------+
2 rows in set (0.00 sec)
```

图 5-27 运行结果

```
select * from member;
delete from organization where o_no=1;
select * from member;
```

5.3 案例：在删除分类时自动删除分类对应的消息记录

现有一个内容管理系统，内容被简单地称为消息，每个消息都有自己的类型，多个消息对应一种类型，因此在设计数据库时需要有两个基本表，分别为消息表和类型表，消息表记录属性中需要记录类型 id，则当类型记录被删除时，需要将对应的消息记录也删除。

1. 创建数据库

创建一个 context 数据库用于案例说明。

```
drop database if exists context;
create database context;
use context;
```

程序中的截图如图 5-28 所示。

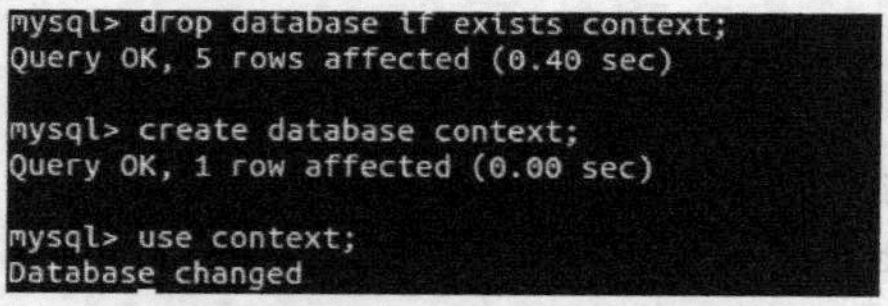

图 5-28　创建 context 数据库

2. 创建消息表

创建一张消息表，用于存放消息。

```
create table message(
    id int not null AUTO_INCREMENT PRIMARY KEY,
    typeId int not null,
    msg varchar(255) not null,
    ctime datetime not null
);
```

程序中的截图如图 5-29 所示。

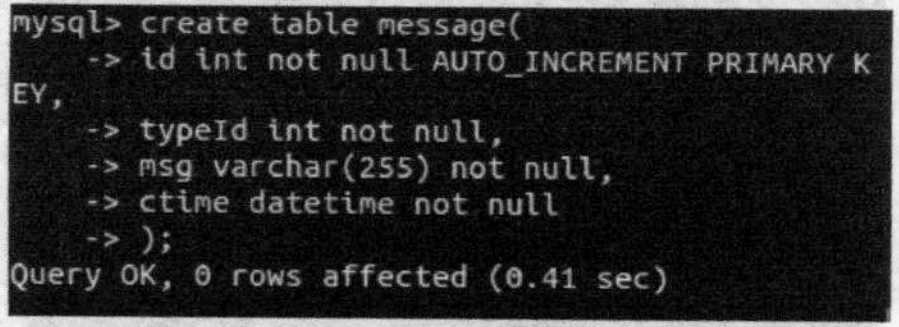

图 5-29　创建一个消息表

3. 创建类型表

创建一张类型表，用于存放消息类型，供消息表引用。

```
create table mtype(
    id int not null AUTO_INCREMENT PRIMARY KEY,
    typename varchar(50) not null,
    typedes varchar(255) not null
);
```

程序中的截图如图 5-30 所示。

```
mysql> create table mtype(
    -> id int not null AUTO_INCREMENT PRIMARY KEY,
    -> typename varchar(50) not null,
    -> typedes varchar(255) not null
    -> );
Query OK, 0 rows affected (0.41 sec)
```

图 5-30　创建一个类型表

4. 创建用户视图

创建用于显示的用户视图，目的是为了简化显示，不必额外显示多个基本表。

　　create view user_view (id,typename,msg,ctime) as select message.id,typename,msg,ctime from message,mtype where message.typeId=mtype.id;

程序中的截图如图 5-31 所示。

```
mysql> create view user_view (id,typename,msg,ctime) as select message.id,typename,msg,ctime from message,mtype where message.typeId=mtype.id
;
Query OK, 0 rows affected (0.06 sec)
```

图 5-31　创建用户视图

5. 创建类型删除的触发器

创建一个 mtype 表的删除触发器，用于当 mtype 表发生记录删除时，自动删除 message 表中对应类型的记录。

```
delimiter $$
create trigger choose_delete_before_trigger before delete
on mtype for each row
begin
delete from message where typeId=old.id;
end;
$$
delimiter ;
```

程序中的截图如图 5-32 所示。

```
mysql> delimiter $$
mysql> create trigger choose_delete_before_trigger before delete
    -> on mtype for each row
    -> begin
    -> delete from message where typeId=old.id;
    -> end;
    -> $$
Query OK, 0 rows affected (0.07 sec)

mysql> delimiter ;
```

图 5-32　创建删除触发器

6. 创建测试数据

```
insert into mtype(typename,typedes) values('新闻','每天都是新消息');
insert into mtype(typename,typedes) values('速报','最小的长度,最大的信息量');
insert into mtype(typename,typedes) values('娱乐','贵圈真乱');
insert into mtype(typename,typedes) values('程序员','应该关注');
insert into message(typeId,msg,ctime) values(1,'这是一条新闻',now());
insert into message(typeId,msg,ctime) values(2,'这是一条速报',now());
insert into message(typeId,msg,ctime) values(3,'这是一条娱乐',now());
insert into message(typeId,msg,ctime) values(4,'据说程序员涨工资了',now());
insert into message(typeId,msg,ctime) values(4,'据说程序员涨工资没用',now());
insert into message(typeId,msg,ctime) values(4,'反正都是得上交的',now());
```

程序中的截图如图 5-33 所示。

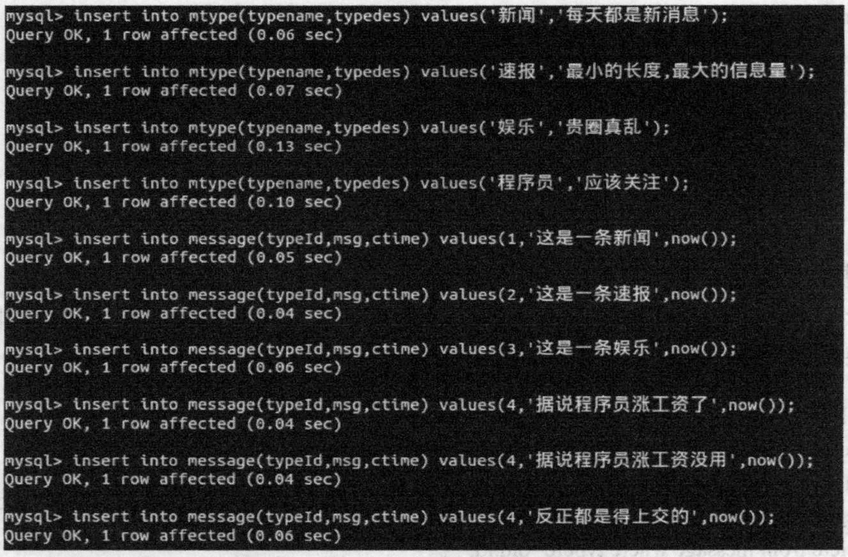

```
mysql> insert into mtype(typename,typedes) values('新闻','每天都是新消息');
Query OK, 1 row affected (0.06 sec)

mysql> insert into mtype(typename,typedes) values('速报','最小的长度,最大的信息量');
Query OK, 1 row affected (0.07 sec)

mysql> insert into mtype(typename,typedes) values('娱乐','贵圈真乱');
Query OK, 1 row affected (0.13 sec)

mysql> insert into mtype(typename,typedes) values('程序员','应该关注');
Query OK, 1 row affected (0.10 sec)

mysql> insert into message(typeId,msg,ctime) values(1,'这是一条新闻',now());
Query OK, 1 row affected (0.05 sec)

mysql> insert into message(typeId,msg,ctime) values(2,'这是一条速报',now());
Query OK, 1 row affected (0.04 sec)

mysql> insert into message(typeId,msg,ctime) values(3,'这是一条娱乐',now());
Query OK, 1 row affected (0.06 sec)

mysql> insert into message(typeId,msg,ctime) values(4,'据说程序员涨工资了',now());
Query OK, 1 row affected (0.04 sec)

mysql> insert into message(typeId,msg,ctime) values(4,'据说程序员涨工资没用',now());
Query OK, 1 row affected (0.04 sec)

mysql> insert into message(typeId,msg,ctime) values(4,'反正都是得上交的',now());
Query OK, 1 row affected (0.06 sec)
```

图 5-33　创建测试数据

7. 查看删除前的数据

查看删除前的各项数据，如图 5-34～图 5-36 所示。

```
select * from user_view;
```

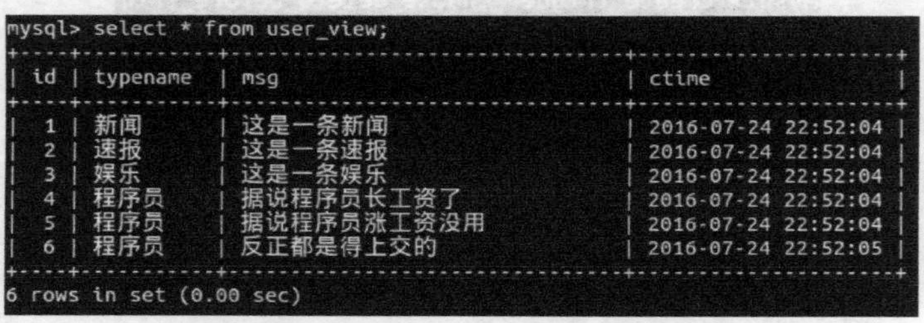

```
mysql> select * from user_view;
+----+----------+------------------------------+---------------------+
| id | typename | msg                          | ctime               |
+----+----------+------------------------------+---------------------+
|  1 | 新闻     | 这是一条新闻                 | 2016-07-24 22:52:04 |
|  2 | 速报     | 这是一条速报                 | 2016-07-24 22:52:04 |
|  3 | 娱乐     | 这是一条娱乐                 | 2016-07-24 22:52:04 |
|  4 | 程序员   | 据说程序员长工资了           | 2016-07-24 22:52:04 |
|  5 | 程序员   | 据说程序员涨工资没用         | 2016-07-24 22:52:04 |
|  6 | 程序员   | 反正都是得上交的             | 2016-07-24 22:52:05 |
+----+----------+------------------------------+---------------------+
6 rows in set (0.00 sec)
```

图 5-34　查看用户视图

```
select * from message;
```

```
mysql> select * from message;
+----+--------+--------------------------------------+---------------------+
| id | typeId | msg                                  | ctime               |
+----+--------+--------------------------------------+---------------------+
|  1 |      1 | 这是一条新闻                         | 2016-07-24 22:52:04 |
|  2 |      2 | 这是一条速报                         | 2016-07-24 22:52:04 |
|  3 |      3 | 这是一条娱乐                         | 2016-07-24 22:52:04 |
|  4 |      4 | 据说程序员长工资了                   | 2016-07-24 22:52:04 |
|  5 |      4 | 据说程序员涨工资没用                 | 2016-07-24 22:52:04 |
|  6 |      4 | 反正都是得上交的                     | 2016-07-24 22:52:05 |
+----+--------+--------------------------------------+---------------------+
6 rows in set (0.00 sec)
```

图 5-35　查看消息表

```
select * from mtype;
```

```
mysql> select * from mtype;
+----+-----------+------------------------------------------+
| id | typename  | typedes                                  |
+----+-----------+------------------------------------------+
|  1 | 新闻      | 每天都是新消息                           |
|  2 | 速报      | 最小的长度,最大的信息量                  |
|  3 | 娱乐      | 贵圈真乱                                 |
|  4 | 程序员    | 应该关注                                 |
+----+-----------+------------------------------------------+
4 rows in set (0.00 sec)
```

图 5-36　查看类型表

8. 删除测试

```
delete from mtype where typename='程序员';
```

程序中的截图如图 5-37 所示。

```
mysql> delete from mtype where typename='程序员';
Query OK, 1 row affected (0.15 sec)
```

图 5-37　删除测试

9. 查看删除后的结果

查看删除后的结果，如图 5-38～图 5-40 所示。

```
select * from user_view;
```

```
mysql> select * from user_view;
+----+----------+--------------------+---------------------+
| id | typename | msg                | ctime               |
+----+----------+--------------------+---------------------+
|  1 | 新闻     | 这是一条新闻       | 2016-07-24 22:52:04 |
|  2 | 速报     | 这是一条速报       | 2016-07-24 22:52:04 |
|  3 | 娱乐     | 这是一条娱乐       | 2016-07-24 22:52:04 |
+----+----------+--------------------+---------------------+
3 rows in set (0.00 sec)
```

图 5-38　删除后的用户视图

```
select * from message;
```

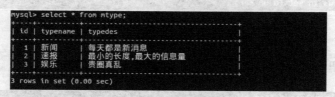

图 5-39 删除后的消息表

```
select * from mtype;
```

图 5-40 删除后的类型表

10. 案例小结

1）在数据库设计过程中，出于某种需求的考虑，不得不把一些多对一关系或多对多关系设计为多个基本表，但是对于调用者来说，他们需要的数据是完整的，这样在选取数据的过程中就必须使用多表查询，SQL 语句会因此变得比较长，不利于维护。因此使用视图，将多表查询进行一定的逻辑封装，以便调用者调用。

2）在多表操作（增、删、改）的过程中，为了保证数据的完整性和正确性，一个表的操作可能需要多个表的数据都进行相应的变化，例如，本案例中的删除某个引用记录造成的应用记录异常的问题，为了保证每次操作都完成一些必需的操作，可以使用触发器。

本章总结

本章首先介绍了数据库中视图的含义和作用，讲解了创建视图、查看视图、管理视图和使用视图的方法。其中，创建视图和管理视图是重点，尤其是在创建视图和修改视图后，一定要查看视图的结构，以确保创建和修改的操作正确。接下来介绍了触发器，以及触发器的相关操作，主要包含触发器的创建、使用和删除。

实践与练习

1. 选择题

（1）不可对视图执行的操作有（　　）。

　　A. select　　　　　　B. insert　　　　　　C. delete　　　　　　D. create index

（2）在 MySQL 中使用（　　）语句创建视图。

　　A. describe

　　C. show table status

　　B. create view

　　D. show create view

（3）在 MySQL 中使用（　　）语句删除视图。

A．alter view　　B．insert　　　　C．drop view　　D．update

（4）在 MySQL 中使用（　　）语句创建触发器。
　　A．create trigger　　　　　　　　B．show triggers
　　C．show create trigger　　　　　　D．drop trigger

（5）在 MySQL 中使用（　　）语句删除触发器。
　　A．drop trigger 语句　　　　　　　B．show triggers 语句
　　C．show create trigger 语句　　　　D．show drop trigge 语句

2．简答题
（1）简述视图与表的区别与联系有哪些？
（2）简述使用视图的优点？
（3）什么是触发器？
（4）如何定义和删除触发器？

3．操作题
（1）创建一个表 tb，其中只有一列 a，在表中创建一个触发器，每次插入操作时将用户变量 count 值增加 1。

（2）在（1）的基础上，创建一个由 delete 触发多个执行语句的触发器 tb_delete，每次删除记录时，@count 记录删除的个数。

（3）定义一个 update 触发程序，用于检查更新每一行时将使用的新值，并更改该值，使之位于 0～100 内（提示：它必须是 before 触发程序，因为需要将值用于更新行之前对其进行检查）。

实验指导：视图、触发器的创建与管理

实验目的和要求
- 理解视图和触发器的概念，以及触发器的类型。
- 理解触发器的功能及工作原理。
- 掌握创建、更改和删除视图及触发器的方法。
- 掌握使用视图访问数据的方法。
- 掌握使用触发器维护数据完整性的方法。

题目1
1．任务描述

在 job 数据库中，聘任人员信息 work_info 表的结构如表 5-1 所示。

表 5-1　work_info 表的结构

字段名	字段描述	数据类型	主键	外键	非空	唯一	自增
name	姓名	varchar（20）	否	否	是	否	否
sex	性别	varchar（4）	否	否	是	否	否
age	年龄	int（4）	否	否	否	否	否
address	住址	varchar（50）	否	否	否	否	否
tel	联系电话	varchar（20）	否	否	否	否	否

表中联系数据如下。

（1）'张明'，'男'，'19'，'沈阳市皇姑区'，'1234567'
（2）'李天'，'男'，'18'，'北京市朝阳区'，'2345678'
（3）'张五'，'女'，'21'，'浙江省宁波市'，'3456789'
（4）'王美'，'女'，'24'，'大连市金州区'，'4567890'

2. 任务要求

（1）创建视图 info_view，显示年龄大于 20 岁的聘任人员的 id、name、sex 和 address 信息。

（2）查看视图 info_view 的基本结构和详细信息。

（3）查看视图 info_view 的所有记录。

（4）修改视图 info_view，满足年龄小于 20 岁的聘任人员的 id、name、sex 和 address 信息。

（5）更新视图，将 id 号为 3 的聘任人员的性别由"女"改为"男"。

（6）删除 info_view 视图。

3. 知识点提示

本任务主要用到以下知识点。

（1）视图的概念与定义。

（2）创建、查看、修改与更新视图的方法。

（3）删除视图的方法。

题目 2

1. 任务描述

现定义产品信息表 product，其主要信息有产品编号、产品名称、主要功能、生产厂商和厂商地址。对 product 表进行数据操作时，需要采用 operate 表对操作的内容和时间进行记录。

2. 任务要求

（1）生成 product 表和 operate 表。

（2）在 product 表中分别创建 before insert、after update 和 after delete 触发器，并命名为 tproduct_bf_insert、tproduct_af_update 和 tproduct_af_del。

（3）对 product 表分别执行 insert、update 和 delete 操作，分别查看 operate 表。

设插入的记录为：1, 'abc', '治疗感冒', '哈尔滨abc制药厂', '哈尔滨中央大街'。

设更新记录要求将产品编号为 1 的厂商住址改为"哈尔滨松北区"。

（4）删除 tproduct_bf_insert 触发器。

3. 知识点提示

本任务主要用到以下知识点。

（1）触发器的概念与类型。

（2）触发器的功能及工作原理。

（3）创建、更改与删除触发器的方法。

第6章 事务管理

现实生活中，要完成一项业务往往会包含一系列的数据库操作，这些操作共同影响着业务的实现结果。如果业务中的所有数据库操作都被成功执行，则业务执行成功，否则整个业务就会失败。在数据库中把这些逻辑上相关的不可分割的工作单元看作一个事务，一个事务中的所有操作要么都执行，要么都不执行。数据库中的事务管理机制保证了数据的整体性和一致性。MySQL 是一个多用户并发处理系统，在同一时刻多个并发用户需要同时访问数据库中的同一个数据，事务并发控制实现了数据库的多用户访问问题。

6.1 事务机制概述

从 MySQL 4.1 版本起，开始支持事务，事务由作为一个单独单元的一个或多个 SQL 语句组成。这个单元中的每个 SQL 语句是互相依赖的，而且单元作为一个整体是不可分割的。如果单元中的一个语句不能完成，整个单元就会回滚（撤销），所有影响到的数据将返回到事务开始以前的状态。因此，只有事务中的所有语句都被成功地执行，这个事务才能被成功地执行。例如，银行交易、网上购物及库存品控制系统中都需要使用事务。这些交易是否成功取决于交易中相互依赖的行为是否能够被成功地执行，其中任何一个行为失败都将取消整个事务，而使系统回到事务处理以前的状态。

在银行转账过程中，如果要把 1000 元从账号 123 转到账号 456，则需要先后执行以下两条 SQL 命令。

```
update account set value=value+1000 where accountno=456;
update account set value=value-1000 where accountno=123;
```

如果账号 123 和账号 456 的当前余额都为 500，转账前两账户余额信息如图 6-1 所示。

当第一条 SQL 语句执行完后，账号 456 的当前余额为 1500。当第二条 SQL 语句执行时，由于当前余额不足 1000，所以 SQL 语句执行失败，当前账户余额应为 500。这样就产生了数据不一致问题，转账后两账户余额信息如图 6-2 所示。

如果将上面两条 update 语句绑定到一起形成一个事务，那么这两条 update 语句或者都执行，或者都不执行，从而避免数据不一致问题。

```
mysql> use transaction_test;
Database changed
mysql> create table account(
    ->    accountno int primary key,
    ->    value int unsigned
    -> )engine=innodb;
Query OK, 0 rows affected (0.00 sec)

mysql> insert into account values(123,500);
Query OK, 1 row affected (0.00 sec)

mysql> insert into account values(456,500);
Query OK, 1 row affected (0.00 sec)

mysql> select * from account;
+-----------+-------+
| accountno | value |
+-----------+-------+
|       123 |   500 |
|       456 |   500 |
+-----------+-------+
2 rows in set (0.00 sec)
```

图 6-1 转账前两账户余额信息

```
mysql> update account set value=value+1000 where accountno=456;
Query OK, 1 row affected (0.01 sec)
Rows matched: 1  Changed: 1  Warnings: 0

mysql> update account set value=value-1000 where accountno=123;
ERROR 1264 (22003): Out of range value adjusted for column 'value' at row 1
mysql> select * from account;
+-----------+-------+
| accountno | value |
+-----------+-------+
|       123 |   500 |
|       456 |  1500 |
+-----------+-------+
2 rows in set (0.00 sec)
```

图 6-2 转账后两账户余额信息

6.2 事务的提交和回滚

在 MySQL 中，当一个会话开始时，系统变量 AUTOCOMMIT 的值为 1，即自动提交功能是打开的。当任意一条 SQL 语句发送到服务器时，MySQL 服务器会立即解析、执行并将更新结果提交到数据库文件中。因此，在执行事务时要首先关闭 MySQL 的自动提交，使用命令 "set autocommit=0;" 可以关闭 MySQL 的自动提交。这样只有事务中的所有操作都被成功执行后，才提交所有操作，否则回滚所有操作。

6.2.1 事务的提交

当 MySQL 关闭自动提交后，可以使用 COMMIT 命令来完成事务的提交。COMMIT 语句使得从事务开始以来所执行的所有数据修改成为数据库的永久组成部分，也标志着一个事务的结束。使用命令 "start transaction;" 可以开启一个事务，该命令开启事务的同时会隐式地关闭 MySQL 自动提交。在 MySQL 中，事务是不允许嵌套的。如果在第一个事务里使用 start transaction 命令后，当开始第二个事务时会自动提交第一个事务。下面的语句在运行时都会隐式地执行一个 commit 命令。

- set autocommit=1、rename table、truncate table。
- 数据定义语句：create、alter、drop。
- 权限管理和账户管理语句：grant、revoke、set password、create user、drop user、rename user。
- 锁语句：lock tables、unlock tables。

【例 6-1】 事务的提交。

1）首先开启一个事务，在 account 账户信息表中插入一条账户信息（111，500），然后用 commit 命令显式提交事务。

2）在 account 账户信息表中再插入一条账户信息（222，500）。

3）使用数据定义语句 create 在当前数据库中创建一个新表 student，表中包括学号（studentid）、姓名（name）和性别（sex）3 个字段。

4）在 account 账户信息表中再插入一条账户信息（333，500），然后查询 account 表中的所有账户信息。

5）打开另一个 MySQL 客户机，选择当前数据库为 transaction_test，查询 account 表中的所有账户信息。

6）在当前客户机中使用 commit 命令显式提交事务，然后分别在两个 MySQL 客户机中查询 account 表中的所有账户信息。

SQL 语句如下。

```
set autocommit=0;
insert into account values(111,500);
commit;
insert into account values(222,500);
create table student(
    studentid char(6) primary key,
    name varchar(10),
    sex char(2)
)engine=innodb;
insert into account values(333,500);
select * from account;
```

在当前客户机中，SQL 语句运行结果如图 6-3 所示。

在上面的 SQL 语句执行过程中，首先使用命令"set autocommit=0;"关闭 MySQL 的自动提交。插入第一条记录后，使用 commit 命令完成事务的提交。当插入第二条记录后，使用 create 命令创建数据表，由于 create 命令在执行时会隐式地执行 commit 命令，所以插入的第二条记录也会被提交。当插入完第三条记录时，使用 select 语句查询到的是内存中的记录，所以在查询结果中可以看到新添加的 3 条记录。

在另一个 MySQL 客户机中，account 数据表查询结果如图 6-4 所示。

图 6-3 在当前客户机中的 SQL 语句运行结果

图 6-4 在另一个客户机中的 SQL 语句运行结果

由于最后一条语句并没有提交,所以该值并没有写到数据库文件中。当另一个客户机执行查询时,看到的是外存数据库文件在服务器内存中的一个副本,所以只查询到两条添加记录。

当前客户机使用 commit 命令提交事务后,两个客户机看到的查询结果是相同的。当使用 commit 命令后,另一个客户机的查询结果如图 6-5 所示。

图 6-5 使用 commit 命令后在另一客户机中的 SQL 语句运行结果

📖 为了有效地提交事务,应尽可能地使用显式提交方式,避免使用隐式提交方式。

6.2.2 事务的回滚

使用 rollback 命令可以完成事务的回滚,事务的回滚可以撤销未提交的事务所做的各种修改操作,并结束当前这个事务。

除了回滚整个事务外，有时仅仅希望撤销事务中的一部分更新操作，保存点则可以实现事务的"部分"回滚。使用 MySQL 命令"savepoint 保存点名;"可以在事务中设置一个保存点，使用"rollback to savepoint 保存点名;"命令可以将事务回滚到保存点状态。

【例 6-2】 事务的回滚。

1）首先开启一个事务，在 account 账户信息表中插入一条账户信息（444，500）并查看。
2）设置保存点 p1。
3）将账号为 444 的账户余额增加 1000 后并查看。
4）回滚事务到保存点 p1。
5）查看账号为 444 的账户余额。
6）回滚整个事务。
7）查看 account 账户信息表中的记录情况。

SQL 语句为：

```
start transaction;
insert into account values(444,500);
select * from account where accountno=444;
savepoint p1;
update account set value=value+1000 where accountno=444;
select * from account where accountno=444;
rollback to savepoint p1;
select * from account where accountno=444;
rollback;
select * from account where accountno=444;
```

执行上面的 SQL 语句时，在 account 表中插入账户 444，并将账户 444 的余额增加 1000，修改后的运行结果如图 6-6 所示。

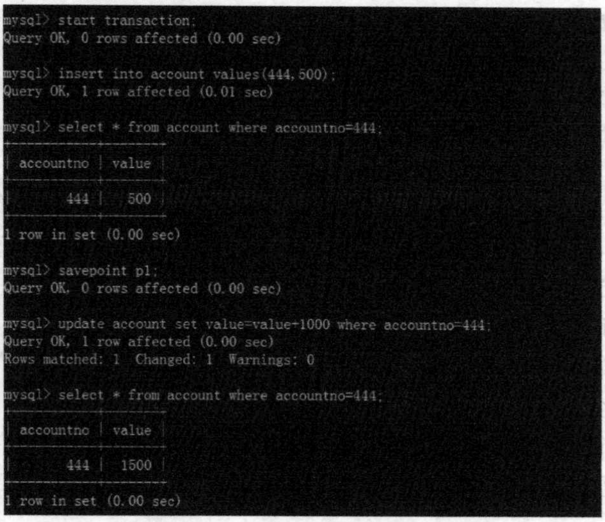

图 6-6　插入并修改记录

事务回滚命令 rollback to savepoint p1 会使事务回滚到 p1,所以 update 命令会被撤销,事务部分回滚后的运行结果如图 6-7 所示。

```
mysql> rollback to savepoint p1;
Query OK, 0 rows affected (0.00 sec)

mysql> select * from account where accountno=444;
+-----------+-------+
| accountno | value |
+-----------+-------+
|       444 |   500 |
+-----------+-------+
1 row in set (0.00 sec)
```

图 6-7 事务部分回滚

当使用 rollback 命令进行回滚后,事务中的全部操作都将被撤销。在上面的事务中包括 insert 和 update 两条更新操作,当回滚到保存点 p1 时撤销了 update 操作,当再次回滚时撤销了 insert 操作。整个事务回滚后的运行结果如图 6-8 所示。

```
mysql> rollback;
Query OK, 0 rows affected (0.01 sec)

mysql> select * from account where accountno=444;
Empty set (0.00 sec)
```

图 6-8 事务全部回滚

6.3 事务的四大特性和隔离级别

事务是一个单独的逻辑工作单元,事务中的所有更新操作要么都执行,要么都不执行。事务保证了一系列更新操作的原子性。如果事务与事务之间存在并发操作,则可以通过事务之间的隔离级别来实现事务的隔离,从而保证事务间数据的并发访问。

6.3.1 事务的四大特性

数据库中的事务具有 ACID 属性,即原子性(Atomicity)、一致性(Consistency)、隔离性(Isolation)和持久性(Durability)。

1. 原子性

原子性意味着每个事务都必须被认为是一个不可分割的单元,事务中的操作必须同时成功事务才是成功的。如果事务中的任何一个操作失败,则前面执行的操作都将回滚,以保证数据的整体性没有受到影响。

【例 6-3】 事务的原子性。

1)首先开启一个事务,在 account 账户信息表中插入两条账户信息(555,500)和(666,500),然后提交事务。

2)再开启第二个事务,在 account 账户信息表中插入两条账户信息(777,500)和(888,-500),然后回滚事务。

SQL 语句如下。

```
start transaction;
insert into account values(555,500);
insert into account values(666,500);
commit;
start transaction;
insert into account values(777,500);
insert into account values(888,-500);
rollback;
select * from account;
```

第一个事务中的两条插入语句都成功执行后，提交该事务。在第二个事务中，第一条插入语句执行成功，而第二条插入语句执行失败，所以回滚第二个事务。事务运行结果如图 6-9 所示。

图 6-9 事务的原子性

2. 一致性

事务的一致性保证了事务完成后数据库能够处于一致性状态。如果事务执行过程中出现错误，那么数据库中的所有变化将自动回滚到另一种一致性状态。在 MySQL 中，一致性主要由 MySQL 的日志机制处理，它记录了数据库的所有变化，为事务恢复提供了跟踪记录。如果系统在事务处理过程中发生错误，MySQL 恢复过程将使用这些日志来发现事务是否已经完全成功地被执行，是否需要返回。一致性保证了数据库从不返回一个未处理完的事务。

3. 隔离性

事务的隔离性确保多个事务并发访问数据时，各个事务不能相互干扰。系统中的每个事务在自己的空间执行，并且事务的执行结果只有在事务执行完成后才能看到。即使系统中同时执行多个事务，事务在完全执行完之前，其他事务是看不到结果的。在多数事务系统中，可以使用页级锁定或行级锁定来隔离不同事务的执行。

【例 6-4】 事务的隔离性。

1）第一个用户在事务中将账号为 111 的余额增加 500，但未提交该事务。第一个事务的运行结果如图 6-10 所示。

```
mysql> start transaction;
Query OK, 0 rows affected (0.00 sec)

mysql> update account set value=value+500 where accountno=111;
Query OK, 1 row affected (0.00 sec)
Rows matched: 1  Changed: 1  Warnings: 0
```

图 6-10　第一个事务执行 update 命令但未提交

2）第二个用户也想将账号为 111 的余额增加 500，第二个事务的运行结果如图 6-11 所示。

```
mysql> use transaction_test;
Database changed
mysql> update account set value=value+500 where accountno=111;
```

图 6-11　第一个事务未提交时第二个事务需要等待

3）当第一个事务使用 commit 命令提交后，第二个事务的运行结果如图 6-12 所示。

```
mysql> update account set value=value+500 where accountno=111;
Query OK, 1 row affected (7.53 sec)
Rows matched: 1  Changed: 1  Warnings: 0

mysql> select * from account where accountno=111;
+-----------+-------+
| accountno | value |
+-----------+-------+
|       111 |  1500 |
+-----------+-------+
1 row in set (0.00 sec)
```

图 6-12　第一个事务提交后第二个事务执行

事务的隔离性不允许多个事务同时修改相同的数据，所以第一个事务执行完 update 命令但未提交时第二个事务的 update 命令需要等待。当第一个事务提交后，第二个事务才会执行 update 命令。

4. 持久性

事务的持久性意味着事务一旦被提交，其改变会永久生效，不能再被撤销。即使系统崩溃，一个提交的事务仍然存在。MySQL 通过保存所有行为的日志来保证数据的持久性，数据库日志记录了所有对于表的更新操作。

6.3.2 事务的隔离级别

事务的隔离级别是事务并发控制的整体解决方案，是综合利用各种类型的锁机制来解决并发问题。每个事务都有一个隔离级，它定义了事务彼此之间隔离和交互的程度。MySQL 中提供了 4 种隔离级别：read uncommitted（读取未提交的数据）、read committed（读取提交的数据）、repeatable read（可重复读）和 serializable（串行化）。其中，read uncommitted 的隔离级别最低，serializable 的隔离级别最高，4 种隔离级别逐渐增加。

1. read uncommitted（读取未提交的数据）

提供了事务之间的最小隔离程度，处于这个隔离级别的事务可以读到其他事务还没有提交的数据。

2. read committed（读取提交的数据）

处于这一级别的事务可以看见已经提交的事务所做的改变，这一隔离级别要低于 repeatable read（可重复读）。

3. repeatable read（可重复读）

这是 MySQL 默认的事务隔离级别，它能确保在同一事务内相同的查询语句其执行结果总是相同的。

4. serializable（串行化）

这是最高级别的隔离，它强制事务排序，使事务一个接一个地顺序执行。

查看当前 MySQL 会话的事务隔离级别可以使用命令"select @@session.tx_isolation;"。查看 MySQL 服务实例全局事务隔离级别可以使用命令"select @@global.tx_isolation;"。

6.4 解决多用户使用问题

当用户对数据库并发访问时，为了确保事务完整性和数据库一致性，需要使用锁定，它是实现数据库并发控制的主要手段。锁定可以防止用户读取正在由其他用户更改的数据，并可以防止多个用户同时更改相同数据。事务的隔离级别则是对锁机制的封装，通过事务的隔离级别可以保证多事务并发访问数据。高级别的事务隔离可以有效地实现并发，但会降低事务并发访问的性能。低级别的事务隔离可以提高事务的并发访问性能，但可能导致并发事务中的脏读、不可重复读和幻读等问题。只有合理地设置事务的隔离级别，才能有效地避免上述并发问题。

6.4.1 脏读

一个事务可以读到另一个事务未提交的数据，称为脏读。如果将事务的隔离级别设置为 read uncommitted，则可能出现脏读、不可重复读和幻读等问题。将事务的隔离级别设置为 read committed，则可以避免脏读，但可能会出现不可重复读及幻读等问题。

【例 6-5】 将事务的隔离级别设置为 read uncommitted 出现脏读。

1）打开 MySQL 客户机 A，将当前 MySQL 会话的事务隔离级别设置为 read uncommitted。

2）开启事务，查询账号为 111 的账户的余额。

139

3）打开 MySQL 客户机 B，将当前 MySQL 会话的事务隔离级别设置为 read uncommitted。

4）开启事务，将账号为 111 的账户余额增加 800。

5）在 MySQL 客户机 A 中查看账号为 111 的账户的余额。

6）关闭 MySQL 客户机 A 和客户机 B 后，再查看账号为 111 的账户的余额。

在 MySQL 客户机 A 中，SQL 语句如下。

```
set session transaction isolation level read uncommitted;
start transaction;
select * from account where accountno=111;
```

上面的 SQL 语句中“set session transaction isolation level read uncommitted;”的作用是将当前 MySQL 会话的事务隔离级别设置为 read uncommitted。在 MySQL 客户机 A 中第一次查询账号为 111 的账户余额为 1500，运行结果如图 6-13 所示。

```
mysql> set session transaction isolation level read uncommitted;
Query OK, 0 rows affected (0.00 sec)

mysql> start transaction;
Query OK, 0 rows affected (0.00 sec)

mysql> select * from account where accountno=111;
+-----------+-------+
| accountno | value |
+-----------+-------+
|       111 |  1500 |
+-----------+-------+
1 row in set (0.00 sec)
```

图 6-13　在 MySQL 客户机 A 中第一次查询账号为 111 的账户余额

在 MySQL 客户机 B 中，SQL 语句如下。

```
set session transaction isolation level read uncommitted;
start transaction;
update account set value=value+800 where accountno=111;
```

在 MySQL 客户机 B 中将账号为 111 的账户余额增加 800，但并没有提交事务，运行结果如图 6-14 所示。

```
mysql> set session transaction isolation level read uncommitted;
Query OK, 0 rows affected (0.00 sec)

mysql> start transaction;
Query OK, 0 rows affected (0.00 sec)

mysql> update account set value=value+800 where accountno=111;
Query OK, 1 row affected (0.00 sec)
Rows matched: 1  Changed: 1  Warnings: 0
```

图 6-14　在 MySQL 客户机 B 中将账号为 111 的账户余额增加 800

在 MySQL 客户机 A 中，再一次查询账号为 111 的账户余额时，其值为 2300，运行结果如图 6-15 所示。从运行结果中可以看出，MySQL 客户机 A 读到了客户机 B 未提交的更新结果，造成脏读。

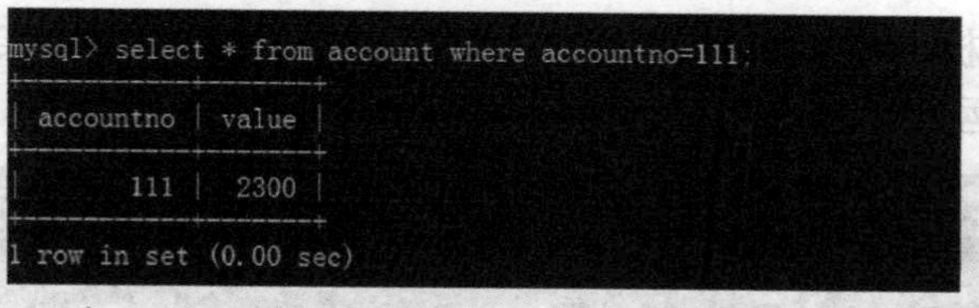

图 6-15　在 MySQL 客户机 A 中第二次查询账号为 111 的账户余额

由于 MySQL 客户机 B 中的事务并没有提交，当关闭 MySQL 客户机 A 与客户机 B 后，再次查询账号为 111 的账户余额，其值并没有发生变化，仍为 1500，如图 6-16 所示。

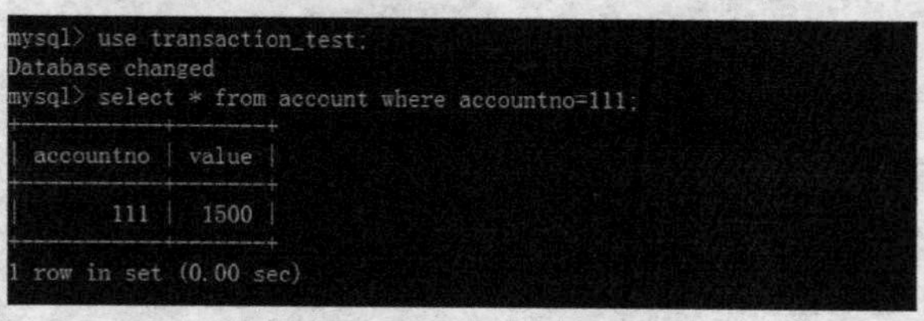

图 6-16　关闭 MySQL 客户机 A 与客户机 B 后再次查询账号为 111 的账户余额

6.4.2　不可重复读

在同一个事务中，两条相同的查询语句其查询结果不一致。当一个事务访问数据时，另一个事务对该数据进行修改并提交，导致第一个事务两次读到的数据不一样。当事务的隔离级别设置为 read committed 时可以避免脏读，但可能会出现不可重复读。将事务的隔离级别设置为 repeatable read，则可以避免脏读和不可重复读。

📖　脏读是读取了其他事务未提交的数据，而不可重复读是读取了其他事务已经提交的数据。

【例 6-6】　将事务的隔离级别设置为 read committed 出现不可重复读。

1）对 MySQL 客户机 A 与客户机 B 执行语句"set session transaction isolation level read committed;"，将它们的隔离级别都设置为 read committed。

2）与【例 6-5】相同，首先在 MySQL 客户机 A 中查询账号为 111 的账户的余额。

3）在 MySQL 客户机 B 中将账号为 111 的账户余额增加 800，未提交事务时在 MySQL 客户机 A 中查询账号为 111 的账户的余额，对比是否出现脏读。

4）MySQL 客户机 B 中提交事务后，在 MySQL 客户机 A 中查询账号为 111 的账户的余额，对比是否出现不可重复读。

在 MySQL 客户机 B 中设置事务的隔离级别并在事务中修改账户余额，但未提交事务，其运行结果如图 6-17 所示。

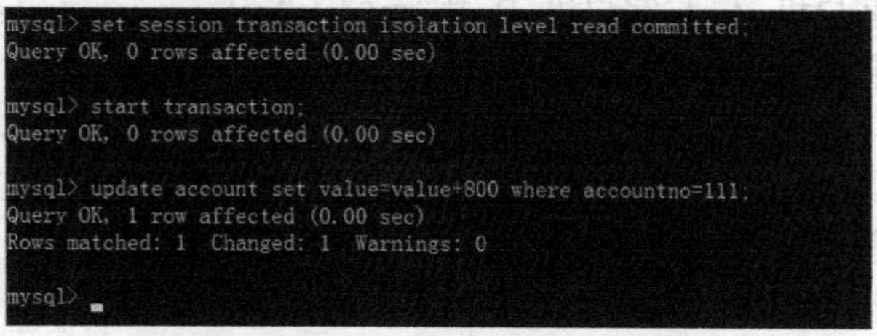

图 6-17　在 MySQL 客户机 B 中设置事务的隔离级别并在事务中修改账户余额但未提交事务

141

在 MySQL 客户机 A 中读取数据时，客户机 B 中的事务开始前与开始后读到的数据相同，避免了脏读，其运行结果如图 6-18 所示。

```
mysql> set session transaction isolation level read committed;
Query OK, 0 rows affected (0.00 sec)

mysql> start transaction;
Query OK, 0 rows affected (0.00 sec)

mysql> select * from account where accountno=111;
+-----------+-------+
| accountno | value |
+-----------+-------+
|       111 |  2300 |
+-----------+-------+
1 row in set (0.00 sec)

mysql> select * from account where accountno=111;
+-----------+-------+
| accountno | value |
+-----------+-------+
|       111 |  2300 |
+-----------+-------+
1 row in set (0.00 sec)
```

图 6-18　事务的隔离级别设置为 read committed 可以避免脏读

在 MySQL 客户机 B 中，当使用 commit 命令提交事务时，在客户机 A 中再次读取数据时读到的是事务提交后的数据，从而造成不可重复读。在客户机 A 中读到的数据如图 6-19 所示。

```
mysql> select * from account where accountno=111;
+-----------+-------+
| accountno | value |
+-----------+-------+
|       111 |  3100 |
+-----------+-------+
1 row in set (0.00 sec)
```

图 6-19　事务的隔离级别设置为 read committed 出现不可重复读

6.4.3　幻读

幻读是指当前事务读不到其他事务已经提交的修改。将事务的隔离级别设置为 repeatable read 可以避免脏读和不可重复读，但可能会出现幻读。将事务的隔离级别设置为 serializable，可以避免幻读。

【例 6-7】将事务的隔离级别设置为 repeatable read 可以避免不可重复读，但可能会出现幻读。

1）对 MySQL 客户机 A 与客户机 B 执行语句"set session transaction isolation level repeatable read;"，将它们的隔离级别都设置为 repeatable read。

2）在 MySQL 客户机 A 中开启事务并查询账号为 999 的账户信息。

3）在 MySQL 客户机 B 中开启事务，插入一条账户信息（999,700），然后提交事务。

4）在 MySQL 客户机 A 中再次查账号为 999 的账户信息，判断是否可以避免不可重复读。

5）在 MySQL 客户机 A 中插入账户信息（999,700），并判断是否可以插入。

将 MySQL 客户机 A 与客户机 B 的隔离级别设置为 repeatable read 后，在客户机 A 中查询账号为 999 的账户信息。由于 account 信息表中不存在该账户信息，查询结果为空，运行结果如图 6-20 所示。

```
mysql> set session transaction isolation level repeatable read;
Query OK, 0 rows affected (0.00 sec)

mysql> start transaction;
Query OK, 0 rows affected (0.00 sec)

mysql> select * from account where accountno=999;
Empty set (0.00 sec)
```

图 6-20　在客户机 A 中查询账号为 999 的账户信息

在 MySQL 客户机 B 中开启事务，插入一条账户信息（999,700），然后提交事务，运行结果如图 6-21 所示。

```
mysql> start transaction;
Query OK, 0 rows affected (0.00 sec)

mysql> insert into account values(999,700);
Query OK, 1 row affected (0.00 sec)

mysql> commit;
Query OK, 0 rows affected (0.00 sec)
```

图 6-21　在客户机 B 中插入账户信息并提交事务

在 MySQL 客户机 A 中再次查询账号为 999 的账户信息，查询结果仍为空，避免了不可重复读，运行结果如图 6-22 所示。

```
mysql> select * from account where accountno=999;
Empty set (0.00 sec)

mysql> select * from account where accountno=999;
Empty set (0.00 sec)
```

图 6-22　将事务的隔离级别设置为可重复读可以避免不可重复读

在 MySQL 客户机 A 中插入账户信息（999,700）时出现错误，提示已经存在该账户信息。当事务的隔离级别为 repeatable read 时，可能出现幻读，运行结果如图 6-23 所示。

```
mysql> insert into account values(999,700);
ERROR 1062 (23000): Duplicate entry '999' for key 1
mysql>
```

图 6-23　将事务的隔离级别设置为可重复读可能出现幻读

6.5　案例：银行转账业务的事务处理

1. 案例要求

在银行转账业务中，从汇款账号中减去指定金额，并将该金额添加到收款账号中。上面转账业务中的两条 update 语句是一个整体,如果其中任何一条 update 语句执行失败,则两条 update 语句都应该撤销,从而保证转账前后的总金额不变。使用事务机制和错误处理机制来完成银行的转账业务,从而保证数据的一致性。

2. 实现过程及 MySQL 代码

创建存储过程 banktransfer_proc,将 withdraw 账号的 money 金额转账到 deposit 账号中,从而完成银行转账业务。当事务中的 update 语句出现错误时则进行回滚,如果执行成功则提交事务。存储过程中的输出参数 state 为状态值,当事务成功执行时,state 值为 1,否则 state 值为–1。MySQL 代码如下。

```
delimiter $$
create procedure banktransfer_proc(in withdraw int, in deposit int, in money int, out state int)
modifies sql data
begin
declare continue handler for 1264
begin
  rollback;
  set state=-1;
end;
set state=1;
start transaction;
update account set value=value+money where accountno=deposit;
update account set value=value-money where accountno=withdraw;
commit;
end
$$
delimiter ;
```

3. 案例运行结果

在完成账户 111 与账户 222 之间的转账前,首先查看两个账户的当前余额信息,如图 6-24 所示。

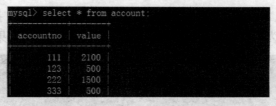

图 6-24 转账前两个账户的余额信息

当账户 111 向账户 222 转账 1000 元时,设置存储过程参数并调用存储过程,具体命令如下。

```
set @withdraw=111;
set @deposit=222;
set @money=1000;
set @state=0;
```

```
call banktransfer_proc(@withdraw, @deposit, @money, @state);
```

上面转账过程成功执行后，输出参数 state 值为 1，转账后参数 state 及两个账户信息如图 6-25 所示。

```
mysql> select @state;
+--------+
| @state |
+--------+
|   1    |
+--------+
1 row in set (0.00 sec)

mysql> select * from account;
+-----------+-------+
| accountno | value |
+-----------+-------+
|    111    | 1100  |
|    123    |  500  |
|    222    | 2500  |
|    333    |  500  |
+-----------+-------+
```

图 6-25　转账成功后的参数 state 及两个账户信息

当账户 111 再次向账户 222 转账 2000 元时，设置存储过程参数并调用存储过程，具体命令如下。

```
set @withdraw=111;
set @deposit=222;
set @money=2000;
set @state=0;
call banktransfer_proc(@withdraw, @deposit, @money, @state);
```

由于账户 111 当前余额不足 2000，所以转账时发生错误。在对错误进行处理时，将输出参数 state 设置为 –1，并将事务进行回滚，回滚后两个账户余额不发生变化。转账失败后的参数 state 及两个账户信息如图 6-26 所示。

```
mysql> select @state;
+--------+
| @state |
+--------+
|   -1   |
+--------+
1 row in set (0.00 sec)

mysql> select * from account;
+-----------+-------+
| accountno | value |
+-----------+-------+
|    111    | 1100  |
|    123    |  500  |
|    222    | 2500  |
|    333    |  500  |
+-----------+-------+
```

图 6-26　转账失败后的参数 state 及两个账户信息

本章总结

本章主要介绍了 MySQL 中的事务处理机制，主要包括：事务的提交和回滚、事务的四大特性，以及使用隔离级别解决用户对数据库并发访问时出现的问题。在 MySQL 中，当一个会话开始时，系统变量 AUTOCOMMIT 值为 1，即自动提交功能是打开的。因此在执行事务时要首先关闭 MySQL 的自动提交，使用命令"set autocommit=0;"可以关闭 MySQL 的自动提交。当 MySQL 关闭自动提交后，可以使用 COMMIT 命令来完成事务的提交。使用命令"start transaction;"可以开启一个事务，该命令开启事务的同时会隐式地关闭 MySQL 自动提交。使用 rollback 命令可以完成事务的回滚，事务的回滚可以撤销未提交的事务所做的各种修改操作，并结束当前这个事务。使用 MySQL 命令"savepoint 保存点名;"可以在事务中设置一个保存点，使用"rollback to savepoint 保存点名;"可以将事务回滚到保存点状态。数据库中的事务具有 ACID 属性，即原子性（Atomicity）、一致性（Consistency）、隔离性（Isolation）和持久性（Durability）。事务的隔离级别是综合利用各种类型的锁机制解决并发问题的整体解决方案，每个事务都有一个隔离级别，它定义了事务彼此之间隔离和交互的程度。

实践与练习

1．选择题

（1）事务的开始和结束命令分别是（　　）。

　　A．start transaction，rollback　　　　B．start transaction，commit
　　C．start transaction，end　　　　　　D．start transaction，break

（2）以下哪个选项不是 SQL 规范提供的孤立级？（　　）

　　A．serializable　　　　　　　　　　　B．repeatable read
　　C．read rollback　　　　　　　　　　D．read uncommitted

（3）下面控制事务自动提交命令正确的是（　　）。

　　A．set autocommit=0;　　　　　　　B．set autocommit=1;
　　C．select @@autocommit;　　　　　D．select @@tx_isolation;

（4）MySQL 的默认隔离级别是（　　）。

　　A．read uncommitted　　　　　　　B．read committed
　　C．repeatable read　　　　　　　　D．serializable

（5）下列选项中，哪一个选项不是事务的特性？（　　）

　　A．原子性　　　B．一致性　　　C．隔离性　　　D．适时性

2．简答题

（1）事务的开启、回滚和提交命令分别是什么？
（2）简述事务的四大特性及其含义。
（3）简述事务的隔离级别及其含义。
（4）什么是脏读、不可重复读和幻读？

实验指导：MySQL 中的事务管理

掌握 MySQL 中的事务控制机制，只有事务中的所有语句都被成功地执行，这个事务才被成功地执行。只有事务中的所有操作都成功执行后，才提交所有操作，否则回滚所有操作。事务的隔离级别是综合利用各种类型的锁机制解决并发问题的整体解决方案，每个事务都有一个隔离级别，它定义了事务彼此之间隔离和交互的程度。

实验目的和要求
- 掌握事务控制机制的原理。
- 掌握事务的提交和回滚。

事务提交是指将事务开始以来所执行的所有数据修改成为数据库的永久组成部分，也标志着一个事务的结束。事务的回滚可以撤销未提交的事务所做的各种修改操作，并结束当前这个事务。

题目　事务的提交和回滚

1. 任务描述

在商品销售系统中完成顾客购买商品的过程。

2. 任务要求

当顾客成功购买商品后，在商品销售表中增添销售记录并修改商品表中的库存量。

3. 知识点提示

本任务主要用到以下知识点。

（1）事务的开启，使用命令"start transaction;"可以开启一个事务。

（2）事务的提交，可以使用 COMMIT 命令来完成事务的提交。

（3）事务的回滚，使用 rollback 命令可以完成事务的回滚。

4. 操作步骤提示

（1）创建商品销售数据库 articlesale。

（2）在商品销售数据库 articlesale 中，创建商品表 article（商品编号、商品名称、单价、库存量）、顾客表 customer（顾客编号、顾客姓名、性别、年龄）和商品销售表 orderitem（顾客编号、商品编号、数量、日期）。

（3）在商品表 article 中插入两个商品信息：("00001","商品 1",34.56,200) 和（"00002","商品 2",105.00,100)。

（4）在顾客表 customer 中插入两个顾客信息：("10001"," 顾客 1"," 男 ",20) 和 ("10002","顾客 2","女",34)。

（5）创建存储过程 articlesale_proc 用于实现商品的销售，当顾客成功购买后，在商品销售表 orderitem 中增添销售记录并修改商品表 axticle 中的库存量，然后将事务进行提交，否则回滚事务。

（6）调用存储过程 articlesale_proc 分别完成商品的成功与不成功销售，并使用 select 语句进行验证。

第 7 章 MySQL 连接器 JDBC 和连接池

JDBC 定义了一套 Java 操作数据库的规范，开发人员只需要使用这些类和接口，就可以使用标准的 SQL 语言来存取数据库中的数据。在 Web 应用中，有两种连接数据库的方法，一种是通过 JDBC 驱动程序直接连接数据库，另一种是通过连接池技术连接数据库。本章将结合网上书店系统数据库（相关表结构请参考第 2 章中的相关内容）来介绍使用 JDBC 驱动程序和连接池技术连接数据库的方法。

7.1 JDBC

JDBC（Java DataBase Connectivity，Java 数据库连接）是一种用于执行 SQL 语句的 Java API（Application Programming Interface，应用程序接口），可以为多种关系型数据库提供统一访问。JDBC 由一组用 Java 语言编写的类和接口组成，使用 JDBC 可以操作保存在多种不同的数据库管理系统中的数据，而与数据库管理系统中数据的存储格式无关。同时，由于 Java 语言的平台无关性，Java 和 JDBC 的结合可以使程序员不必为不同的数据库管理系统编写不同的应用程序，真正实现"一次编写，到处运行"。

Java 应用程序访问数据库的一般过程如图 7-1 所示。

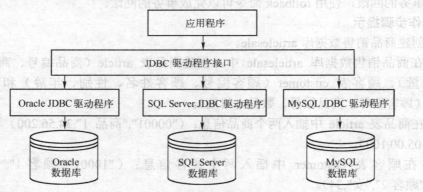

图 7-1 Java 应用程序访问数据库的过程

JDBC 的基本功能如下。
1）建立与数据库的连接；
2）向数据库发送 SQL 语句。
3）处理从数据库返回的结果。

目前，主流的数据库系统如 Oracle、SQL Server、Sybase、Informix 和 MySQL 等都提供了相应的 JDBC 驱动程序，比较常见的 JDBC 驱动程序可分为以下 4 种类型。

1）JDBC-ODBC Bridge driver。JDBC-ODBC 桥接驱动程序就是把 JDBC 的调用映射到 ODBC 上，再由 ODBC 调用本地数据库驱动代码（本地数据库驱动代码是指由数据库厂商提供的数据库操作二进制代码库），这样 JDBC 就可以和任何可用的 ODBC 驱动程序进行交互。

2）native-API，partly Java driver。本地 API 驱动程序是直接将 JDBC 调用转换为特定的数据库调用，而不经过 ODBC，执行效率比第一种高。这种方法也要求客户端的机器安装相应的二进制代码（数据库厂商专有的 API）。

3）JDBC-Net pure Java driver。JDBC 网络协议驱动程序将 JDBC 的调用转换为与 DBMS 无关的网络协议，然后再将这种协议通过网络服务器转换为 DBMS 协议，这种网络服务器中间件能够将纯 Java 客户端连接到多种不同的数据库上，所使用的具体协议取决于提供者。这种类型的驱动程序不需要客户端的安装和管理，所以特别适合于具有中间件的分布式应用。

4）native protocol，pure Java driver。本地协议驱动程序将 JDBC 调用直接转换为 DBMS 所使用的网络协议，允许从客户端直接调用 DBMS 服务器。这种类型的驱动完全由 Java 实现，因此实现了平台的独立性。后面介绍的 JDBC 应用主要使用该类型的驱动程序。目前，大部分数据库厂商提供了该类驱动程序的支持。

7.2 JDBC 连接过程

JDBC 是一种底层 API，不能直接访问数据库。要通过 JDBC 来存取某一特定的数据库，必须依赖于相应数据库厂商提供的 JDBC 驱动程序，JDBC 驱动程序是连接 JDBC API 与具体数据库之间的桥梁。

用户要开发 JDBC 应用系统，首先需要下载相应的 JDBC 驱动包。本书以 64 位的 Windows 7 操作系统为例，采用 JDK1.7+MyEclipse 6.6+Tomcat 6.0+MySQL5.0.22 作为开发与运行环境，JDBC 驱动包使用的是 5.0.8 版本，其文件名是 mysql-connector-java-5.0.8-bin.jar，读者可根据自己系统的要求下载相应的版本进行安装及配置。

下载的 JDBC 驱动包，对于普通的 Java Application 应用程序，只需要将 JDBC 驱动包引入项目即可；而对于 Java Web 应用，通常将 JDBC 驱动包放置在项目的 WEB-INF/lib 目录下。

在 MyEclipse 6.6 中配置 MySQL 的 JDBC 驱动的操作步骤如下。

1）在 MyEclipse 项目 Ch07 上右击，在弹出的快捷菜单中选择 Build Path|Configure Build Path，打开项目配置界面，如图 7-2 所示。

2）在配置界面中，选择 Libraries 选项卡，单击 Add External JARs 按钮。找到 MySQL 的 JDBC 驱动包所在位置，选择 mysql-connector-java-5.0.8-bin.jar 文件，单击"打开"按钮，将 JDBC 驱动包添加到当前项目中，单击 OK 按钮即可，如图 7-3 所示。

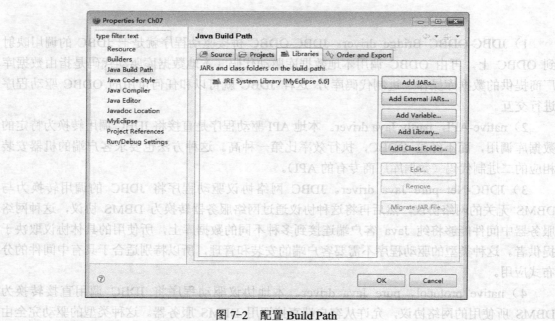

图 7-2 配置 Build Path

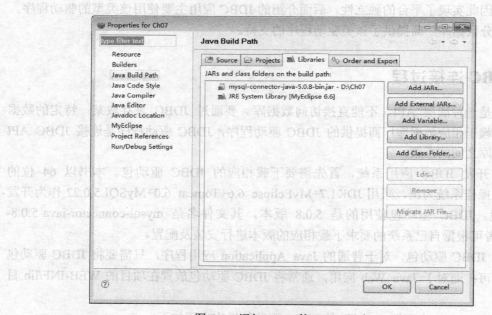

图 7-3 添加 mysql 的 JDBC 驱动

利用 JDBC 连接 MySQL 数据库，一般要通过以下几个步骤。
1）加载 JDBC 驱动程序。
2）创建数据库连接。
3）创建 Statement 对象。
4）执行 SQL 语句。
5）处理执行 SQL 语句的返回结果。

6）关闭连接。

1. 加载 JDBC 驱动程序

在连接 MySQL 数据库之前，必须加载相应的 JDBC 驱动程序。加载驱动程序的方法是使用 java.lang.Class 类的静态方法 forName(String className)，该方法调用如下。

```
Class.forName("com.mysql.jdbc.Driver");
```

若加载成功，系统会将加载的驱动程序注册到 DriverManager 类中；若加载失败，将抛出 ClassNotFoundException 异常，即未找到指定的驱动类。加载 MySQL 驱动程序的完整代码如下。

```
try {
    Class.forName("com.mysql.jdbc.Driver");   //加载 JDBC 驱动程序
} catch (ClassNotFoundException ex) {
    System.out.println("加载数据库驱动时抛出异常!");
    ex.printStackTrace();
}
```

需要注意的是，通常将加载驱动程序的代码放在 static 块中，当类第一次被加载时才加载数据库驱动程序，避免重复加载驱动程序。

2. 创建数据库连接

Connection 接口代表与数据库的连接，只有建立了连接，用户程序才能操作数据库。一个应用程序可与单个数据库有一个或多个连接，也可以与多个数据库有连接。与数据库建立连接的方法是调用 DriverManager 类的 getConnection()方法。DriverManager 类是 java.sql 包中用于数据库驱动程序管理的类，作用于用户和驱动程序之间。DriverManager 类负责跟踪可用的驱动程序，并在数据库和相应的驱动程序之间建立连接。

getConnection()方法的返回值类型为 java.sql.Connection，如果连接数据库失败，将抛出 SQLException 异常，其方法调用如下。

```
Connection conn= DriverManager.getConnection(String url, String userName, String password);
```

依次指定要连接数据库的路径、用户名及密码，即可创建数据库连接对象。若要连接 BookStore 数据库，则连接数据库路径的代码如下。

```
jdbc:mysql://localhost:3306/bookstore
```

也可以采用带数据库数据编码格式的方式。

```
jdbc:mysql://localhost:3306/bookstore?useUnicode=true&characterEncoding=gb2312
```

使用用户名 root，密码 123456，连接 BookStore 数据库的完整代码如下。

```
try {
    String url ="jdbc:mysql://localhost:3306/bookstore";
    String user="root";      //访问数据库的用户名
```

```
            String password="123456";       //访问数据库的密码
            Connection conn= DriverManager.getConnection(url,user,password);
            System.out.println("连接数据库成功！");
        } catch (SQLException ex) {
            System.out.println("连接数据库失败！");
            ex.printStackTrace();
        }
```

3．创建 Statement 对象

连接数据库后，要执行 SQL 语句，必须创建一个 Statement 对象，可以使用 Connection 接口的不同方法来创建不同的 Statement 对象。

（1）Statement 对象的创建

利用 Connection 接口的 createStatement()方法可以创建一个 Statement 对象，用来执行静态的 SQL 语句。假设已经创建了数据库连接对象 conn，那么创建 Statement 对象 stmt 的代码如下。

```
            Statement stmt=conn.createStatement();       //conn 为数据库连接对象
```

📖 提示：createStatement()方法是无参方法。

（2）PreparedStatement 对象的创建

利用 Connection 接口的 prepareStatement(String sql)方法可以创建一个 PreparedStatement 对象，用来执行动态的 SQL 语句。动态 SQL 语句具有一个或多个输入参数，输入参数的值在 SQL 语句创建时并未被指定，而是为每个输入参数保留一个问号"？"作为占位符。假设已经创建了数据库连接对象 conn，创建 PreparedStatement 对象 pstmt 的代码如下。

```
            String sql = "select * from users where u_id>? and u_sex=?";
            PreparedStatement pstmt = conn.prepareStatement(sql);
```

在执行该 SQL 语句前，需要对每个输入参数进行设置，设置参数的语法格式如下。

```
            pstmt.setXxx(position,value);
```

其中，Xxx 代表不同的数据类型，position 为输入参数在 SQL 语句中的位置，value 为要设置的值。若设置参数 u_id 的值为 3，u_sex 的值为"女"，则代码如下。

```
            pstmt.setInt(1,3);
            pstmt.setString(2,"女");
```

📖 提示：由于 PreparedStatement 对象已经预编译过，所以其执行速度要快于 Statement 对象。因此，需要多次执行的 SQL 语句经常创建为 PreparedStatement 对象，以提高效率。

4．执行 SQL 语句

创建 Statement 对象后，就可以利用该对象的相应方法来执行 SQL 语句，以实现对数据库的具体操作。Statement 对象的常用方法有 executeQuery()、executeUpdate()等。

- ResultSet executeQuery(String sql)方法：该方法用于执行产生单个结果集的 SQL 语句，如 SELECT 语句，该方法返回一个结果集 ResultSet 对象。
- int executeUpdate(String sql)方法：该方法用于执行 INSERT、UPDATE 或 DELETE 语句，以及 SQL DDL（数据定义语言）语句。该方法的返回值是一个整数，表示受影响的行数。对于 CREATE TABLE 或 DROP TABLE 等不操作数据行的语句，返回值为 0。

假设已经创建了 Statement 对象 stmt，查询 users 表中的所有记录，并将查询结果保存到 ResultSet 对象 rs 中，则代码如下。

```
String sql = "select * from users";
ResultSet rs= stmt.executeQuery(sql);
```

若要删除 users 表中 u_id 为 7 的记录，则代码如下。

```
String sql = "delete from users where u_id=7";
int rows= stmt.executeUpdate(sql);
```

PreparedStatement 对象也可以调用 executeQuery()和 executeUpdate()两个方法，但都不需要带参数，因为在建立 PreparedStatement 对象时已经指定了 SQL 语句。若要删除 users 表中 u_id 为 7 的记录，则代码如下。

```
String sql = "delete from users where u_id=?";
PreparedStatement pstmt = conn.prepareStatement(sql);
pstmt.setInt(1,7);
int rows= pstmt.executeUpdate ();
```

5. 处理执行 SQL 语句的返回结果

使用 Statement 对象的 executeQuery()方法执行一条 SELECT 语句后，会返回一个 ResultSet 对象。ResultSet 对象保存查询的结果集，调用 ResultSet 对象的相应方法就可以对结果集中的数据行进行处理。

ResultSet 对象的常用方法如下。
- boolean next()：ResultSet 对象具有指向当前数据行的指针，指针最初指向第一行之前，使用 next()方法可以将指针移动到下一行。如果没有下一行，则返回 false。
- getXxx（列名或列索引）：该方法可获取所在行指定列的值。其中，Xxx 指的是列的数据类型，若列为 String 型，则对应的方法为 getString；若列为 int 型，则对应的方法为 getInt 等。若使用列名作为参数，则 getString("name")，表示获取当前行列名为 name 的列值。列索引值从 1 开始编号，如第 2 列对应的索引值为 2。

ResultSet 对象由 Statement 对象来创建，若要获取 users 表中第一条记录的基本信息，代码如下。

```
String sql = "select * from users";
ResultSet rs=stmt. executeQuery(sql);
rs.next();
```

153

```
            int u_id=rs.getInt(1);              //或 int u_id=rs.getInt("u_id");
            String u_name=rs.getString(2);      //或 String u_name=rs.getString("u_name");
            String u_sex=rs.getString("u_sex"); //或 String u_sex=rs.getString(4);
```

6. 关闭连接

连接数据库过程中创建的 Connection 对象、Statement 对象和 ResultSet 对象，都占用一定的 JDBC 资源。当完成对数据库的访问之后，应及时关闭这些对象，以释放所占用的资源。这些对象都提供了 close()方法，关闭对象的次序与创建对象的次序正好相反，因此关闭对象的代码如下。

```
            rs.close();
            stmt.close();
            conn.close();
```

【例7-1】 下面通过一个完整的实例来说明 JDBC 连接数据库的过程，通过 SQL 语句获取 users 表中所有用户的基本信息，并输出到 Java 控制台进行操作，其 Java 代码如下。

```java
import java.sql.*;    //导入包
public class Example7_1{
public static void main(String arg[]){
    Connection conn = null;
    Statement stmt = null;
    ResultSet rs = null;
    try {
            Class.forName("com.mysql.jdbc.Driver");
    }catch(ClassNotFoundException e){
            System.out.println("加载数据库驱动时抛出异常！");
            e.printStackTrace();
    }
    try {
            String url="jdbc:mysql://localhost:3306/bookstore";
            String user="root";
            String password="123456";
            conn = DriverManager.getConnection(url,user,password);
            stmt = conn.createStatement();
            String sql = "select u_id,u_name,u_sex from users";
            rs = stmt.executeQuery(sql);
            int id;
            String name,sex;
            while(rs.next()){
                    id = rs.getInt(1);
                    name = rs.getString(2);
                    sex = rs.getString(3);
                    System.out.println(id + ", " +name + ", "+sex);
            }
            rs.close();
```

```
                stmt.close();
                conn.close();
        } catch (SQLException ex) {
                ex.printStackTrace();
        }
        }
}
```

7.3 JDBC 数据库操作

在项目开发过程中,需要经常对数据库进行操作,常用的基本操作有增加、修改、删除和查询等。下面以用户表 users 为例,介绍 JDBC 对数据库的增、删、改、查功能。

7.3.1 增加数据

在对数据库的操作中,增加数据是最常用的操作之一,使用 INSERT 命令可以向表中添加一条新记录。

JDBC 提供了两种实现增加数据的操作方法,一种是使用 Statement 对象提供的带参数的 executeUpdate()方法,另一种是通过 PreparedStatement 对象提供的无参数的 executeUpdate()方法。

【例 7-2】 下面分别用两种方法来介绍如何向 users 表中增加数据,以用户名为 zhangping、密码为 123456 为例,代码分别如下。

方法一的代码如下。

```
import java.sql.*;
public class Example7_2_1{
    public static void main(String arg[]){
        try {
                Class.forName("com.mysql.jdbc.Driver");
        }catch(ClassNotFoundException e){
                System.out.println("加载数据库驱动时抛出异常!");
                e.printStackTrace();
        }
        try {
                String url="jdbc:mysql://localhost:3306/bookstore";
                String user="root";
                String password="123456";
                Connection conn = DriverManager.getConnection(url,user,password);
                Statement stmt = conn.createStatement();
                String sql = "insert into users(u_name,u_pwd) values('zhangping1','123456')";
                int temp = stmt.executeUpdate(sql);
                if(temp!=0){
                        System.out.println("记录添加成功!");
                }
                else{
```

```
                    System.out.println("记录添加失败！");
                }
                stmt.close();
                conn.close();
            } catch (SQLException ex) {
                ex.printStackTrace();
            }
        }
    }
```

方法二的代码如下。

```
import java.sql.*;
public class Example7_2_2{
    public static void main(String arg[]){
        try {
            Class.forName("com.mysql.jdbc.Driver");
        }catch(ClassNotFoundException e){
            System.out.println("加载数据库驱动时抛出异常！");
            e.printStackTrace();
        }
        try {
            String url="jdbc:mysql://localhost:3306/bookstore";
            String user="root";
            String password="123456";
            Connection conn = DriverManager.getConnection(url,user,password);
            String sql="insert into users(u_name,u_pwd) values(?,?)";
            PreparedStatement pstmt = conn.prepareStatement(sql);
            pstmt.setString(1,"zhangping2");
            pstmt.setString(2,"123456");
            int temp=pstmt.executeUpdate();
            if(temp!=0){
                System.out.println("记录添加成功！");
            }
            else{
                System.out.println("记录添加失败！");
            }
            pstmt.close();
            conn.close();
        } catch (SQLException ex) {
            ex.printStackTrace();
        }
    }
}
```

7.3.2 修改数据

JDBC 也提供了两种实现修改数据库中已有数据的方法，同实现增加操作的方法基本相同，只不过是使用 UPDATE 命令来实现更新操作。

使用 Statement 对象实现修改 users 表中用户名为 zhangping 的用户，将其密码修改为 654321，其关键代码如下。

```
...
Statement stmt = conn.createStatement();
String sql = "update users set u_pwd='654321' where u_name='zhangping'";
int temp = stmt.executeUpdate(sql);
...
```

使用 PreparedStatement 对象实现修改 users 表中用户名为 zhangping1 的用户，将其密码修改为 654321，其关键代码如下。

```
...
String sql = "update users set u_pwd=? where u_name=?";
PreparedStatement pstmt   = conn.prepareStatement(sql);
pstmt.setString(1, "654321");
pstmt.setString(2, "zhangping1");
int temp =pstmt.executeUpdate();
...
```

7.3.3 删除数据

实现删除数据库中已有记录的方式也有两种，同增加和修改数据操作的方法基本相同，所不同的是使用 DELETE 命令。

使用 Statement 对象实现删除 users 表中用户名为 zhangping 的用户，其关键代码如下。

```
...
Statement stmt = conn.createStatement();
String sql = "delete from users where u_name='zhangping'";
int temp = stmt.executeUpdate(sql);
...
```

使用 PreparedStatement 对象实现删除 users 表中用户名为 zhangping1 的用户，其关键代码如下。

```
...
String sql = " delete from users where u_name=?";
PreparedStatement pstmt   = conn.prepareStatement(sql);
pstmt.setString(1, "zhangping1");
int temp =pstmt.executeUpdate();
...
```

7.3.4 查询数据

JDBC 同样提供了两种实现数据查询的方法，一种是使用 Statement 对象提供的带参数的 executeQuery()方法，另一种是通过 PreparedStatement 对象提供的无参数的 executeQuery()方法。使用 SELECT 命令实现对数据的查询操作，查询的结果集使用 ResultSet 对象保存。

【例 7-3】 使用 Statement 对象实现查询 users 表中性别为"女"的用户基本信息，其代码如下。

```
import java.sql.*;
public class Example7_3{
    public static void main(String arg[]){
        try {
            Class.forName("com.mysql.jdbc.Driver");
        }catch(ClassNotFoundException e){
            System.out.println("加载数据库驱动时抛出异常！");
            e.printStackTrace();
        }
        try {
            String url="jdbc:mysql://localhost:3306/bookstore";
            String user="root";
            String password="123456";
            Connection conn = DriverManager.getConnection(url,user,password);
            Statement stmt = conn.createStatement();
            String sql = "select * from users where u_sex='女'";
            ResultSet rs = stmt.executeQuery(sql);
            int id;
            String name,sex,phone;
            System.out.println("id" + " | " +"name" + " | "+"sex"+ " | "+"phone");
            while(rs.next()){
                id = rs.getInt(1);
                name = rs.getString(2);
                sex = rs.getString(4);
                phone=rs.getString(5);
                System.out.println(id + " | " +name + " | "+sex+ " | "+phone);
            }
            rs.close();
            stmt.close();
            conn.close();
        } catch (SQLException ex) {
            ex.printStackTrace();
        }
    }
}
```

使用 PreparedStatement 对象实现查询 users 表中用户号（u_id）为 1 的用户基本信息，其关键代码如下。

```
...
String sql = " select * from users where u_id=?";
```

```
PreparedStatement pstmt = conn.prepareStatement(sql);
pstmt.setString(1, 1);
ResultSet rs =pstmt.executeQuery();
...
```

7.3.5 批处理

当需要向数据库发送一批 SQL 语句执行时，应避免向数据库逐条地发送 SQL 语句执行，而应采用 JDBC 的批处理机制，以提高执行效率。

JDBC 使用 Statement 对象和 PreparedStatement 对象的相应方法实现批处理，其实现步骤如下。

1）使用 addBatch(sql)方法，将需要执行的 SQL 命令添加到批处理中。但 JDBC 在批处理过程中不支持数据查询，因此不可以使用 SELECT 命令，否则会抛出异常。

2）使用 executeBatch()方法，执行批处理命令。

3）使用 clearBatch()方法，清空批处理队列。

使用 JDBC 实现批处理有 3 种方法。

- 批量执行静态的 SQL。
- 批量执行动态的 SQL
- 批量执行混合模式的 SQL。

1. 批量执行静态的 SQL

使用 Statement 对象的 addBatch()方法可以批量执行静态 SQL。

【例 7-4】 使用 Statement 对象实现 SQL 批处理，对用户表 users 执行多条 SQL 命令，其代码如下。

```
import java.sql.*;
public class Example7_4{
    public static void main(String arg[]){
        try {
            Class.forName("com.mysql.jdbc.Driver");
        }catch(ClassNotFoundException e){
            System.out.println("加载数据库驱动时抛出异常！");
            e.printStackTrace();
        }
        try {
            String url="jdbc:mysql://localhost:3306/bookstore";
            String user="root";
            String password="123456";
            Connection conn = DriverManager.getConnection(url,user,password);
            Statement stmt = conn.createStatement();
            //连续添加多条静态 SQL
            stmt.addBatch("insert into users(u_name,u_pwd) values ('user1', '000000')");
            stmt.addBatch("insert into users(u_name,u_pwd) values ('user2', '000000')");
            stmt.addBatch("update users set u_pwd='000000' where u_name='linli'");
```

```
            stmt.addBatch("delete from users where u_name='zhangh'");
        //批量执行 SQL
            stmt.executeBatch();
            stmt.close();
            conn.close();
        } catch (SQLException ex) {
            ex.printStackTrace();
        }
    }
}
```

批量执行静态的 SQL 的优点是可以向数据库发送多条不同的 SQL 语句，缺点是 SQL 语句没有预编译，执行效率较低，并且当向数据库发送多条语句相同，但仅参数不同的 SQL 语句时，需重复使用多条相同的 SQL 语句，如【例 7-4】中的两条 INSERT 命令。

2. 批量执行动态的 SQL

批量执行动态 SQL，需要使用 PreparedStatement 对象的 addBatch()方法来实现批处理。

【例 7-5】 使用 PreparedStatement 对象实现 SQL 批处理，对用户表 users 执行多条 SQL 命令，其代码如下。

```
import java.sql.*;
public class Example7_5{
    public static void main(String arg[]){
        try {
            Class.forName("com.mysql.jdbc.Driver");
        }catch(ClassNotFoundException e){
            System.out.println("加载数据库驱动时抛出异常！");
            e.printStackTrace();
        }
        try {
            String url="jdbc:mysql://localhost:3306/bookstore";
            String user="root";
            String password="123456";
            Connection conn = DriverManager.getConnection(url,user,password);
            String sql = "insert into users(u_name,u_pwd) values(?,?)";
            PreparedStatement pstmt = conn.prepareStatement(sql);
            pstmt.setString(1,"user3");
            pstmt.setString(2,"000000");
            pstmt.addBatch();
            pstmt.setString(1,"user4");
            pstmt.setString(2,"000000");
            pstmt.addBatch();
            pstmt.executeBatch();
            pstmt.close();
            conn.close();
        } catch (SQLException ex) {
            ex.printStackTrace();
```

```
        }
    }
}
```

批量执行动态的 SQL 的优点是发送的是预编译后的 SQL 语句,执行效率高,其缺点是只能应用在 SQL 语句相同,但参数不同的批处理中。因此,这种形式的批处理经常用于在同一个表中批量更新表中的数据。

3. 批量执行混合模式的 SQL

使用 PreparedStatement 对象的 addBatch()方法还可以实现混合模式的批处理,既可以批量执行动态 SQL,同时也可以批量执行静态 SQL。

【例 7-6】 使用 PreparedStatement 对象实现混合模式的 SQL 批处理,对用户表 users 执行多条 SQL 命令,其代码如下。

```java
import java.sql.*;
public class Example7_6{
    public static void main(String arg[]){
        try {
            Class.forName("com.mysql.jdbc.Driver");
        }catch(ClassNotFoundException e){
            System.out.println("加载数据库驱动时抛出异常! ");
            e.printStackTrace();
        }
        try {
            String url="jdbc:mysql://localhost:3306/bookstore";
            String user="root";
            String password="123456";
            Connection conn = DriverManager.getConnection(url,user,password);
            String sql = "insert into users(u_name,u_pwd) values(?,?)";
            PreparedStatement pstmt  = conn.prepareStatement(sql);
            //添加动态 SQL
            pstmt.setString(1,"user5");
            pstmt.setString(2,"000000");
            pstmt.addBatch();
            pstmt.setString(1,"user6");
            pstmt.setString(2,"000000");
            pstmt.addBatch();
            //添加静态 SQL
            pstmt.addBatch("update users set u_pwd = '111111' where u_name='user1'");
            pstmt.executeBatch();
            pstmt.close();
            conn.close();
        } catch (SQLException ex) {
            ex.printStackTrace();
        }
    }
}
```

7.4 数据源

在项目开发过程中，当对数据库的访问不是很频繁时，可以在每次访问数据库时建立一个连接，用完之后关闭连接。但是，对于一个复杂的数据库应用，频繁地建立和关闭连接，会极大地降低系统性能，造成瓶颈。这时可以使用数据库连接池来实现连接资源的共享，使得对于数据库的连接可以更高效、安全地复用。

数据库连接池的基本思想就是为数据库连接建立一个"缓冲池"，预先在"缓冲池"中放入一定数量的连接。当需要建立数据库连接时，只需从"缓冲池"中取出一个，使用完毕之后再放回去。连接池的最大连接数限定了这个连接池所能使用的最大连接数，当应用程序向连接池请求的连接数超过最大连接数量时，这些请求将被加入到等待队列中。通过连接池的管理机制可以监视数据库连接的数量和使用情况，为系统开发、测试及性能调整提供依据。

数据源（Data Source）是目前 Web 开发中获取数据库连接的首选方法。这种方法是首先创建一个数据源对象，由数据源对象事先建立若干连接对象，通过连接池管理这些连接对象。数据源是通过 JDBC 2.0 提供的 javax.sql.DataSource 接口实现的，通过它可以获得数据库连接，是对 DriverManager 工具的一个替代。通过数据源获得数据库连接对象不能直接在应用程序中通过创建一个实例的方法来生成 DataSource 对象，而是需要使用 JNDI（Java Naming and Directory Interface，Java 命名与目录接口）技术来获得 DataSource 对象的引用。JNDI 是一种将名称和对象绑定的技术，对象工厂负责创建对象，这些对象都与唯一的名称绑定，应用程序可以通过名称来获得某个对象的访问。

在 javax.naming 包中提供了 Context 接口，该接口提供了将名称和对象绑定、通过名称查找对象的方法。

通过连接池技术访问数据库，需要在 Web 服务器下配置数据库连接池。下面以 MySQL 数据库为例介绍在 Tomcat 服务器下配置数据库连接池的方法。

1）将 MySQL 数据库的 JDBC 驱动程序包复制到 Tomcat 安装路径下的 lib 文件夹中。

2）配置数据源。配置 Tomcat 根目录下 conf 文件夹中的文件 context.xml，代码如下：

```
<Context>
    <Resource name="jdbc/datasource" auth="Container" type="javax.sql.DataSource" driverClassName="com.mysql.jdbc.Driver" url="jdbc:mysql://localhost:3306/bookstore" username="root" password="123456" maxActive="8" maxIdle="4" maxWait="6000"/>
</Context>
```

<Resource>结点参数说明如下。
- name：设置数据源的 JNDI 名称。
- auth：设置数据源的管理者，属性值为 Container 或 Application。Container 表示由容器来创建或管理数据源，Application 表示由 Web 应用来创建和管理数据源。
- type：设置数据源的类型。
- driverClassName：设置连接数据库的 JDBC 驱动程序。

- url：设置连接数据库的路径。
- username：设置连接数据库的用户名。
- password：设置连接数据库的密码。
- maxActive：设置连接池中处于活动状态的最大连接数目，0表示不受限制。
- maxIdle：设置连接池中处于空闲状态的最大连接数目，0表示不受限制。
- maxWait：当连接池中没有处于空闲状态的连接时，设置连接请求的最长等待时间（单位为ms），如果超出该时间将抛出异常，-1表示无限期等待。

3）在应用程序中使用数据源。配置好数据源后，就可以使用javax.naming.Context接口的lookup()方法来查找JNDI数据源。

【例7-7】 创建Example7_7.jsp文件，应用连接池技术访问数据库bookstore，并在浏览器中显示用户表users中的全部数据，其代码如下。

```jsp
<%@ page language="java" contentType="text/html; charset=UTF-8" pageEncoding="UTF-8"%>
<%@ page import="java.sql.*" %>
<%@ page import="javax.sql.*" %>
<%@ page import="javax.naming.*" %>
<!DOCTYPE html PUBLIC "-//W3C//DTD HTML 4.01 Transitional//EN" "http://www.w3.org/TR/html4/loose.dtd">
<html>
<head>
<meta http-equiv="Content-Type" content="text/html; charset=UTF-8">
<title>MySQL 连接池应用</title>
</head>
<body>
<%
try {
    Context initCtx = new InitialContext();    //创建 Context 对象 initCtx
    DataSource ds = (DataSource)initCtx.lookup("java:comp/env/jdbc/datasource");   //查找名为 jdbc/datasource 的数据源对象
    Connection conn = ds.getConnection();    //从数据源中取出一个连接对象
    Statement statement = conn.createStatement();
    ResultSet rs = statement.executeQuery("select * from users");
    int userid;
    String name,password;
    while (rs.next()) {
        userid = rs.getInt(1);
        name = rs.getString(2);
        password = rs.getString(3);
        out.println(userid + ", " +name + ", "+password+"<br/>");
    }
    conn.close();    //将连接对象放回连接池中
} catch (NamingException e) {
    e.printStackTrace();
} catch (Exception e) {
    e.printStackTrace();
```

```
        }
    %>
    </body>
</html>
```

7.5 案例：分页查询大型数据库

1. 案例要求

使用 JDBC 执行 SQL 的 SELECT 命令，实现图书基本信息的查询及分页显示。

2. 知识点补充

在数据查询和数据更新事务中，一般使用无参数的 createStatement()方法创建语句对象。如果需要在结果集中前后移动或显示结果集指定的一条记录，就要用到游动查询，这时应使用带参数的 createStatement()方法创建语句对象，其语法格式如下。

```
Statement stmt=conn.createStatement(int type，int concurrency);
```

根据参数 type 和 concurrency 的取值情况，stmt 返回相应类型的结果集。参数说明如下。

1）type 的取值决定滚动方式，其取值如下。
- ResultSet.TYPE_FORWORD_ONLY：结果集的游标只能向下滚动。
- ResultSet.TYPE_SCROLL_INSENSITIVE：结果集的游标可以上下移动，当数据库变化时，当前结果集不变。
- ResultSet.TYPE_SCROLL_SENSITIVE：返回可滚动的结果集，当数据库变化时，当前结果集同步改变。

2）concurrency 的取值决定是否可以用结果集更新数据库，其取值有以下两种。
- ResultSet.CONCUR_READ_ONLY：不能用结果集更新数据库中的表。
- ResultSet.CONCUR_UPDATETABLE：能用结果集更新数据库中的表。

滚动查询经常用到的 Resultset 的下述几个方法。
- public boolean previous()：将游标向上（后）移动，当移动到结果第一行之前时返回 false。
- public void beforeFirst()：将游标放在结果集的初始位置。
- public void afterLast()：将游标放在结果集的最后一行之后。
- public void first()：将游标放到第一行。
- public last()：将游标放到最后一行。
- public boolean isAfterLast()：判断游标是否已到最后一行。
- public boolean isBeforeFirst()：判断游标是否在第一行之前。
- public boolean isFirst()：判断游标是否指向结果集的第一行。
- public boolean isLast()：判断游标是否指向结果集的最后一行。
- public int getRow()：得到当前游标所指行的行号。行号从 1 开始，如果结果集没有行，则返回 0。

- public boolean absolute(int row)：将游标移动到参数 row 指定的行号，如果 row 是负数，表示倒数的第几行，指向无效行则返回 false。

3．创建Web项目

1）打开 MyEclipse，新建 Web Project 项目，设置项目名称为 Website。将 JDBC 驱动包放置在项目的 WEB-INF/lib 目录下，在项目中导入 MySQL JDBC 驱动包。

2）新建 Example7_8.jsp 文件，实现记录的分页显示功能，其代码如下。

```jsp
<%@ page language="java" contentType="text/html; charset=UTF-8"
    pageEncoding="UTF-8"%>
<%@ page import="java.sql.*" %>
<!DOCTYPE html PUBLIC "-//W3C//DTD HTML 4.01 Transitional//EN" "http://www.w3.org/TR/html4/loose.dtd">
<html>
<head>
<meta http-equiv="Content-Type" content="text/html; charset=UTF-8">
<title>分页显示</title>
<style type="text/css">
body{font-size:14px;}
</style>
</head>
<body>
<%
    Connection conn = null;
    Statement stmt = null;
    ResultSet rs = null;
    try {
        Class.forName("com.mysql.jdbc.Driver");
    }catch(ClassNotFoundException e){
        System.out.println("加载数据库驱动时抛出异常！");
        e.printStackTrace();
    }
    try {
        String url="jdbc:mysql://localhost:3306/bookstore";
        String user="root";
        String password="123456";
        conn = DriverManager.getConnection(url,user,password);
        stmt conn.createStatement(ResultSet.TYPE_SCROLL_SENSITIVE,ResultSet.CONCUR_READ_ONLY);
        String sql = "select b_name,b_author,b_publisher,b_marketprice,b_saleprice from bookinfo";
        //返回可滚动的结果集
        rs = stmt.executeQuery(sql);
        out.print("<h2 align='center'>图书基本信息表</h2>");
        out.print("<table border='1px' width='90%' align='center'>");
        out.print("<tr>");
        out.print("<th>"+"图书名称");
        out.print("<th>"+"作者");
```

```jsp
            out.print("<th>"+"出版社");
            out.print("<th>"+"市场价格");
            out.print("<th>"+"销售价格");
            out.print("</tr>");
            String str=(String)request.getParameter("page");
            if(str==null)
            {
                str="1";
            }
            int pageSize=3;          //每页显示的记录数
            rs.last();               //将游标移动到最后一行
            int recordCount=rs.getRow();    //获取最后一行的行号,即记录总数
            //计算分页后的总页数
            int pageCount=(recordCount%pageSize==0)?(recordCount/pageSize):(recordCount/pageSize+1);
            int currentPage=Integer.parseInt(str);        //当前显示的页数
            if(currentPage<1)
            {
                currentPage=1;
            }
            else if(currentPage>pageCount)
            {
                currentPage=pageCount;
            }
            rs.absolute((currentPage-1)*pageSize+1);     //设置游标的位置
            for(int i=1;i<=pageSize;i++)
            {
                out.print("<tr>");
                out.print("<td>"+rs.getString("b_name")+"</td>");
                out.print("<td>"+rs.getString("b_author")+"</td>");
                out.print("<td>"+rs.getString("b_publisher")+"</td>");
                out.print("<td>"+rs.getFloat("b_marketprice")+"</td>");
                out.print("<td>"+rs.getFloat("b_saleprice")+"</td>");
                out.print("</tr>");
                if(!rs.next()) break;
            }
            out.print("</table>");
%>
<p align="center">当前页数:[<%=currentPage%>/<%=pageCount%>] 
<%
            if(currentPage>1)
            {
%>
<a href="Example7_8.jsp?page=1">第一页</a>
<a href="Example7_8.jsp?page=<%=currentPage-1%>">上一页</a>
<%
            }
```

```
            if(currentPage<pageCount)
            {
%>
<a href="Example7_8.jsp?page=<%=currentPage+1%>">下一页</a>
<a href="Example7_8.jsp?page=<%=pageCount%>">最后一页</a>
<%
            }
            rs.close();
            stmt.close();
            conn.close();
        } catch (SQLException ex) {
            ex.printStackTrace();
        }
%>
</p>
</body>
</html>
```

3）打开浏览器，在地址栏中访问 http://localhost:8080/Website/Example7_8.jsp，页面效果如图 7-4 和图 7-5 所示。

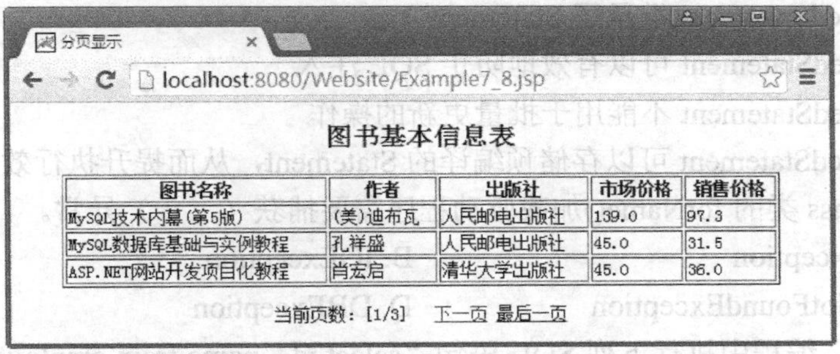

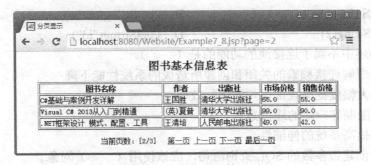

图 7-4 分页效果图-第一页

图 7-5 分页效果图-第二页

本章总结

本章首先介绍了 JDBC 技术及使用 JDBC 连接数据库的过程，然后介绍了使用 JDBC 对数据库进行查询、增加、修改和删除的操作，最后介绍了连接池技术。JDBC 是一个基于 Java 的面向对象应用编程接口，描述了一套访问关系数据库的标准 Java 类库。JDBC 的总体结构由应用程序、驱动程序管理器、驱动程序和数据源 4 个组件构成。数据库连接池负责分配、管理和释放数据库连接，它允许应用程序重复使用一个现有的数据库连接，这项技术能明显提高对数据库操作的性能。

实践与练习

1. 选择题

（1）Web 应用程序需要访问数据库，数据库驱动程序应该安装在（　　）目录中。

    A. 文档根目录   B. WEB-INF\lib   C. WEB-INF   D. WEB-INF\classes

（2）（　　）不是 JDBC 使用到的接口和类。

    A. System   B. Class   C. Connection   D. ResultSet

（3）使用 Connection 接口的（　　）方法可以建立一个 PreparedStatement 对象。

    A. createPrepareStatement()   B. prepareStatement()

    C. createPreparedStatement()   D. preparedStatement()

（4）下面关于 PreparedStatement 的说法错误的是（　　）。

    A. PreparedStatement 继承了 Statement

    B. PreparedStatement 可以有效地防止 SQL 注入

    C. PreparedStatement 不能用于批量更新的操作

    D. PreparedStatement 可以存储预编译的 Statement，从而提升执行效率

（5）使用 Class 类的 forName()加载驱动程序需要捕获（　　）异常。

    A. SQLException   B. IOException

    C. ClassNotFoundException   D. DBException

（6）在 JDBC 编程中执行下列 SQL 语句"select id, name from employee"，获取结果集 rs 的第二列数据的代码是（　　）。

    A. rs.getString(1)   B. rs.getString(name)

    C. rs.getString(2)   D. rs.getString("id")

（7）下面描述中不属于连接池的功能的是（　　）。

    A. 可以缓解连接频繁的关闭和创建所造成的系统性能下降

    B. 可以大幅度提高查询语句的执行效率

    C. 可以限制客户端的连接数量

    D. 可以提高系统的伸缩性

（8）如果要创建带参数的 SQL 查询语句，应该使用（　　）对象。

    A. Statement   B. PreparedStatement

    C. PrepareStatement   D. CallableStatement

（9）在 ResultSet 对象中能将指针直接移动到第 n 条记录的方法是（　　）。

    A. absolute()   B. previous()   C. getString()   D. moveToCurrentRow()

（10）在 PreparedStatement 对象中用来设置字符串类型的输入参数的方法是（　　）。

A. setInt()　　　　B. setString()　　　　C. executeUpdate()　　　　D. execute()

2．简答题

（1）简述 JDBC 连接数据库的基本步骤。

（2）Statement 对象中常用的用于执行 SQL 命令的方法有哪些？

（3）JDBC 中提供的两种实现数据查询的方法分别是什么？

（4）什么是数据库连接池？在 Tomcat 中如何配置连接池？

实验指导：学生选课系统数据库操作

题目 1　测试 JDBC 数据库连接

1．任务描述

使用 Class.forName()加载 MySQL 数据库驱动。

2．任务要求

（1）下载相应版本的软件，完成 MySQL 数据库的安装。

（2）下载 MySQL JDBC 驱动。

（3）新建 Java 项目，使用 JDBC 完成学生选课系统数据库 StudentManage 的连接操作。

（4）若成功，则提示数据库连接成功，否则提示连接失败。

3．操作步骤提示

（1）创建 SY7 项目，导入 MySQL JDBC 的 jar 包。

（2）创建 SY7_1.java 文件，使用 java.lang.Class 的 forName()方法，动态加载 JDBC 驱动，其关键代码如下。

```
try {
    //加载 JDBC 驱动器
    Class.forName("com.mysql.jdbc.Driver");
} catch (Exception ex) {
    ex.printStackTrace();
}
```

（3）使用 DriverManager 对象，获取数据库连接对象 Connection，并提示数据库连接是否成功，其关键代码如下。

```
try {
    String url ="jdbc:mysql://localhost:3306/ StudentManage ";
    String userName = "root";
    String password = "123456";
    Connection conn = DriverManager.getConnection(url,userName, password);
    System.out.println("连接数据库成功！");
} catch (SQLException ex) {
    System.out.println("连接数据库失败！");
    ex.printStackTrace();
}
```

题目 2 使用 PreparedStatement 对象实现数据库批量插入操作

1. 任务描述

使用 PreparedStatement 对象实现对数据库的批量插入操作。

2. 任务要求

使用 PreparedStatement 对象向学生信息表中插入 3 条新数据。

3. 知识点提示

本任务主要用到以下知识点。

（1）掌握 PreparedStatement 对象的使用。

（2）掌握 addBatch()方法的使用。

4. 操作步骤提示

创建 SY7_2.java 文件，其关键代码如下。

```java
import java.sql.*;
public class SY7_2{
    public static void main(String arg[]){
        ...
        try {
            ...
            String sql = "insert into students(sno,sname) values(?,?)";
            PreparedStatement pstmt = conn.prepareStatement(sql);
            pstmt.setString(1,"001");
            pstmt.setString(2,"张三");
            pstmt.addBatch();
            pstmt.setString(1,"002");
            pstmt.setString(2,"李四");
            pstmt.addBatch();
            pstmt.setString(1,"003");
            pstmt.setString(2,"王五");
            pstmt.addBatch();
            pstmt.executeBatch();
            ...
        }
        ...
    }
}
```

题目 3 使用 Statement 对象实现数据库的查询操作

1. 任务描述

使用 Statement 对象实现对学生信息表的查询操作。

2. 任务要求

使用 Statement 对象执行 SQL 查询，获取学生信息表中所有学生的信息。

3. 知识点提示

本任务主要用到以下知识点。

（1）掌握 Statement 对象及相应方法的使用。
（2）掌握结果集 ResultSet 对象及相应方法的使用。

4. 操作步骤提示

创建 SY7_3.java 文件，其关键代码如下。

```java
import java.sql.*;
public class SY7_3{
    public static void main(String arg[]){
        …
        try {
            …
            Statement stmt = conn.createStatement();
            String sql = "select * from students";
            ResultSet rs = stmt.executeQuery(sql);
            String id,name,sex,department;
            System.out.println("id" + " | " +"name" + " | "+"sex"+ " | "+"department");
            while(rs.next()){
                id = rs.getString(1);
                name = rs.getString(2);
                sex = rs.getString(3);
                department=rs.getString(4);
                System.out.println(id + " | " +name + " | "+sex+ " | "+department);
            }
            …
        }
        …
    }
}
```

第 8 章　Hibernate 框架介绍

本章介绍开源框架 Hibernate 相关的基础知识，主要包括 Hibernate 的简介、Hibernate 框架的下载和配置过程、Hibernate 的执行流程、Hibernate 的核心配置文件，以及 Hibernate 关系映射等。最后通过一个 Hibernate 实例来详细讲解 Hibernate 框架是如何操作数据库的。

8.1　Hibernate 简介

Hibernate 是一个开放源代码的 ORM（Object Relational Mapping，对象关系映射）框架，它对 JDBC 进行了非常轻量级的对象封装，它将 POJO（Plain Old Java Objects，简单的 Java 对象）与数据库表建立映射关系，是一个全自动的 ORM 框架。Hibernate 可以自动生成 SQL 语句，自动执行，使得 Java 程序员可以随心所欲地使用对象编程思维来操纵数据库。

8.2　Hibernate 原理

MVC 的全名是 Model View Controller，是模型（model）-视图（view）-控制器（controller）的缩写。MVC 是一种软件设计典范，用一种业务逻辑、数据、界面显示分离的方法组织代码，将业务逻辑聚集到一个部件里面，在改进和个性化定制界面及用户交互的同时，不需要重新编写业务逻辑。在实际应用场景中，各大企业公司根据实际需要，基于 MVC 编程模式设计了很多框架，现在 Web 开发使用最多的、最流程的便是 SSH 框架。SSH 框架就是 Struts+Spring+Hibernate 的一个集成框架，是目前比较流行的一种 Web 应用程序开源框架，其中 Hibernate 框架对持久层提供支持。图 8-1 所示为一个典型的 B/S 三层架构图。

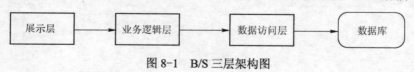

图 8-1　B/S 三层架构图

- 展示层：提供用户交互界面。
- 业务逻辑层：实现各种业务和逻辑。
- 数据访问层：负责存放和管理应用程序的持久化业务数据。

> SSH 框架的系统从职责上分为 4 层：表示层、业务逻辑层、数据持久层和域模块层，以帮助开发人员在短期内搭建结构清晰、可复用性好、维护方便的 Web 应用程序。

Hibernate 将 JDBC 进行了很好的封装。Hibernate 的目标是释放开发者通常的、与数据库持久化相关的编程任务的 95%。消除那些针对特定数据库厂商的 SQL 代码。Hibernate 的工作原理如图 8-2 所示，下面主要从 3 个方面进行阐述。

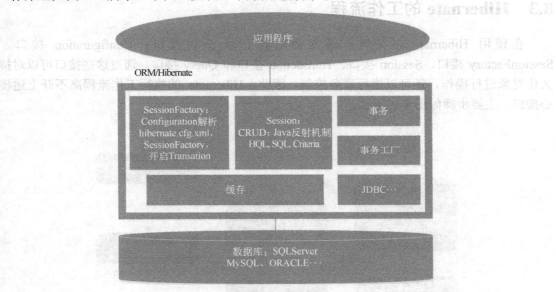

图 8-2　Hibernate 工作原理

- 连接数据库：通过 hibernate.cfg.xml 配置文件进行配置。提供用户交互界面，在这个文件中定义了数据库进行连接所需要的信息，包括 JDBC 驱动、用户名、密码和数据库方言，Configuration 类借助 dom4j 的 XML 解析器解析设置环境，然后使用这些环境属性来生成 SessionFactory。这样，这个 sessionFactory 生成的 session 就能成功获得数据库的连接。
- 操作数据库：对数据库的写操作，包括保存、更新和删除，当保存一个 POJO 持久对象时，触发 Hibernate 的保存事件监听器进行处理。Hibernate 通过映射文件获得对象对应数据库表名及属性所对应的表中的列名，然后通过反射机制持久化对象（实体对象）的各个属性，最终组织成向数据库插入新对象的 SQL insert 语句。调用了 session.save()方法后，这个对象会被标识成持久化状态存放在 session 中，对于 Hibernate 来说它就是一个持久化了的对象，但此时 Hibernate 还不会真正地执行 insert 语句，当进行 session 的刷新同步或事务提交时，Hibernate 会把 session 缓存中的所有 SQL 语句一起执行，对于更新和删除操作也是采用类似的机制。然后，提交事务并提交成功后，这些写操作就会被永久地保存在数据库中。所以，使用 session 对数据库进行操作还依赖于 Hibernate 事务的处理。如果设置了二级缓存，那么这些操作会被同步到二级缓存中，Hibernate 对数据库的最终操作也是依赖于底层 JDBC 对数据库进行的。
- 查询数据：Hibernate 提供 SQL HQL Criteria 查询方式。HQL 是其中运用最广泛的查询方式。用户使用 session.createQuery()方法以一条 HQL 语句为参数创建 Query 查询对象后，Hibernate 会使用 Anltr 库把 HQL 语句解析成 JDBC 可以识别的 SQL 语句，如果设置了查询缓存，那么执行 Query.list()时，Hibernate 会先对查询缓存进行查询，如果查询缓存不存在，再使用 select 语句查询数据库。

8.3 Hibernate 的工作流程

在使用 Hibernate 框架时，通常会用到下面 5 种接口：Configuration 接口、SessionFactory 接口、Session 接口、Transaction 接口和 Query 接口。通过这些接口可以对持久化对象进行操作，还可以进行事务控制。因此，Hibernate 的执行工作流程离不开上述核心接口，主要步骤如图 8-3 所示。

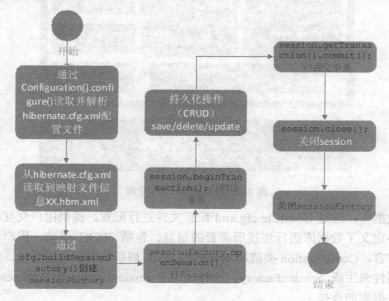

图 8-3 Hibernate 工作流程

Hibernate 的工作过程如下。

1）应用程序先调用 Configuration 类，实例化 Configuration 类，该类读取 Hibernate 的核心配置文件 hibernate.cfg.xml 及映射文件 XX.hbm.xml 中的信息。

2）创建 SessionFactory。通过 Configuration 对象读取配置文件信息，并创建 SessionFactory，并将 Configuration 对象中的所有配置文件信息存入 SessionFactory 内存中。

3）创建 Session 对象。Session 是通过 SessionFactory 对象的 openSession()方法创建 Session 的，这样就相当于创建了一个数据库连接的 session。

4）创建 Transaction 实例，即开启一个事务。通过 Session 对象的 beginTransaction()方法即可开启一个事务，利用这个开启的事务，便可以对数据库进行各种持久化操作。

5）利用 Session 对象通过增、删、改、查等方法对数据库进行各种持久化操作。

6）提交事务。将步骤 4）中打开的事务通过 transaction.commit()方法进行事务的提交。

7）关闭 Session。断开与数据库的连接。

8）关闭 SessionFactory。

 注意：Hibernate 的事务不是默认开启的，如果进行增、删、改等操作，需要手动开启事务。如果只是进行查询操作，可以不开启事务。

8.4 Hibernate 的核心组件

在 Hibernate 框架使用过程中，用户调用 Hibernate API 操作持久化对象时，使用最多的 6 个核心组件是：Configuration 接口、SessionFactory 接口、Session 接口、Transaction 接口、Query 接口和 Criteria 接口。Hibernate 的核心组件关系如图 8-4 所示。

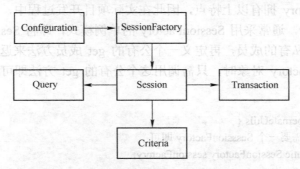

图 8-4 Hibernate 核心组件的关系

8.4.1 Configuration 接口

Configuration 类负责管理 Hibernate 的配置信息，在应用程序刚开始运行加载 Hibernate 框架时，首先 Configuration 类负责启动、加载和管理 Hibernate 的配置信息。在启动 Hibernate 的过程中，Configuration 首先确定 Hibernate 配置文件的位置，然后再读取相关配置信息，最后创建唯一的一个 SessionFactory 实例。Configuration 只存在于系统初始化阶段，它将 SessionFactory 创建完成后，就完成了自己的使命。

Hibernate 通常会使用 new Configuration().configure()方法来创建实例，此种方式默认会去 src 下读取 hibernate.cfg.xml 配置文件，如果不想使用默认路径的配置文件，也可以指定路径目录的配置文件，将路径以参数形式传递给 configure()方法，代码如下。

```
Configuration cfg=new Configuration();
cfg.configure("xml 文件位置");//读取指定的主配置文件
```

例如，要想使用 src 下 config 文件夹下的 hibernate.cfg.xml 文件，只需要将文件位置添加到 configure()方法参数中即可，代码如下。

```
Configuration configure = new Configuration().configure("/config/hibernate.cfg.xml");
```

8.4.2 SessionFactory 接口

Configuration 对象根据当前的配置信息生成 SessionFactory 对象。SessionFactory 接口负责 Hibernate 的初始化和建立 Session 对象。SessionFactory 对象一旦构造完毕，即被赋予特定的配置信息（SessionFactory 对象中保存了当前的数据库配置信息和所有映射关系，以及预定义的 SQL 语句。同时，SessionFactory 还负责维护 Hibernate 的二级缓存）。主要代码如下。

```
Configuration cfg = new Configuration().configure();
SessionFactory sessionFactory = cfg.buildSessionFactory();
```

SessionFactory 具有以下两个特点。
1）线程安全。它的同一个实例可供多个线程共享。
2）它是重量级的，不可以随意创建和销毁。

由于 SessionFactory 拥有以上特点，因此在实际项目开发过程中，为了防止开发者随意实例化 SessionFactory，通常采用 SessionFactory 的单例模式，即将 SessionFactory 对象放到一个类中，并且定为私有的成员，再定义一个公有的 get 成员方法来返回 SessionFactory 对象。当需要 SessionFactory 对象时，只需调用这个公有的 get 方法即可，从而保证了对象的唯一性，代码如下。

```
public class HibernateUtils {
    //全局只需要一个 SesssionFactory 即可
    private static SessionFactory sessionFactory;
    //初始化 session
    static{
        Configuration cfg=new Configuration();
        sessionFactory=cfg.configure().buildSessionFactory();
    }
    /**
     * 获取全局唯一 SessionFactory
     * @return sessionFactory
     */
    public static SessionFactory getSessionFactory()
    {
        return sessionFactory;
    }
    public static Session opennSession()
    {
        return sessionFactory.openSession();
    }
}
```

在上面的代码中，首先声明一个私有静态变量 SessionFactory 对象，然后定义两个公有静态方法：getSessionFactory()和 opennSession()，分别用来获取 SessionFactory 对象和 Sesssion 对象，这样就保证了可以通过 HibernateUtils.getSessionFactory()获取到唯一的 SessionFactory 对象，并且通过 HibernateUtils.opennSession()获取 session 连接。

8.4.3 Session 接口

Session 接口是应用程序与数据库之间交互操作的一个单线程对象，是 Hibernate 运作的中心，所有持久化对象必须在 Session 的管理下才可以进行持久化操作，为持久化对象提供创建、增加、删除和修改等操作功能。

创建 SessionFactory 对象后，就可以通过它来获取 Session 实例。获取 Session 实例有两种方法，一种是通过 openSession()方法，另一种是通过 getCurrentSession()方法。如下面的代码所示。

```
//采用 openSession 方法创建 session
Session session = sessionFactory.openSession();
//采用 getCurrentSession 方法创建 session
Session session = sessionFactory.getCurrentSession();
```

这两种方式创建 Session 对象的区别如下。

- openSession 方法获取 Session 实例时，SessionFactory 直接创建一个新的 Session 实例，并且在使用完以后需要使用 close 方法进行手动关闭。
- getCurrentSession()方法创建 Session 实例会被绑定在当前线程中，它在提交或者回滚时会自动关闭。
- Session 是线程不安全的，多个并发线程在操作一个 session 实例时，就可能导致 Session 数据存取混乱，因此设计软件架构时，应该尽量避免多个线程共享一个 Session 实例。同时 Session 是轻量级的，因此，创建和销毁对象不需要消耗太多资源。

Session 有下列几个常用的方法。

1）**获取持久化对象的方法**：get()和 load()方法。例如，通过 Object get(Class clazz, Serializable arg)方法可以获取指定 arg（主键）的持久化对象的记录，代码如下。

```
Session session=sessionFactory.openSession();
Transaction tx=session.beginTransaction();
User user=(User) session.get(User.class, 1);//获取主键 id 为 1 的 user 对象
System.out.println(user.getName());
tx.commit();
session.close();
```

2）**持久化对象更新、保存和删除的方法**：save()、update()、saveOrUpdate()和 delete()。如下面的代码所示。

```
User user=new User();
user.setName("张三");
Session session=sessionFactory.openSession();//打开 session
Transaction tx=session.beginTransaction();//开始事务
session.save(user);//更新用户
tx.commit();//提交事务
session.close();
```

3）**持久化对象的查询方法**：createQuery()、createSQLQuery()和 createCriteria()。

4）**开启事务**：beginTransaction()。要操作持久化对象，就必须开启和提交事务。下面的代码用于开启一个事务。

```
Transaction tx=session.beginTransaction();
```

5）**管理 Session 方法**：isOpen()、flush()、clear()、evict()和 close()等。

8.4.4 Transaction 接口

Hibernate 是对 JDBC 的轻量级对象封装，Hibernate 本身是不具备 Transaction 处理功能的，Hibernate 的 Transaction 接口实际上是底层的 JDBC Transaction 的封装，或者是 JTA（Java Transaction API）的封装。

Transaction 接口允许应用等量齐观地定义工作单元，同时又可调用 JTA 或 JDBC 执行事务管理。它的运行与 Session 接口相关，可调用 Session 的 beginTransaction()方法生成一个 Transaction 实例。Transaction 接口常用的方法如下。

1）commit();提交相关联的 Session 实例。
2）rollback();撤销事物操作。
3）wasCommitted();事物是否提交。

Session 执行完对持久化对象的操作后，要想让这些操作起作用，就必须对事务进行提交。使用 Transaction 接口的 commit()方法进行事务的提交，只有这样才能真正地将数据操作同步到数据库中。当数据操作发生异常时，需要使用 rollback()方法进行事务回滚，以避免数据发生错误，因此在持久化操作后，就必须调用 Transaction 接口的 commit()方法和 rollback()方法。如果没有开启事务，那么每个 Session 操作都相当于一个独立的操作。

8.4.5 Query 接口

Query 接口是 Hibernate 的查询接口，用于向数据库查询对象，以及控制执行查询的过程。Query 实例包装了一个 HQL（Hibernate Query Language）查询语句，HQL 查询语句和 SQL 查询语句有些相似，但 HQL 查询语句是面向对象的，它引用类句及类的属性句，而不是表句及表的字段句。

1．HQL 语句

Criteria 查询对查询条件进行了面向对象封装，符合编程人员的思维方式，不过 HQL（Hibernate Query Language）查询提供了更加丰富的、灵活的查询特性，因此，Hibernate 将 HQL 查询方式定为官方推荐的标准查询方式，HQL 查询在涵盖 Criteria 查询的所有功能的前提下，提供了类似标准 SQL 语句的查询方式，同时也提供了更加面向对象的封装。完整的 HQL 语句形式如下。

```
Select/update/delete… from … where … group by … having … order by … asc/desc
```

其中的 update/delete 为 Hibernate 3 中新添加的功能，可见 HQL 查询非常类似于标准 SQL 查询。例如，要查询 User 表中所有的用户，就可以执行下面代码。

```
String HQL="FROM User";
Query query = session.createQuery(HQL);
List<User> list = query.list();
```

其中，session.createQuery("FROM User")中的"FROM User"就是 HQL 语句，通过 session.createQuery()方法就可以得到 Query 对象，然后调用 list()方法就可以执行查询。这里是无条件查询（即查询所有 User）。

2. Query 执行流程

在 Hibernate 框架中，使用 Query 的具体步骤如下。

1）获取 Hibernate 中的 Session 对象。
2）编写 HQL 语句。
3）调用 session.createQuery()方法创建查询 Query 对象。
4）如果 Query 包含参数，则可以调用 Query 的 setXxx()方法来设置参数。
5）调用 Query 对象的 list()或者 uniqueResult()方法执行查询。

下面将在一个 Person 表中利用 Query 接口查询数据，具体代码如下：

```
public void queryTest()
{
    User user = new User();
    Session session = HibernateUtils.opennSession();

    Query query = session.createQuery("from User");
    List list = query.list();
    for(int i = 0 ; i <list.size(); i++)
    {
        user = (User)list.get(i);
        System.out.println(user.getId());
        System.out.println(user.getName());
    }
}
```

从上面的代码可以知道，首先需要得到 Session 对象，然后调用 session.createQuery()方法创建查询对象，再使用 query.list()方法进行数据查询，并且将查询的数据放入 List 集合中，最后循环出查询结果。这里首先插入 3 条数据，因此在控制台打印输出了 3 个 id 和 name，如图 8-5 所示。图 8-6 显示了 JUnit 测试结果状态。

```
Hibernate: insert into t_user (name) values (?)
Hibernate: select user0_.id as id0_0_, user0_.name as name0_0_ from t_user user0_ where user0_.id=?
张三
Hibernate: select user0_.id as id2_, user0_.name as name2_ from t_user user0_
1
张三
2
张三
3
张三
```

图 8-5 Query 对象的查询结果

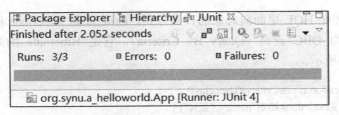

图 8-6 JUnit 测试结果

> 注意：这里采用 JUnit 4 测试运行结果。如果 JUnit 测试出现一条绿条，说明测试通过；如果出现暗红色条，则表示测试失败，有错误。

Query 接口除了可以使用 list()方法进行全部数据查询以外，还有一些其他常用的方法。

1）Query 的 executeUpdate()方法用于更新或删除语句。它常用于批量删除或批量更新操作，它是 Hibernate 3.0 版本的新特性，并且支持 HQL 语句。

```
Query q = session.createQuery("delete from User");
q.executeUpdate();//删除对象
```

2）Query 的 setXXX()方法用于设置查询语句中的参数，针对不同数据类型的参数，会有不同的 set 方法，它主要有两种重载方法。

- setString(int position,String value)：用于设置 HQL 中 "?" 的值，其中 position 表示 "?" 的位置，而 value 表示值。代码如下。

```
Query query = session.createQuery("from User user where user.id>? and user.name like ?"); //生成一个 Query 实例
query.setInteger(0, 20);//设置第一个问号的值为 20
query.setString(1, "张%");//设置第二个问题的值为张%
```

- setString(String paraName,String value);用于设置 HQL 中 ":" 后跟变量的值。其中 paraName 代表 HQL 中 ":" 后跟变量，value 为该变量设置的值。代码如下。

```
Query query = session.createQuery("from User user where user.id>:minId and user.name like :userName");//生成一个 Query 实例
query.setInteger("minId", 2);//设置 minId 的值为 2
query.setString("userName", "张%");//设置 userName 的值为张%
```

3）uniqueResult()方法，该方法返回唯一的结果。使用该方法前，必须确保返回的结果具有唯一性。代码如下。

```
Query query = session.createQuery("from Student s where s.id=?");
query.setString(0, "2");
Student student = (Student)query.uniqueResult(); //当确定返回的实例只有一个或者 null 时，使用 uniqueResult()方法
```

8.4.6 Criteria 接口

Criteria 是一种比 HQL 更面向对象的查询方式。Criteria 是 Hibernate 的核心查询对象，Criteria 查询又称为 QBC 查询（Query By Criteria），它是 Hibernate 的另一种对象检索方式。如下面的代码所示。

```
List list = session.createCriteria(User.class)
    .add( Restrictions.like("name", "张%") )
    .add( Restrictions.between("id", 2, 5) )
    .list();
```

org.hibernate.Criteria 接口表示特定持久类的一个查询。Session 是 Criteria 实例的工厂。通常使用 Criteria 对象查询数据的主要步骤如下。

1）获得 Hibernate 的 Session 对象。
2）通过 Session 的 createCriteria()方法获得 Criteria 对象。
3）使用 Restrictions 的静态方法创建 Criteria 查询条件。Criteria 的 add()方法用于添加查询条件，addOrder()方法用于进行结果排序。
4）执行 Criteria 的 list()或者 uniqueResult()获得结果。

Criterion 的实例可以通过 Restrictions 工具类来创建，Restrictions 提供了大量的静态方法，即 QBC 查询常用的方法列举如下。

- Restrictions.eq --> equal，等于。
- Restrictions.allEq --> 参数为 Map 对象，使用 key/value 进行多个等于的比对，相当于多个 Restrictions.eq 的效果。
- Restrictions.gt --> great-than > 大于。
- Restrictions.ge --> great-equal >= 大于等于。
- Restrictions.lt --> less-than, < 小于。
- Restrictions.le --> less-equal <= 小于等于。
- Restrictions.between --> 对应 SQL 的 between 子句。
- Restrictions.like --> 对应 SQL 的 LIKE 子句。
- Restrictions.in --> 对应 SQL 的 in 子句。
- Restrictions.and --> and 关系。
- Restrictions.or --> or 关系。
- Restrictions.isNull --> 判断属性是否为空，为空则返回 true，相当于 SQL 的 is null。
- Restrictions.isNotNull --> 与 isNull 相反，相当于 SQL 的 is not null。
- Restrictions.sqlRestriction --> SQL 限定的查询。
- Order.asc --> 根据传入的字段进行升序排序。
- Order.desc --> 根据传入的字段进行降序排序。
- MatchMode.EXACT --> 字符串精确匹配，相当于"like 'value'"。
- MatchMode.ANYWHERE --> 字符串在中间匹配，相当于"like '%value%'"。
- MatchMode.START --> 字符串在最前面的位置，相当于"like 'value%'"。
- MatchMode.END --> 字符串在最后面的位置，相当于"like '%value'"。

下面通过一个 Criteria 查询的实例来看一下 Restrictions 进行查询条件设置、排序等操作的主要代码。

```
@Test
public void criteriaTest()
{
    Session session=sessionFactory.openSession();//打开 session
    Transaction tx=session.beginTransaction();//开始事务
    List<User> list = session.createCriteria(User.class)
    //将查询条件设置为姓名为张三
```

```
                .add( Restrictions.eq("name", "张三") )
                //设置查询条件为 id>1 的
                .add(Restrictions.gt("id", 1))
                //按照 ID 的降序进行排序
                .addOrder(Order.desc("id"))
                .list();
        for (User u : list) {
                System.out.println(u);
        }
        tx.commit();//提交事务
        session.close();
}
```

通过 Criteria 的静态方法进行查询条件的设置，最后显示姓名为张三，id 大于 1，并且按 id 降序排序显示。JUnit 测试运行结果如图 8-7 所示。

```
Hibernate: select this_.id as id0_0_
张三:3
张三:2
```

图 8-7　Criteria 查询结果

8.5　Hibernate 框架的配置过程

通过 8.2 节和 8.3 节的学习，读者已经对 Hibernate 有了初步的了解，知道 Hibernate 的工作流程和核心接口，那么在实际 Web 开发过程中，如何使用 Hibernate 来对数据库表进行各种操作呢？本节将通过具体示例来进行详细说明。总的来说，Hibernate 框架配置主要包括以下 6 个步骤：导入相关 Hibernate 的 jar 包、创建数据库及表、创建实体类（持久化类）、配置映射文件 XX.hbm.xml、配置主配置文件 hibernate.cfg.,xml，以及编写数据库操作（增、删、改、查）。

8.5.1　导入相关 jar 包

本节介绍如何在 Myeclipse 中创建 Java 项目。

新建 Java 项目，然后新建用于导入 jar 包的 lib 文件夹，将 Hibernate 的核心 jar 包和相关 jar 包导入 lib 后，将 lib 下的 jar 包全部 Add to Build Path。这样就可以将 jar 包导入项目。如图 8-8 所示，导入的 jar 包中除了有 Hibernate 3 的核心 jar 包以外，还会有其他相关 jar 包。下面将对导入的 jar 包进行简单说明。

- Hibernate3.jar：Hibernate 核心类库，必选包。
- commons-collections-3.1.jar：Apache Commons 包中的一个工具类，包含了一些 Apache 开发的集合类，功能比 java.util.*强大，必选包。
- antlr-2.7.6.jar：语言转换工具，Hibernate 利用它实现 HQL 到 SQL 的转换。
- dom4j-1.6.1.jar：dom4j 是一个 Java 的 XML API，类似于 jdom，用来读取 XML 文件。
- javassist-3.12.0.GA.Jar：一个开源的分析、编辑和创建 Java 字节码的类库。

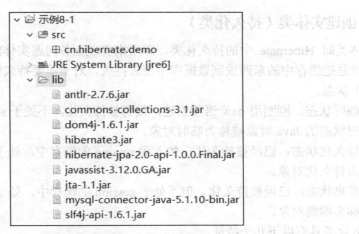

图 8-8 Hibernate 项目工程结构图

- jta-1.1.jar：标准 Java 事务（跨数据库）处理接口。
- slf4j-api-1.6.1.jar：一个用于整合 log4j 的接口。
- hibernate-jpa-2.0-api-1.0.0.Final.jar：JPA 接口开发包。
- log4.j-1.2.9.jar：log4j 库，Apache 的日志工具。

从上面可以看出，除了 Hibernate 3 的核心 jar 和 jpa（Java Persistence API）接口开发包外，由于 Hibernate 并没有提供对日志的实现，所以需要 log4 和 slf4j 开发包整合 Hibernate 的日志系统到 log4j。

8.5.2 创建数据库及表

本书中使用的数据库是开源数据库 MySQL 5.5。新建一个名为 hibernateDemo 的数据库，在此数据库中创建一张名为 t_student 的表，主要 SQL 语句如下。

```
mysql> create database hibernateDemo default character set utf8;
Query OK, 1 row affected (0.03 sec)
mysql> use hibernateDemo
Database changed
mysql> create table t_student( id int primary key auto_increment, name varchar(20),age int);
Query OK, 0 rows affected (0.13 sec)
```

查看数据表 t_student 的表结构如图 8-9 所示。

```
mysql> desc t_student;
+-------+-------------+------+-----+---------+----------------+
| Field | Type        | Null | Key | Default | Extra          |
+-------+-------------+------+-----+---------+----------------+
| id    | int(11)     | NO   | PRI | NULL    | auto_increment |
| name  | varchar(20) | YES  |     | NULL    |                |
| age   | int(11)     | YES  |     | NULL    |                |
+-------+-------------+------+-----+---------+----------------+
3 rows in set (0.03 sec)
```

图 8-9 t_student 表结构图

8.5.3 创建实体类（持久化类）

实体类即 Hibernate 中的持久化类，即用来实现业务问题实体的类。所谓持久化，顾名思义，就是把缓存中的东西放到数据库中使之持久。对于需要持久化的对象，它的生命周期分为 3 个状态。

- 临时状态：刚刚用 new 语句创建，没有被持久化，不处于 session 的缓存中，处于临时状态的 Java 对象被称为临时对象。
- 持久化状态：已经被持久化，加入到 session 的缓存中，处于持久化的 Java 对象被称为持久化对象。
- 游离状态：已经被持久化，但不处于 session 的缓存中，处于游离状态的 Java 对象被称为游离对象。

持久化类具有以下几个特征。

- 持久化对象和数据库中的相关记录对应。
- Session 在清理缓存时，会根据持久化对象的属性变化来同步更新数据库。
- Session 的 save()方法把临时状态变为持久化状态。
- Session 的 update()、saveOrUpdate()和 lock()方法使游离状态变为持久化状态。

持久化类实际上就是需要被 Hibernate 持久化到数据库中的类。持久化类符合 JavaBean 的规范，包含一些属性，以及与之对应的 getXXX()和 setXXX()方法。在本项目中就创建了一个名为 Student（对应数据库表中的 t_student）的实体类，该类有 3 个属性：id、name 和 age，分别对应于表 t_student 中的 3 个字段，以及相应的 getter 和 setter 方法，Student.java 代码如下。

```java
package cn.hibernate.demo;
public class Student {
    /*
     * student 实体
     */
    private int id;
    private String name;
    private int age;
    public int getAge() {
        return age;
    }
    public void setAge(int age) {
        this.age = age;
    }
    public int getId() {
        return id;
    }
    public void setId(int id) {
        this.id = id;
    }
    public String getName() {
```

```
            return name;
        }
        public void setName(String name) {
            this.name = name;
        }
        public String toString()
        {
            return name+":"+id+":"+age;
        }
    }
```

8.5.4 配置映射文件

实体类及实体类的属性与数据表一一对应，在 Hibernate 框架中要指出这种一一对应关系：如哪一个实体类与哪一张表对应，类中的哪个属性与表中的哪个字段对应，这些都需要在映射文件中指出。

通常在 Hibernate 框架中将会创建一个名为 XX.hbm.xml 的映射文件，其中 XX 名和实体类名保持一致，这样可以很清楚地知道映射文件是哪个实体类的映射文件。本示例就在实体类所在包下创建一个 Student.hbm.xml 文件，代码如下。

```xml
<?xml version="1.0"?>
<!DOCTYPE hibernate-mapping PUBLIC
        "-//Hibernate/Hibernate Mapping DTD 3.0//EN"
            "http://www.hibernate.org/dtd/hibernate-mapping-3.0.dtd">

<hibernate-mapping package="cn.hibernate.demo">
<!--
    class 属性：实体类
    table 属性：哪个表，可以省略，如果不写表名，默认为类的简单名称，一般都会写
-->
    <class name="Student" table="t_student">
        <id name="id" type="int" column="id">
        <!-- 主键生成策略 -->
            <generator class="native" />
        </id>
        <!-- 普通属性（数据库中的值类型）-->
        <property name="name" type="string" column="name" />
        <property name="age" type="int" column="age" />
    </class>
</hibernate-mapping>
```

根据上面的 XML 配置文件，对本 XML 配置文件中出现的一些主要结点进行简单说明。

- class 结点：用于配置一个实体类的映射信息，其中 name 属性表示这个实体的类名，table 属性表示这个实体类对应的数据库的表名。

- id 结点：用于定义实体类的标识属性对应于数据表中的列，这里即表的主键 <generator>子结点用于指定主键生成策略，一般都会选择 native。
- property 子结点：用于映射普通属性。其中 name 属性对应实例类的属性，type 属性表示其属性类型，column 代表数据表中的普通字段（除主键外的其他字段）

8.5.5 配置主配置文件

Hibernate 的映射文件用于标识持久化类和数据库表的对应关系，可以让应用程序通过映射文件找到持久化类和数据表的对应关系，主配置文件 hibernate.cfg.xml 主要用来配置数据库连接及 Hibernate 运行时所需要的各个属性的值，就像 JDBC 的配置文件 jdbc.properties 那样。在本示例项目的 src 下创建名称为 hibernate.cfg.xml 的主配置文件，代码如下。

```xml
<!DOCTYPE hibernate-configuration PUBLIC
    "-//Hibernate/Hibernate Configuration DTD 3.0//EN"
    "http://www.hibernate.org/dtd/hibernate-configuration-3.0.dtd">

<hibernate-configuration>
    <session-factory name="mark">
    <!-- 配置数据库信息 -->
        <property name="dialect">org.hibernate.dialect.MySQLDialect</property>
        <property name="connection.driver_class">com.mysql.jdbc.Driver</property>
        <property name="connection.url">jdbc:mysql://localhost:3306/hibernateDemo</property>
        <property name="connection.username">root</property>
        <property name="connection.password">root</property>

    <!-- 其他配置 -->
        <property name="hibernate.format_sql">true</property>
        <property name="show_sql">true</property>
    <!--hibernate.hbm2ddl.auto：如果没有表，则自动创建表
            create 先删除，再创建
            update 如果表不存在就创建，不一样就更新，一样就什么都不做
            create-drop：初始化创建表，sessionFactory 执行 close()时删除表
            validate：验证表结构是否一致，如果不一致就抛出异常
    -->
        <property name="hibernate.hbm2ddl.auto">update</property>
    <!-- 导入映射关系文件 -->
            <mapping resource="cn/hibernate/demo/Student.hbm.xml"/>
    </session-factory>
</hibernate-configuration>
```

Hibernate 的配置文件的根元素是 hibernate-configuration，该元素包含子元素 session-factory，在 session-factory 元素中又包含了 property 元素，用于对 Hibernate 连接数据库的一些重要信息进行配置。表 8-1 描述了配置文件中使用 property 元素配置数据库的方言、驱动、URL、用户名和密码等信息。最后通过 mapping 元素的配置，加载映射文件的信息。

表 8-1　hibernate.cfg.xml 配置文件常用属性

名　称	描　述
dialect	指定数据库方言
connection.driver_class	指定连接数据库所用的驱动
connection.url	指定连接数据库的 URL，Hibernate 连接的数据库名
connection.username	指定连接数据库的用户名
connection.password	指定连接数据库的密码
hibernate.format_sql	将 SQL 脚本进行格式化后再输出
hibernate.hbm2ddl.auto	根据需要自动创建数据表
show_sql	在控制台显示 Hibernate 持久化操作所生成的 SQL

8.5.6　编写数据库

下面将创建一个测试类，并使用 Hibernate 搭建好的框架对数据库进行操作。本示例将对创建的数据表 t_student 进行增、删、改、查的测试操作。

1．添加数据

创建一个包名为 cn.hibernate.test 的 HibernateTest 测试类，在这个类中创建添加数据的操作。下面通过 save()方法进行数据表的增加数据操作，主要代码如下。

```java
package cn.hibernate.test;
import org.hibernate.Session;
import org.hibernate.SessionFactory;
import org.hibernate.Transaction;
import org.hibernate.cfg.Configuration;
import org.junit.Test;
import cn.hibernate.demo.Student;
public class HibernateTest {
    //初始化
    private static SessionFactory sessionFactory=null;
    static
    {
        Configuration cfg=new Configuration();
        //读取指定的主配置文件
        cfg.configure("hibernate.cfg.xml");
        //根据主配置文件生成 session 工厂
        sessionFactory = cfg.buildSessionFactory();
    }
    //添加操作
    @Test
    public void saveTest()
    {
        //保存
        Student student=new Student();
        student.setName("李刚");
```

```
            student.setAge(22);
            //打开 session
            Session session=sessionFactory.openSession();
            //开始事务
            Transaction tx=session.beginTransaction();
            //将数据存储到数据表中
            session.save(student);
            //提交事务
            tx.commit();
            //关闭 session
            session.close();
        }
    }
```

添加数据测试方法 saveTest，运行结果如图 8-10 所示。

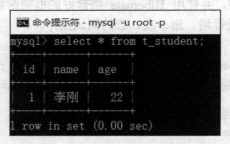

图 8-10 saveTest 保存数据测试运行结果

2．查询数据

使用 Hibernate 框架查询数据，主要有 3 种方式：一是用 get 和 load 方式获取；二是使用 Query 对象和 HQL 语句进行查询；三是使用 Criteria 进行查询。

（1）get 和 load 方法获取

查询数据表中的某条数据，可以通过 session 的 get 方法，如需要获取 id=1 的数据，可按照下面代码完成数据获取功能，主要代码如下。

```
    @Test
    public void testGet()
    {

        Session session=sessionFactory.openSession();
        Transaction tx=session.beginTransaction();
        //获取 id 为 1 的 student 对象
        Student student=(Student) session.get(Student.class, 1);
        System.out.println(student.getName());
        tx.commit();
        session.close();    }
```

查询数据表中 session.get(Student.class, 1)方法的第一个参数表示获取实体类的类型，第二个参数表示数据表主键值，这样就可以索引到这条数据，因此通过 student 实体对象的 getName()方法就可以获取到 id 为 1 的人的姓名，运行结果如图 8-11 所示。

```
Problems @ Javadoc  Declaration  旦 TCP/IP Monitor  Console ⊠  Servers
<terminated> HibernateTest.testLoad [JUnit] C:\Program Files\Java\jre6\bin\j
SLF4J: Failed to load class "org.slf4j.impl.StaticLoggerBinder".
SLF4J: Defaulting to no-operation (NOP) logger implementation
SLF4J: See http://www.slf4j.org/codes.html#StaticLoggerBinder for further details.
Hibernate:
    select
        student0_.id as id0_0_,
        student0_.name as name0_0_,
        student0_.age as age0_0_
    from
        t_student student0_
    where
        student0_.id=?
李刚
```

图 8-11　testGet 方法查询数据测试运行结果

从上面的运行结果可以看出，控制台开始有几行红色字体的警告内容，这是由于没有配置 log4j 配置文件，这会影响显示结果。警告信息下面有一些 Hibernate 自动生成的 SQL 语句，这是由于在主配置文件 hibernate.cfg.xml 中增加了显示 SQL 语句和格式化 SQL 的配置信息，才会有这些 SQL 语句信息显示出来，最后一行才是真正的查询结果。

查询还可以通过 load()方法进行查询，使用 load 方式的代码和 get 几乎一样，就是将 get 方法改为 load 方法，其他都一样。查询的主要代码如下。

```
@Test
public void testLoad()
{
    Session session=sessionFactory.openSession();
    Transaction tx=session.beginTransaction();
    //获取 id 为 1 的 student 对象
    Student student=(Student) session.load(Student.class, 1);
    System.out.println(student.getName());
    tx.commit();
    session.close();
}
```

运行结果也和 get()方法的运行结果一样，如图 8-11 所示。Session 实例提供了 get 和 load 两种加载数据方式，两者的主要区别是：load 方法检索不到的话会抛出 org.hibernate.ObjectNotFoundException 异常；get 方法检索不到的话会返回 null。本质上讲，hibernate 对于 load 方法，认为该数据在数据库中一定存在，可以放心地使用代理来延迟加载，如果在使用过程中发现了问题，只能抛异常；而对于 get 方法，hibernate 一定要获取到真实的数据，否则返回 null。

（2）Query 方式获取

查询还可以通过 Query 对象和 HQL 语句进行查询，HQL 语句在前面小节中已经提及，

189

为了查询，需要这里再添加几条示例的数据，然后再使用 Query 对象和 HQL 语句进行条件查询，代码如下。

```
@Test
public void queryTest()
{
    Student student = new Student();
    Session session = sessionFactory.openSession();
    Query query = session.createQuery("from Student");
    List list = query.list();
    for(int i = 0 ; i <list.size(); i++)
    {
        student = (Student)list.get(i);
        System.out.println(student.getId());
        System.out.println(student.getName());
    }
}
```

查询完成后可以看到现在新的表中有 6 条数据，前面几行依然是 Hibernate 框架中自动产生的 SQL 语句信息，最下面 6 行就是运行结果，由于实体类中重写了 toString 方法，因此最后是按照 name+id+age 的形式进行显示，运行结果如图 8-12 所示。

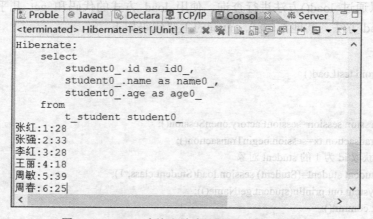

图 8-12　Query 查询方法查询数据测试运行结果

注意：这里 HQL 语句 createQuery("from Student")中的 from 后面跟的是实体类名，而不是表名。

Query 查询方式也可以添加查询条件，如本示例中添加 age 大于 25 的查询条件，主要代码如下。

```
@Test
public void queryConTest()
{
    Student student = new Student();
    Session session = sessionFactory.openSession();
```

```
Query query = session.createQuery("from Student st where st.age>:age");
query.setInteger("age", 25);
List list = query.list();
for(int i = 0 ; i <list.size(); i++)
{
    student = (Student)list.get(i);
    System.out.println(student);
}
}
```

可以看出 HQL 语句查询条件中需要添加查询变量，这里 Query 查询条件可以通过 set 的两种方式来设置，设置方式在前面小节讲解 Query 时已经提及，这里不再赘述。运行结果如图 8-13 所示。

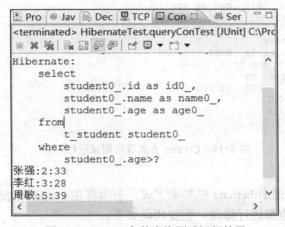

图 8-13　Query 条件查询测试运行结果

（3）Criteria 查询

Criteria 查询可以使用 Restrictions 类提供查询限制机制。它提供了许多静态方法，以实现查询限制。前面小节讲解 Criteria 时已经提及，本示例主要演示查询条件 name 为姓 "李"的，id 大于 1，并且降序排列，最后显示出查询结果。主要代码如下。

```
@Test
public void criteriaTest()
{
    Session session=sessionFactory.openSession();//打开 session
    Transaction tx=session.beginTransaction();//开始事务
    List<Student> list = session.createCriteria(Student.class)
    //设置查询条件为姓名为张三
    .add( Restrictions.like("name", "李%") )
    //设置查询条件为 id>1 的
    .add(Restrictions.gt("id", 1))
    //按照 ID 的降序进行排序
    .addOrder(Order.desc("id"))
    .list();
```

```
        for (Student u : list) {
            System.out.println(u);
        }
        tx.commit();//提交事务
        session.close();
    }
```

使用 Criteria 查询结果如图 8-14 所示。

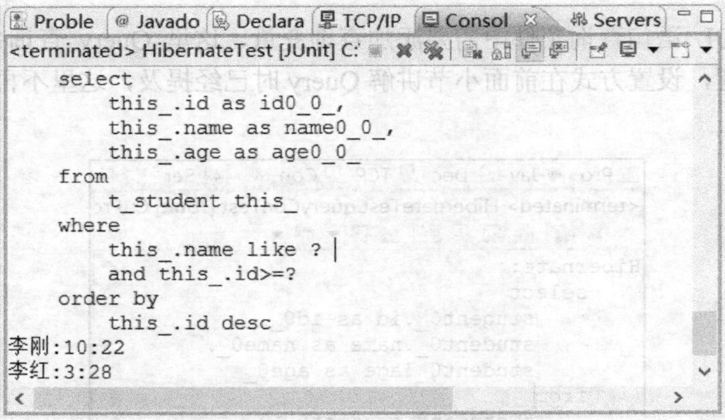
Proble
Javado
Declara
TCP/IP
Consol
Servers
<terminated> HibernateTest [JUnit] C:
select
this_.id as id0_0_,
this_.name as name0_0_,
this_.age as age0_0_
from
t_student this_
where
this_.name like ?
and this_.id>=?
order by
this_.id desc
李刚:10:22
李红:3:28

图 8-14　Criteria 方式查询测试运行结果

3. 更新数据

更新数据也可以通过 Hibernate 框架来完成。下面将在 t_student 表中修改 id=1 的数据，将其 name 和 age 字段值都进行修改，主要代码如下。

```
@Test
    public void testUpdate()
    {
        //保存
        Student student=new Student();
        student.setId(1);
        student.setName("张红");
        student.setAge(28);
        //打开 session
        Session session=sessionFactory.openSession();
        //开始事务
        Transaction tx=session.beginTransaction();
        //将数据更新到数据表中
        session.update(student);
        //提交事务
        tx.commit();
        //关闭 session
        session.close();
    }
```

从上面的代码可以看出，update 更新方法和 save 添加方法非常相似，只是通过 session 执行的方法不一样，save 是添加新数据，而 update 是对原有数据进行更新操作。执行结果如图 8-15 所示。

从上面的运行结果可以看出，id 为 1 的数据已经更新为姓名为张红，年龄为 28。

> 注意：对于更新数据，这里用于更新的 setId()方法是必不可少的，否则程序将无法知道更新哪条数据，而且会抛出异常。

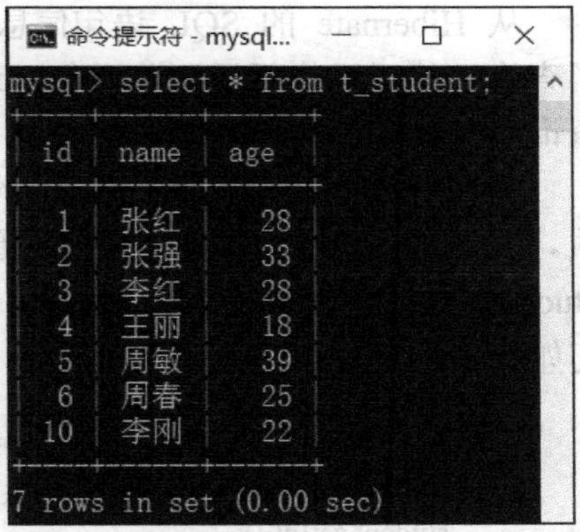

图 8-15 update 方法更新数据测试运行结果

4. 删除数据

要删除数据表中的某条数据，就要知道这条语句的主键 id 对应的实体类对象，然后通过 session.delete()方法来删除数据，主要代码如下。

```java
@Test
public void deleteTest()
{
    Session session = sessionFactory.openSession();
    Transaction tx=session.beginTransaction();//开始事务
    Student student=(Student) session.get(Student.class, 1);
    session.delete(student);
    System.out.println(student);
    tx.commit();//提交事务
    session.close();
}
```

运行结果如图 8-16 所示。

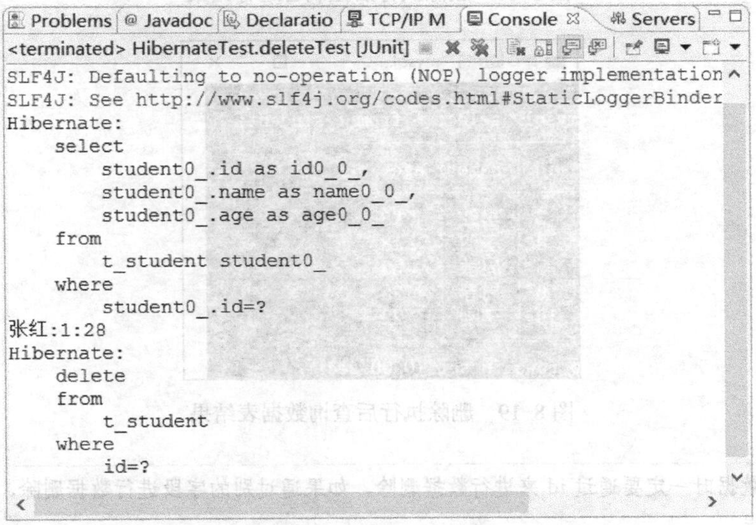

图 8-16 删除运行结果

从 Hibernate 的 SQL 语句信息可以看出，先执行了查询，然后又执行了删除语句，最后在数据库中的查询结果如图 8-17 所示。

删除语句也可以通过创建新的实体实例进行修改，如果将 get()查询方法去掉，通过 id 得到实例化 Student 实体，也可以同样删除相应 id 的语句，修改语句如下。

```
//Student student=(Student) session.get(Student.class, 1);
Student student=new Student();
student.setId(2);
session.delete(student);
```

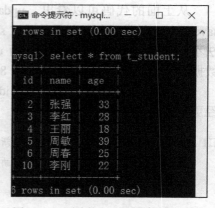

图 8-17 删除执行后查询数据表结果

通过 id 得到实例化 Student 实体，也可以同样删除相应 id 的语句，通过上面的删除语句，将 id 为 2 的 Student 数据从表中也删除了，删除后控制台运行结果如图 8-18 所示，数据库查询结果如图 8-19 所示。

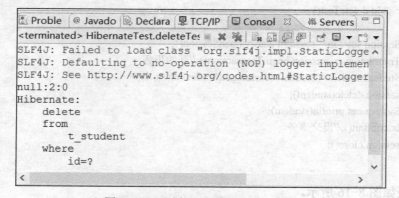

图 8-18 删除执行后控制台运行结果

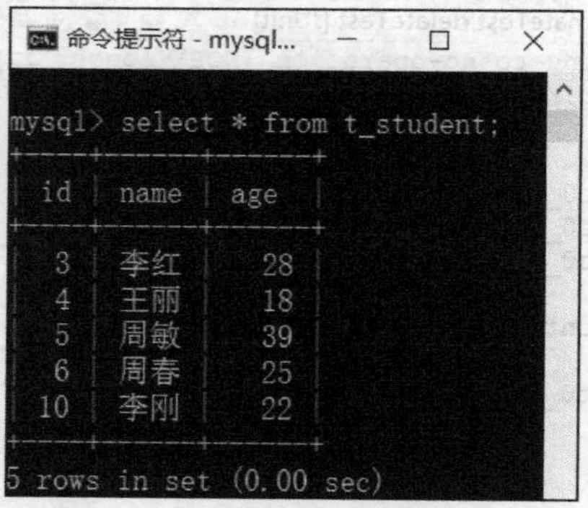

图 8-19 删除执行后查询数据表结果

注意：删除数据时一定要通过 id 来进行数据删除，如果通过别的字段进行数据删除，则会报出缺少关键标识符错误。

当然也可以使用 HQL 语句进行批量删除操作，如删除大于 22 岁的所有学生数据，就可以执行下面的代码。

```java
@Test
public void deleteHQLTest()
{
    Session session = sessionFactory.openSession();
    Transaction tx=session.beginTransaction();//开始事务
    String hql = "delete Student where age>22";
    Query query = session.createQuery(hql);
    int ref = query.executeUpdate();
    System.out.println(ref);
    tx.commit();//提交事务
    session.close();
}
```

运行结果控制台显示如图 8-20 所示。

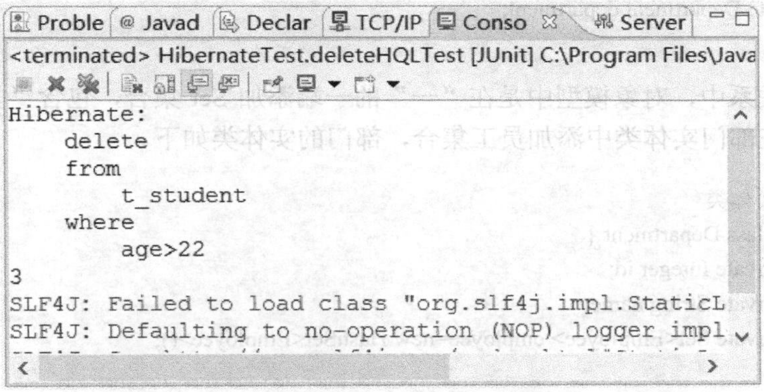

图 8-20 批量删除运行结果

批量删除后，将年龄大于 22 岁的所有学生数据都删除了，数据表查询运行结果如图 8-21 所示。

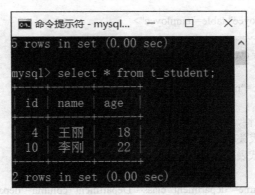

图 8-21 批量删除后数据表查询结果

8.6 Hibernate 的关系映射

Hibernate 框架实现了 ORM（Object Relation Mapping）思想，将关系型数据库中的表数据映射成对象，并且在映射文件 XX.hbm.xml 中配置数据表与持久化（实体）对象的对应关系，这样就可以与关系表之间的数据进行同步。本节将对 Hibernate 的关联关系映射进行说明。

数据库中的多表存在 3 种关系，也就是系统设计中的 3 种实体关系：一对一、一对多，以及多对多关系。在实际开发中，一对一关系使用较少，大部分都是后两种。

1. 一对多关系

一对多的关系例如部门和员工之间的关系，以部门和员工为例，创建一对多关系的实体类，其中员工实体类（省略了 get 和 set 方法）如下。

```java
//员工实体类
public class Employee {
    private Integer id;
    private String name;
    private Department department;
}
```

在一对多关系中，对象模型中是在"一"的一端添加 Set 集合，包含"多"的一端。那么本示例就是在部门实体类中添加员工集合，部门的实体类如下。

```java
//部门实体类
public class Department {
    private Integer id;
    private String name;
    private Set<Employee> employee=new HashSet<Employee>();
}
```

映射文件也需要进行相应的配置，需要对部门实体类和员工实体类两个实体进行映射配置，在"多"的一端加入 `<many-to-one name="'一'的表名" class="'一'的实体类名" column="'一'的主键">`，员工的 Employee.hbm.xml 配置文件如下。

```xml
<class name="Employee" table="employee">
    <id name="id">
        <generator class="native" />
    </id>
    <property name="name"></property>
    <!--
    department 的属性，表示多对一的关系
    class 属性：代表关联的实体内容
    column 属性：代表外键列，表示引用关联对象的主键
    -->
    <many-to-one name="department" class="Department" column="departmentId">
    </many-to-one>
</class>
```

上面的员工映射文件中，class 属性代表实体类，table 属性代表数据库表名。在一对多的关系中，"一"的一方配置文件需要增加<set>、<one-to-many>和<key>标签，并配置"多"的一方信息，表示"一"的一方指向"多"的一方。部门的 Department.hbm.xml 配置文件如下。

```xml
<class name="Department" table="department">
    <id name="id">
        <generator class="native" />
    </id>
    <set name="employee" inverse="false" cascade="delete">
        <key column="departmentId"></key>
        <one-to-many class="Employee"/>
    </set>
</class>
```

- Employee 属性中的 Set 集合，表达的是本类与 Employee 的一对多的关系。
- class 属性：代表关联的实体内容。
- key：对方表中的外键列（"多"的那个表）。
- inverse="false"，默认为 false，表示本方维护关联关系；true 表示本方不维护关联关系，由对方维护关联关系，但这个设置不会影响到"一"的一方获取"多"的一方的信息。
- cascade：默认为 none，代表不级联，可设为 delete，表示删除主对象时，关联对象也做相同（删除）操作，cascade="delete"：级联删除，删除部门的同时也删除员工，也可设为：save-update，delete，all，none，多个关系时可以使用逗号。

完成上面的配置文件后，还要在 hibernate.cfg.xml 主配置文件的 mapping 中配置映射文件的位置，代码如下。

```xml
<mapping resource="cn/hibernate/oneToMany/Employee.hbm.xml"/>
<mapping resource="cn/hibernate/oneToMany/Department.hbm.xml"/>
```

一对多的关系在数据表中的增、删、改、查操作和单一数据表有所不同，还要考虑外键的影响，例如，插入两个员工的主要代码如下。

```java
// 构建对象
Department department = new Department();
department.setName("开发部");
Employee employee1 = new Employee();
employee1.setName("张三");
Employee employee2 = new Employee();
employee2.setName("李四");
// 关联起来，一般来说，两边还是都设置对方，员工设置在某个部门
employee1.setDepartment(department);
employee2.setDepartment(department);
//部门中也要将两个员工加入
department.getEmployee().add(employee1);
```

```
            department.getEmployee().add(employee2);
            Session session = sessionFactory.openSession();// 打开 session
            Transaction tx = session.beginTransaction();// 开始事务
            // 两者都要保存，保存时，注意将依赖别人的对象保存在后面，被依赖的对象放在前面保存，
这样可以提高效率
            session.save(department);
            session.save(employee1);
            session.save(employee2);
            tx.commit();// 提交事务
            session.close();
```

一对多的关系中需要删除一个表数据时，一定要注意以下几点。
● 删除员工（"多"的一方）对对方没有影响，可以直接删除，代码如下。

```
            Employee employee = (Employee) session.get(Employee.class, 4);
            session.delete(employee);
```

● 删除部门（"一"的一方），如果没有关联的员工，可以删除；如果有关联员工且 inverse=true，由于不能维护关系，因此直接执行删除就会有异常。
● 如果有关联员工且 inverse=false。由于可以维护关联关系，因此就会先把关联的员工的外键列设为 null，再执行删除命令，这样就不会出现异常，代码如下。

```
            Department department = (Department) session.get(Department.class, 1);
            session.delete(department);
```

2. 多对多关系

多对多的关系例如老师和学生之间的关系，以老师和学生为例，创建多对多关系的实体类，对象模型中是双方都加入 set 集合，其中学生实体类（省略了 get 和 set 方法）如下。

```
            public class Student {
                /**
                 * 学生
                 */
                private Long id;
                private String name;
                // 关联的老师
                private Set<Teacher> teachers = new HashSet<Teacher>();
            }
```

多对多的老师实体类（省略 get 和 set 方法）如下。

```
            public class Teacher {
                /**
                 * 老师
                 */
                private Long id;
                private String name;
```

```
        // 关联的学生
        private Set<Student> students = new HashSet<Student>();
    }
```

映射文件也需要进行相应的配置，需要对老师实体类和学生实体类两个实体进行映射配置，双方也都用 set 标签和 many-to-many 标签，学生的 Student.hbm.xml 配置文件如下。

```
    <class name="Student" table="student">
        <id name="id">
            <generator class="native" />
        </id>
        <property name="name"></property>
        <!-- Teacher 属性，Set 集合
        表达的是本类与 Teaher 多对多的关系
        table 属性：中间表
        key 子元素：集合外键，引用当前表主键的那个外键
         -->
    <set name="teachers" table="t_teacher_student" inverse="false">
    <key column="studentId"></key>
    <many-to-many class="Teacher" column="teacherId" ></many-to-many>
    </set>
    </class>
```

上面的学生映射文件中的多对多的关系中，和一对一不同的是，多对多关系中需要一张中间表，这张中间表就是关联学生和老师的纽带，这张表会自动生成。老师的 Teacher.hbm.xml 配置文件如下。

```
    <class name="Teacher" table="teacher">
        <id name="id">
            <generator class="native" />
        </id>
       <property name="name"></property>
        <!-- Student 属性，set 集合
        表达的是本类与 student 多对多关系
         -->
        <set name="students" table="t_teacher_student">
        <key column="teacherId"></key>
        <many-to-many class="Student" column="studentId"></many-to-many>
        </set>
    </class>
```

> 注意：老师和学生的配置的中间表表名必须一致，必须是一张表，而且两个实体都必须配置 set 标签和 many-to-many 标签，表示两者关系是多对多。

多对多关系的增、删、改、查中修改和删除操作时，也同样需要注意外键关系，这一点和一对一关系一样，这里不再赘述。

3. 一对一关系

一对一的关系在实际开发中并不多，例如公民和身份证之间的关系。以公民和身份证为例，创建一对一关系的实体类，对象模型中是双方都加入对方对象，其中身份证实体类（省略了 get 和 set 方法）如下。

```
public class IdCard {
    private Integer id;
    private String number;
    private Person person; // 关联的公民
}
```

一对一的公民实体类需要包含身份证对象（省略了 get 和 set 方法）如下。

```
public class Person {
    private Integer id;
    private String name;
    private IdCard idCard; // 关联的身份证
}
```

映射文件也需要进行相应的配置，需要对公民实体类和身份证实体类两个实体进行映射配置，其中公民（主表）的 Person.hbm.xml 配置文件如下。

```xml
<class name="Person" table="person">
    <id name="id">
        <generator class="native"></generator>
    </id>
    <property name="name"/>

    <!-- idCard 属性，IdCard 类型
        表达的是本类与 IdCard 的一对一
        采用基于外键的一对一映射方式，本方无外键方
        property-ref 属性：写的是对方映射中外键列对应的属性名
    -->
    <one-to-one name="idCard" class="IdCard" property-ref="person"/>
</class>
```

上面的一对一关系中，需要将关系中的表分成主表和从表两张，主表必须要配置<one-to-one >标签和 property-ref 属性。从表身份证表的 IdCard.hbm.xml 配置文件如下。

```xml
<class name="IdCard" table="idCard">
    <id name="id">
        <generator class="native"></generator>
    </id>
    <property name="number"/>

    <!-- person 属性，Person 类型
        表达的是本类与 Person 的一对一
        采用基于外键的一对一映射方式，本方有外键方-->
```

```
            <many-to-one name="person" class="Person" column="personId" unique="true"></many-to-one>
    </class>
```

一对一实际上就是一对多的一个特例，所以要将一个一对多的情况转换成一个一对一的情况，只需要在从表中的<many-to-one>中配置一个 unique 属性并设为 true 即可，并且还得指定一个属性作为外键，这个外键通过 column 属性来指定。在 Hibernate 的 3 种关联关系中需要注意以下两点。

1）每次有新的实体类，都要在主配置文件的<map source="">中添加映射文件路径，然而在测试过程中可能会在同一个主配置文件下创建多张表和多个实体，这样操作比较烦琐，因此可以在初始化 configuration 时通过 addClass()方法加入映射文件，如下面的代码所示。如果在这里通过 addClass()方法添加后，一定不要在主配置文件中再进行添加，否则会报错。

```
// 初始化
private static SessionFactory sessionFactory = null;
static {
    Configuration cfg = new Configuration();
    cfg.configure()// 读取指定的主配置文件
            .addClass(Student.class)//
            .addClass(Teacher.class);//
    sessionFactory = cfg.buildSessionFactory();// 根据主配置文件生成 session 工厂
```

2）在多对多关系中，新增时要"多"的两边都写，如上面的实例中 teacher 和 student 两边关联关系都写，要么一个的 set 属性里面的 inverse 值必须设置为 true，只要一边维护；要么就写一边的关联关系即可，inverse 属性不用写，即为 false。否则就会报错。

8.7 案例：人事管理系统数据库

现有一家企业因业务需要，要创建一个人事管理系统，该系统需要使用 Hibernate 框架通过持久化对象来对数据库进行操作，数据库采用开源的 MySQL 数据库。本案例需要完成数据库的设计，实现持久化对象操作数据库，并完成 JUnit 测试工作，数据库测试可采用测试数据。

为简化起见，本系统数据库设计仅将系统中涉及的主要的 3 张表拿来分析。本系统数据库设计需要定义以下 3 张表：员工表 user、部门表 department 和角色表 role，首先要明确这 3 个表对应的实体类的管理关系，它们应该是：部门和员工是一对多关系，员工和角色是多对多关系，这 3 张表对应的实体类的关系如图 8-22 所示。

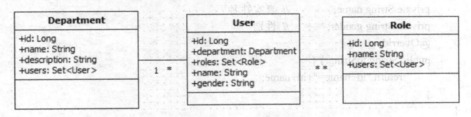

图 8-22　实体类图关系

1. 员工表

员工表如表 8-2 所示。

表 8-2 user 表结构

字段名	数据类型	允许空	约束	描述
id	Long	Not Null	主键，自动增量	员工工号
department	Department	Null		部门名称
roles	Role	Null		角色
name	varchar	Null		姓名
gender	varchar	Null		性别

2. 部门表

部门表如表 8-3 所示。

表 8-3 department 表结构

字段名	数据类型	允许空	约束	描述
id	Long	Not Null	主键，自动增量	部门编号
name	varchar	Null		姓名
description	varchar	Null		部门描述
users	User	Null		部门员工

3. 角色表

角色表如表 8-4 所示。

表 8-4 role 表结构

字段名	数据类型	允许空	约束	描述
id	Long	Not Null	主键，自动增量	角色编号
name	varchar	Null		角色名称
users	User	Null		本角色员工

创建表对应的实体类，其中 user 表对应的实体类（省略了 get 和 set 方法）的代码如下。

```
public class User {
    private Long id;
    private Department department;
    private Set<Role> roles = new HashSet<Role>();
    private String name;      // 真实姓名
    private String gender;    // 性别
    @Override
    public String toString() {
        return "id+name="+id+name;
    }
}
```

department 表对应的实体类（省略了 get 和 set 方法）的代码如下。

```java
public class Department {
    private Long id;
    private Set<User> users = new HashSet<User>();
    private Set<Department> children = new HashSet<Department>();
    private String name;
    private String description;
    @Override
    public String toString() {
        return "id+name="+id+name;
    }
}
```

role 表对应的实体类（省略了 get 和 set 方法）的代码如下。

```java
public class Role {
    private Long id;
    private String name;
    private Set<User> users = new HashSet<User>();
    @Override
    public String toString() {
        return "id+name="+id+name;
    }
}
```

创建相应的映射文件，User.hbm.xml 的代码如下。

```xml
<hibernate-mapping package="cn.hibernate.Case">
    <class name="User" table="user">
        <id name="id">
            <generator class="native"/>
        </id>
        <property name="name" />
        <property name="gender" />
        <!-- department 属性，本类与 Department 的多对一 -->
        <many-to-one name="department" class="Department" column="departmentId"></many-to-one>
        <!-- roles 属性，本类与 Role 的多对多 -->
        <set name="roles" table="user_role" lazy="false">
            <key column="userId"></key>
            <many-to-many class="Role" column="roleId"></many-to-many>
        </set>
    </class>
</hibernate-mapping>
```

创建相应的映射文件，Department.hbm.xml 的代码如下。

```xml
<hibernate-mapping package="cn.hibernate.Case">
```

```xml
<class name="Department" table="department">
    <id name="id">
        <generator class="native" />
    </id>
    <property name="name" />
    <property name="description" />
    <!-- users 属性，本类与 User 的一对多 -->
    <set name="users">
        <key column="departmentId"></key>
        <one-to-many class="User" />
    </set>
</class>
</hibernate-mapping>
```

创建相应的映射文件，Role.hbm.xml 的代码如下。

```xml
<hibernate-mapping package="cn.hibernate.Case">
    <class name="Role" table="role">
        <id name="id">
            <generator class="native"/>
        </id>
        <property name="name" />
        <!-- users 属性，本类与 User 的多对多 -->
        <set name="users" table="user_role">
            <key column="roleId"></key>
            <many-to-many class="User" column="userId"></many-to-many>
        </set>
    </class>
</hibernate-mapping>
```

主配置文件 hibernate.cfg.xml 和之前的示例一样，这里不再赘述，只是映射文件路径不在主配置文件的<map>标签中声明，会在代码中添加，前面已经提及。

下面进行数据库表的持久化对象操作，首先进行 Hibernate 的初始化操作，这里创建一个静态代码块来保证程序一旦启动就会执行，代码如下。

```java
// 初始化
private static SessionFactory sessionFactory = null;
static {
    Configuration cfg = new Configuration();
    cfg.configure()// 读取指定的主配置文件
        .addClass(Role.class)//
        .addClass(Department.class)//
        .addClass(User.class);
    sessionFactory = cfg.buildSessionFactory();// 根据主配置文件生成 session 工厂
}
```

初始化完成后,程序就会读取 3 个映射文件来建立表,初始化完成后,下面进行插入数据的操作,代码如下。

```java
@Test
public void testSave() throws Exception {
    Session session = sessionFactory.openSession();// 打开 session
    Transaction tx = session.beginTransaction();// 开始事务
    // 创建对象
    User user1 = new User();
    user1.setName("王刚");
    user1.setGender("男");

    User user2 = new User();
    user2.setName("李红");
    user2.setGender("女");

    Department department1=new Department();
    department1.setName("销售部");
    department1.setDescription("负责销售和客户关系维护");

    Department department2=new Department();
    department2.setName("研发部");
    department2.setDescription("负责产品开发");

    Role role1=new Role();
    role1.setName("部门经理");

    Role role2=new Role();
    role2.setName("工程师");

    department1.getUsers().add(user1);
    department1.getUsers().add(user2);

    role1.getUsers().add(user1);
    role2.getUsers().add(user2);

    // 保存
    session.save(user1);
    session.save(user2);
    session.save(department1);
    session.save(department2);
    session.save(role1);
    session.save(role2);

    tx.commit();// 提交事务
```

```
        session.close();
    }
```

执行插入语句后，程序将首先创建下面 4 张表，并创建表之间的关联关系，最后插入数据，4 张表的查询结果如图 8-23 所示。

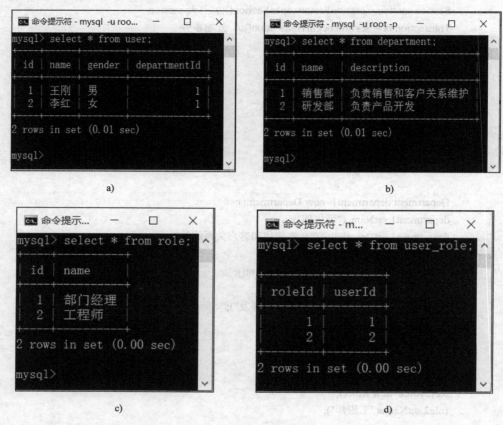

图 8-23 4 张表的查询结果
a) user 表查询结果   b) department 表查询结果   c) role 表查询结果   d) user_role 表查询结果

通过一个表数据获取其他关联表数据，可以通过 session.get()方法获取，具体获取过程的代码如下：

```
@Test
public void testGet() {
    Session session = sessionFactory.openSession();
    Transaction tx = session.beginTransaction();
    // 通过员工获取部门信息
    User user = (User) session.get(User.class, 1L);
    System.out.println(user);
    System.out.println("通过员工获取部门信息"+user.getDepartment());
    // 通过部门获取员工信息
```

```java
        Department department = (Department) session.get(Department.class, 1L);
        System.out.println(department);
        System.out.println("通过部门获取员工信息:"+department.getUsers());
        // 通过员工获取角色信息
        User user1 = (User) session.get(User.class, 1L);
        User user2 = (User) session.get(User.class, 2L);
        System.out.println(user1);
        System.out.println(user2);
        System.out.println("通过员工 1 获取角色信息:"+user1.getRoles());
        System.out.println("通过员工 2 获取角色信息:"+user2.getRoles());
        // 通过角色获取员工信息
        Role role1 = (Role) session.get(Role.class, 1L);
        Role role2 = (Role) session.get(Role.class, 2L);
        System.out.println(role1);
        System.out.println(role2);
        System.out.println("通过角色 1 获取员工信息:"+role1.getUsers());
        System.out.println("通过角色 2 获取员工信息:"+role2.getUsers());
        tx.commit();
        session.close();
    }
```

程序运行结果控制台显示图如图 8-24 所示。

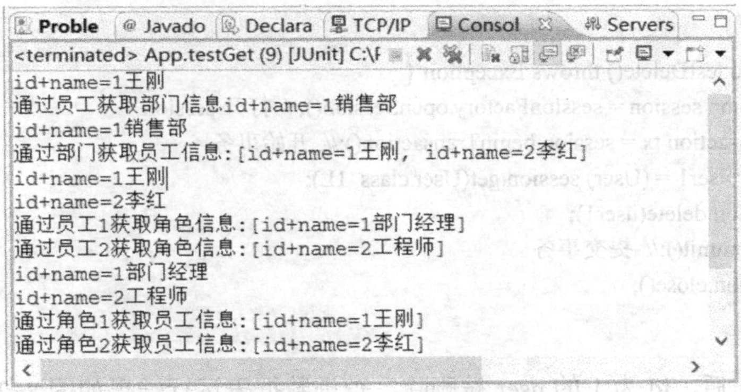

图 8-24 查询数据运行结果

由于 3 个实体类之间有关联关系，有时需要解除这种关联关系，例如某员工不在原来部门了，就需要解除该员工和原来部门的关系；员工角色从一个角色转化成另一个角色等情况。如果从"一"的一方解除关系，即解除 department 部门下面所有员工的关联关系，这种需要解除关联关系的示例代码如下。

```java
Department department = (Department) session.get(Department.class, 1L);
department.getUsers().clear();
tx.commit();// 提交事务
session.close();
```

程序运行后查询数据表 user 的结果如图 8-25 所示。

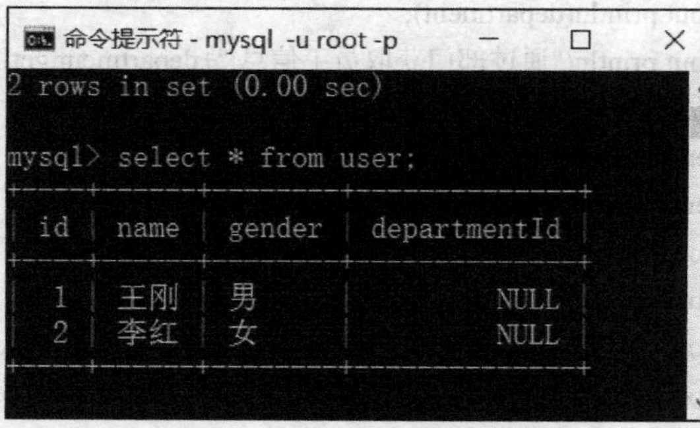

图 8-25 查询数据运行结果

如果从"多"的一方解除关系，即解除某个员工与所在部门的关联关系，示例代码如下。

```
User user1 = (User) session.get(User.class, 1L);
user1.setDepartment(null);
```

> 注意：如果 inverse=true，则不能解除关联关系。

如果彻底删除关联表中的某条数据，这时就要注意它们具体的关联关系是怎样的，删除关联关系表的数据的示例代码如下。

```
@Test
public void testDelete() throws Exception {
    Session session = sessionFactory.openSession();// 打开 session
    Transaction tx = session.beginTransaction();// 开始事务
    User user1 = (User) session.get(User.class, 1L);
    session.delete(user1);
    tx.commit();// 提交事务
    session.close();
}
```

执行删除操作后，id 为 1 的 user 被删除，查询数据表运行结果如图 8-26 所示。

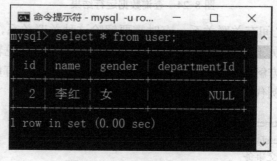

图 8-26 查询数据运行结果

删除关联关系的数据时需要注意以下两点。
- 一对多和多对多关联关系：删除部门（"一"的一方）时，如果部门下没有关联的员工，可以删除；如果有关联员工且 inverse=false，由于可以维护关联关系，可以先删除中间表的数据，再删除自己；如果有关联员工且 inverse=true，由于不能维护关系，因此直接执行删除就会有异常。
- 一对多关联关系：删除员工（"多"的一方）对对方没有影响。

本章总结

本章首先简单介绍了 Hibernate 框架这种对象关系映射（Object Relational Mapping，ORM）的基本概念和工作原理，接着介绍了 Hibernate 的工作流程，分析了流程中的每个步骤的注意事项，进一步介绍了 Hibernate 的核心 API，并且对每个核心 API 给出了应用的场景和示例核心代码，然后介绍了利用实体类和映射文件自动建立多个表，并且还要体现出多个表之间的一对一、一对多或多对多的关系，这几种关系非常重要，是学习 Hibernate 框架的核心和难点。最后通过一个实例进一步对 Hibernte 框架应用进行了详细阐述。

实践与练习

1. 选择题

(1) 下面哪个不属于持久化对象的状态？（　　）。
　　A. 临时状态　　　　B. 独立状态　　　　C. 游离状态　　　　D. 持久化状态
(2) 下面对 Hibernate 描述正确的是（　　）。
　　A. Hibernate 是 ORM 的一种实现方式　　B. Hibernate 不要 JDBC 的支持
　　C. 属于控制层　　　　　　　　　　　　D. 属于数据持久层
(3) 在 Hibernate 中，以下（　　）不属于 session 的方法。
　　A. update　　　　B. open　　　　C. delete　　　　D. save
(4) 以下对 Hibernate 中的 load 和 get 方法描述正确的是（　　）。
　　A. 这两个方法不一样，load 先找缓存，再找数据库
　　B. 这两个方法不一样，get 先找缓存，再找数据库
　　C. load()和 get()都是先找缓存，再找数据库
　　D. load()是延迟检索，先返回代理对象，访问对象时再发出 SQL 命令，Get()是立即检索，直接发出 SQL 命令，返回对象
(5) 在 Hibernate 中修改对象的说法错误的是（　　）。
　　A. 只能利用 update 方法来做修改　　　B. 可以利用 saveOrUpdate 方法来做修改
　　C. 可以利用 HQL 语句来做修改　　　　D. 不能利用 HQL 语句来修改
(6) 从 SessionFactory 中得到 Session 的方法是（　　）。
　　A. getSession　　　　　　　　　　　B. openSession
　　C. currentSession　　　　　　　　　D. get
(7) 在 Hibernate 配置文件中，不包含下面的（　　）。

A. 对象-关系映射信息　　　　　　B. 实体关联配置信息
C. show_sql 等参数的配置　　　　 D. 数据库配置信息

（8）在 Hibernate 关系映射配置中，inverse 属性的含义是（　　）。
　　A. 定义在<one-to-many>结点上，声明要负责关联的维护
　　B. 声明在<set>结点上，声明要对方负责关联的维护
　　C. 定义在<one-to-many>结点上，声明对方要负责关联的维护
　　D. 声明在<set>结点上，声明是否要负责关联的维护

2. 简答题
（1）描述 Hibernate 的工作流程。
（2）简述 Hibernate 持久化操作的主要步骤。
（3）举例说明 Hibernate 的检索方式。

实验指导：Hibernate 框架的持久层数据操作

题目1　Hibernate 框架配置
1. 任务描述
掌握 Hibernate 环境配置过程。
2. 任务要求
（1）下载 Hibernate 的核心 jar 包，并导入。
（2）创建数据库。
（3）编写实体类（持久化类）。
（4）编写实体类对应的映射文件。
（5）编写核心配置文件。
（6）编写测试类，进行增、删、改、查操作的测试。
3. 操作步骤提示
（1）下载 Hibernate 的核心 jar 包，并导入在 Hibernate 官方网站 http://hibernate.org/orm/downloads/中下载的最新 Hibernate 核心包和相关 jar 包，并将所需的全部核心 jar 包导入项目。
（2）利用 Navicat 可视化工具进行数据库创建操作。
（3）创建持久化的实体类，包含 get/set 方法、构造方法和重写 toString()方法等。
（4）配置映射文件，明确实体类之间的关联关系，根据关联关系再来进行关联信息的配置。
（5）编写核心配置文件 hibernate.cfg.xml，将数据库连接信息、参数配置信息和映射文件路径等信息配置到主配置文件中。
（6）编写测试方法，对每一个持久化操作进行 Junit 测试。

题目2　Hibernate 框架设计数据库：父子关联关系设计
1. 任务描述
（1）完成父亲和儿子系统设计：一对多的关联关系。
（2）理解一对多关系中的数据映射关联关系。

（3）理解数据库设计外键的制约关系。
2. 任务要求
（1）完成 Hibernate 框架所需要的核心 jar 包的下载并导入 jar 包到项目中。
（2）创建数据库。
（3）完成父亲 Father 和儿子 Son 两个实体类的设计。
（4）完成映射文件的配置，按照一对多的关联关系对两边的映射文件分别进行配置。
（5）完成核心配置文件的创建。
（6）完成持久化对象的增、删、改、查操作，并完成 JUnit 测试工作。
3. 操作步骤提示
（1）导入 Hibernate 核心 jar 包、Hibernate 依赖包及 MySQL 驱动包。
（2）创建数据库。

```
mysql> create database hibernateDemo default character set utf8;
Query OK, 1 row affected (0.03 sec)
```

（3）创建实体类，分别创建 Father 和 Son 的实体类，实体类中有 id、name 属性，以及相应的 get/set 方法。

（4）配置两个实体类的映射文件，Son 的映射文件 Son.hbm.xml 的参考代码如下。

```xml
<class name="Son" table="son" >
<id name="id">
<generator class="native"></generator>
</id>
<property name="name" type="string"></property>
<many-to-one name="father" class="Father"
column="fatherId">
</many-to-one>
```

Father 的映射文件 Father.hbm.xml 的参考代码如下。

```xml
<class name="Father" table="father">
<id name="id">
<generator class="native"></generator>
</id>
<property name="name" type="string"></property>
<set name="son">
<key column="fatherId"></key>
<one-to-many class="Son"/>
</set>
</class>
```

（5）配置核心文件 hibernate.cfg.xml，完成数据库配置、参数配置及映射文件路径配置等操作。

（6）对持久类进行操作，参考代码如下。

```
@Test
```

```java
public void testSave() throws Exception
{
    //构建对象
    Father father=new Father();
    father.setName("张某某");
    Son son1=new Son();
    son1.setName("张三");
    Son son2=new Son();
    son2.setName("张四");
    //关联起来
    son1.setFather(father);
    son2.setFather(father);
    father.getSon().add(son1);
    father.getSon().add(son2);
    Session session=sessionFactory.openSession();//打开 session
    Transaction tx=session.beginTransaction();//开始事务
    //保存
    session.save(father);
    session.save(son1);
    session.save(son2);

    tx.commit();//提交事务
    session.close();
}
//可以获取到关联的对方
@Test
public void testGet()
{
    Session session=sessionFactory.openSession();
    Transaction tx=session.beginTransaction();
    //获取一方
    Father father=(Father) session.get(Father.class, 1);
    System.out.println(father);
    System.out.println(father.getSon());
    //显示另一方信息
    Son son=(Son) session.get(Son.class, 2);
    System.out.println(son);
    System.out.println(son.getFather());
    tx.commit();
    session.close();
}
```

第 9 章 常见函数和数据管理

MySQL 内置了丰富的函数，大大简化了用户对表中的数据所进行的操作。这些系统函数可以直接使用，包括数学函数、字符串函数、数据类型转换函数、控制流程函数、系统信息函数，以及日期和时间函数等。数据是数据库管理系统的核心，为了避免数据丢失，或者发生数据丢失后将损失降低到最小，需要定期对数据库进行备份，如果数据库中的数据出现了错误，可以使用备份好的数据进行数据还原，以降低损失。

9.1 常见函数

9.1.1 数学函数

数学函数用于执行一些比较复杂的算术操作，MySQL 常用的数学函数如表 9-1 所示。数学函数在进行数学运算时，如果发生错误，则会返回 NULL。下面结合实例对一些常用的数学函数进行介绍。

表 9-1 常用的数学函数

函 数 名 称	函 数 功 能
abs(n)	求 n 的绝对值
sign(n)	求代表参数 n 的符号的值
mod(n,m)	取模运算，返回 n 被 m 除的余数
floor(n)	求小于 n 的最大整数值
eciling(n)	求大于 n 的最小整数值
round(n)	求参数 n 的四舍五入的整数值
exp(n)	求 e 的 n 次方
log(n,m)	求以 m 为底 n 的对数
log(n)	求 n 的自然对数
pow(n,m)或 power(n,m)	求 n 的 m 次幂
sprt(n)	求 n 的平方根
pi()	求圆周率
cos(n)	求 n 的余弦值
sin(n)	求 n 的正弦值
tan(n)	求 n 的正切值
acos(n)	求 n 的反余弦值
asin(n)	求 n 的反正弦值

(续)

函数名称	函数功能
atan(n)	求 n 的反正切值
cot(n)	求 n 的余切值
rand()	求 0 到 1 内的随机值
degrees(n)	求弧度 n 转化为角度的值
radians(n)	求角度 n 转化为弧度的值
truncate(n,m)	保留数字 n 的 m 位小数的值
least(n,m,…)	求集合中最小的值
greatest(n,m,…)	求集合中最大的值

1. greatest()和 least()函数

greatest()和 least()函数是数学函数中经常使用的函数，通过它们可以获得一组数据中的最大值和最小值。

举例如下。

    select greatest(1,23,456,78);

运行结果如图 9-1 所示。

图 9-1　求最大值 1

    select greatest(-1,2,3,45);

运行结果如图 9-2 所示。

图 9-2　求最大值 2

    select least(1,23,456,78);

运行结果如图 9-3 所示。

图 9-3　求最小值 1

    select least(-1,2,3,45);

运行结果如图 9-4 所示。

```
mysql> select least(-1,2,3,45);
+-------------------+
| least(-1,2,3,45) |
+-------------------+
|                -1 |
+-------------------+
```

图 9-4　求最小值 2

数学函数允许嵌套使用，举例如下。

```
select greatest(1,23,least(456,78)), least(1,greatest(-1,-2));
```

运行结果如图 9-5 所示。

```
mysql> select greatest(1,23,least(456,78)), least(1,greatest(-1,-2));
+------------------------------+--------------------------+
| greatest(1,23,least(456,78)) | least(1,greatest(-1,-2)) |
+------------------------------+--------------------------+
|                           78 |                       -1 |
+------------------------------+--------------------------+
```

图 9-5　嵌套使用数学函数

2．floor()和 ceiling()函数

floor(n)用来求小于 n 的最大整数值，ceiling(n)用来求大于 n 的最小整数值，举例如下。

```
select floor(-2.3),floor(4.5),ceiling(-2.3),ceiling(4.5);
```

运行结果如图 9-6 所示。

```
mysql> select floor(-2.3),floor(4.5),ceiling(-2.3),ceiling(4.5);
+-------------+------------+---------------+--------------+
| floor(-2.3) | floor(4.5) | ceiling(-2.3) | ceiling(4.5) |
+-------------+------------+---------------+--------------+
|          -3 |          4 |            -2 |            5 |
+-------------+------------+---------------+--------------+
```

图 9-6　floor()和 ceiling()函数的运行结果

3．round()和 truncate()函数

round(n)函数用于获得距离 n 最近的整数；round(n,m)函数用于获得距离 n 最近的小数，小数点后保留 m 位；truncate(n,m)函数用于求小数点后保留 m 位的 n（舍弃多余小数位，不进行四舍五入）；format(n,m)函数用于求小数点后保留 m 位的 n（进行四舍五入），举例如下。

```
select round(6.7),
truncate(4.5566,3),
format(4.5566,3);
```

运行结果如图 9-7 所示。

```
mysql> select round(6.7),
    -> truncate(4.5566,3),
    -> format(4.5566,3);
+------------+--------------------+------------------+
| round(6.7) | truncate(4.5566,3) | format(4.5566,3) |
+------------+--------------------+------------------+
|          7 |              4.556 | 4.557            |
+------------+--------------------+------------------+
```

图 9-7　round()和 truncate()函数的运行结果

4. abs()函数

abs()函数用于求一个数的绝对值，举例如下。

    select abs(-123),abs(1.23);

运行结果如图 9-8 所示。

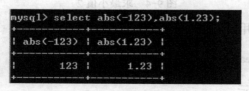

图 9-8　求绝对值

5. sign()函数

sign()函数用于求数字的符号，返回的结果是正数（1）、负数（-1）或者零（0），举例如下。

    select sign(-2.3),sign(2.3),sign(0);

运行结果如图 9-9 所示。

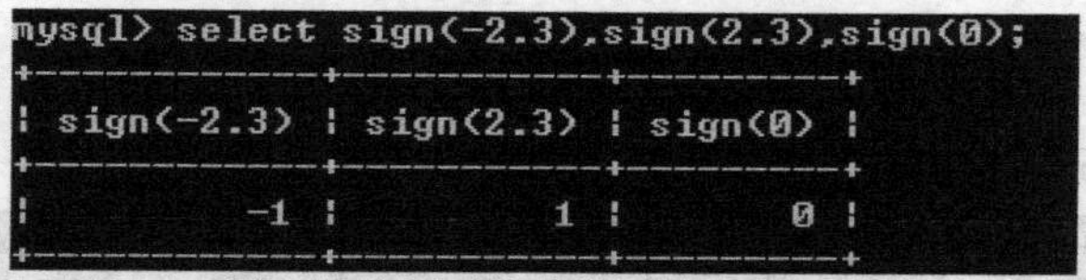

图 9-9　求数字的符号

6. sqrt()函数

sqrt()函数用于求一个数的平方根，举例如下。

    select sqrt(25),sqrt(15);

运行结果如图 9-10 所示。

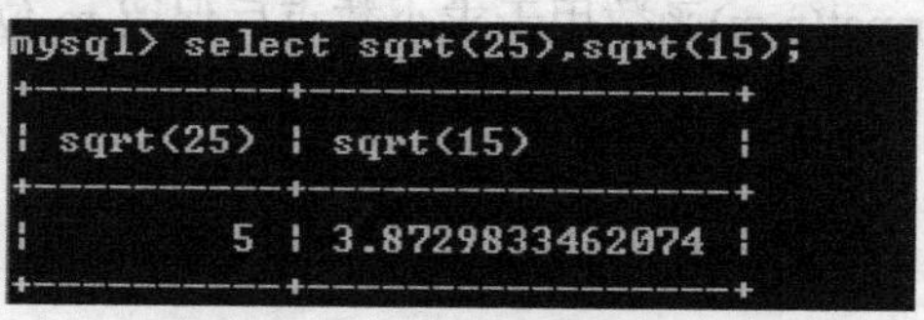

图 9-10　求平方根

7. pow()函数

pow()函数是幂运算函数，pow(n,m) 用于求 n 的 m 次幂，power(n,m)与pow(n,m)的功能相同。举例如下。

    select pow(2,3),power(2,3);

运行结果如图 9-11 所示。

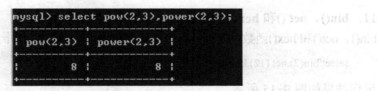

图 9-11　求幂

8. sin()、cos()和 tan()函数

sin()、cos()和 tan()函数分别用于求一个角度（弧度）的正弦、余弦和正切值。举例如下。

```
select sin(1),cos(1),tan(0.5);
```

运行结果如图 9-12 所示。

图 9-12　求正弦、余弦和正切值

9. asin()、acos()和 atan()函数

asin()、acos()和 atan()函数分别用于求一个角度（弧度）的反正弦、反余弦和反正切值。举例如下。

```
select asin(1),acos(1),atan(45);
```

运行结果如图 9-13 所示。

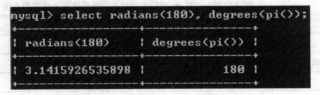

图 9-13　求反正弦、反余弦和反正切

10. radians()、degrees()和 pi()函数

radians()和 degrees()函数用于角度与弧度互相转换，其中，radians(n)用于将角度 n 转换为弧度，degrees(n)用于将弧度 n 转换为角度。pi()用于获得圆周率的值。举例如下。

```
select radians(180), degrees(pi());
```

运行结果如图 9-14 所示。

图 9-14　角度与弧度的转换

11．bin()、oct ()和 hex()函数

bin()、oct()和 hex()函数分别用于求一个数的二进制、八进制和十六进制值，举例如下。

```
select bin(2),oct (12),hex(80);
```

运行结果如图 9-15 所示。

图 9-15　求二进制、八进制和十六进制值

9.1.2　字符串函数

MySQL 数据库不仅包含数字数据，而且包含字符串，因此，MySQL 提供了字符串函数。MySQL 常用的字符串函数如表 9-2 所示，在字符串函数中，所包含的字符串必须要用单引号括起来。

表 9-2　常用的字符串函数

函 数 名 称	函 数 功 能
ascii(char)	返回字符的 ASCII 码值
bit_length(str)	返回字符串的比特长度
concat($s_1,s_2,\ldots,s_n$)	将 s_1，s_2,…, s_n 连接成字符串
concat_ws(sep,$s_1,s_2,\ldots,s_n$)	将 s_1，s_2,…, s_n 连接成字符串，并用 sep 字符间隔
insert(str,n,m,instr)	求字符串 str 从第 n 位置开始，将 m 个字符长的字串替换为字符串 instr，并返回结果
find_in_set(str,list)	分析逗号分隔的 list 列表，如果发现 str，返回 str 在 list 列表中的位置
lcase(str)或者 lower(str)	返回将字符串 str 中所有字符改变为小写后的结果
left(str,n)	返回字符串 str 中最左边的 n 个字符
length(str)	返回字符串 str 中的字符数
lpad(str,n,pad)	用字符串 pad 对 str 进行左边填补，直至达到 n 个字符长度
ltrim(str)	从字符串 str 中切断开头的空格
position(substr in str)	返回子串 substr 在字符串 str 中第一次出现的位置
quote(str)	用反斜杠转义 str 中的单引号
repeat(str,n)	返回字符串 str 重复 n 次的结果
replace(str,srchestr,rplcstr)	用字符串 rplcstr 替换字符串 str 中出现的所有字符串 srchstr
reverse(str)	返回颠倒字符串 str 的结果
right(str,n)	返回字符串 str 中最右边的 n 个字符
rpad(str,n,pad)	用字符串 pad 对 str 进行右边填补，直至达到 n 个字符长度
rtrim(str)	返回字符串 str 尾部的空格
strcmp(s_1,s_2)	比较字符串 s_1 和 s_2
substring(str,n,m)或者 mid(str,n,m)	返回从字符串 str 的 n 位置起 m 个字符长度的子串
trim(str)	去除字符串首部和尾部的所有空格
ucase(str)或者 upper(str)	返回将字符串 str 中所有字符转换为大写后的结果

1. ascii()函数

ascii()函数用于返回字符的 ASCII 码值。

【例 9-1】 返回字母 A 的 ASCII 码值。

```
select ascii('A');
```

运行结果如图 9-16 所示。

图 9-16　返回字母 A 的 ASCII 码值

2. char()函数

char($s_1,s_2,\cdots,s_n$)函数用于将 $s_1,s_2,\cdots,s_n$ 的 ASCII 码转换为字符，将结果组合成一个字符串。参数 $s_1,s_2,\cdots,s_n$ 是满足（0～255）之间的整数，返回值为字符型。

【例 9-2】 返回 ASCII 码值为 97、98、99 的字符，组成一个字符串。

```
select char(97,98,99);
```

运行结果如图 9-17 所示。

图 9-17　返回字符并组成字符串

3. left()和 right()函数

left(str，n)和 right(str，n)分别用于返回字符串 str 中最左边的 n 个字符和最右边的 n 个字符。

【例 9-3】 返回第 5 章所建立的 course 表中课程名最左边的 8 个字符。

```
use test
select left(cname,8)
from course;
```

运行结果如图 9-18 所示。

图 9-18　返回课程名最左边的 8 个字符

【例 9-4】 返回第 5 章所建立的 course 表中课程名最右边的 8 个字符。

```
use test
select right(cname,8)
from course;
```

运行结果如图 9-19 所示。

图 9-19　返回课程名最右边的 8 个字符

4. trim()、lirim()和 rtrim()函数

trim()函数用于删除字符串首部和尾部的所有空格。ltrim(str)和 rtrim(str)函数用于删除字符串 str 首部和尾部的空格，举例如下。

```
select ltrim('    MySQL    ');
```

运行结果如图 9-20 所示。

图 9-20　删除首部空格

```
select rtrim('    MySQL    ');
```

运行结果如图 9-21 所示。

图 9-21　删除尾部空格

```
select trim('    MySQL    ');
```

运行结果如图 9-22 所示。

```
mysql> select trim('    MySQL  ');
+---------------------+
| trim('    MySQL  ') |
+---------------------+
| MySQL               |
+---------------------+
1 row in set (0.02 sec)
```

图 9-22　删除首部和属部的所有空格

5．rpad()和 lpad()函数

rpad(str,n,pad)函数用于用字符串 pad 对 str 进行右边填补，直至达到 n 个字符长度，然后返回填补后的字符串，举例如下。

```
select rpad('中国加油',10, '!');
```

运行结果如图 9-23 所示。

```
mysql> select rpad('中国加油',10,'!');
+-------------------------+
| rpad('中国加油',10,'!') |
+-------------------------+
| 中国加油!!              |
+-------------------------+
1 row in set (0.00 sec)
```

图 9-23　在右边填补字符串

但是，如果 str 中的字符数大于 n，则返回 str 的前 n 个字符，举例如下。

```
select rpad('中国加油',8, '!');
```

运行结果如图 9-24 所示。

```
+------------------------+
| rpad('中国加油',8,'!') |
+------------------------+
| 中国加油               |
+------------------------+
1 row in set (0.00 sec)
```

图 9-24　返回前 n 个字符

lpad(str,n,pad)函数用于用字符串 pad 对 str 进行左边填补，直至达到 n 个字符长度，然后返回填补后的字符串，举例如下。

```
select lpad('中国加油',10, '*');
```

运行结果如图 9-25 所示。

```
mysql> select lpad('中国加油',10,'*');
+-------------------------+
| lpad('中国加油',10,'*') |
+-------------------------+
| **中国加油              |
+-------------------------+
1 row in set (0.02 sec)
```

图 9-25　在左边填补字符串

6．concat()函数

concat(s_1,s_2,…,s_n)函数用于将 s_1，s_2，…, s_n 连接成一个新字符串，举例如下。

```
select concat('数据库', '你好', '!');
```

运行结果如图 9-26 所示。

```
+-----------------------------+
| concat('数据库','你好','!') |
+-----------------------------+
| 数据库你好!                 |
+-----------------------------+
1 row in set (0.00 sec)
```

图 9-26　连接字符串

concat_ws(sep,s_1,s_2,…,s_n)函数用于使用 sep 将 s_1，s_2，…，s_n 连接成一个新字符串，举例如下。

```
select concat('*', '数据库', '你好', '!');
```

运行结果如图 9-27 所示。

```
+-------------------------------------+
| concat_ws('*','数据库','你好','!')  |
+-------------------------------------+
| 数据库*你好*!                       |
+-------------------------------------+
1 row in set (0.00 sec)
```

图 9-27　用“*”号连接字符串

7．substring()函数

substring(str,n,m)函数用于返回从字符串 str 的 n 位置起 m 个字符长度的子串，mid（str,n,m）函数的作用与 substring 函数相同，举例如下。

```
set @s=' I love China';
select substring (@s，2，4);
```

运行结果如图 9-28 所示。

```
mysql> select substring(@s,2,4);
+-------------------+
| substring(@s,2,4) |
+-------------------+
|  lov              |
+-------------------+
1 row in set (0.00 sec)
```

图 9-28　返回字符串 1

```
select mid (@s，2，3);
```

运行结果如图 9-29 所示。

```
mysql> select mid(@s,2,3);
+-------------+
| mid(@s,2,3) |
+-------------+
|  lo         |
+-------------+
1 row in set (0.00 sec)
```

图 9-29　返回字符串 2

8．locate()、position()和 instr()函数

locate(substr,str)、position(substr in str)和 instr(str,substr)函数用于返回字符串 substr 在字符串 str 中第一次出现的位置。

```
set @s=' love';
set @s2='I love China,love China,love';
select locate(@s,@s2);
```

运行结果如图 9-30 所示。

图 9-30　运行结果 1

```
select position (@s in @s2);
```

运行结果如图 9-31 所示。

图 9-31　运行结果 2

```
select instr (@s 2,@s);
```

运行结果如图 9-32 所示。

图 9-32　运行结果 3

9.1.3　时间日期函数

MySQL 为数据库用户提供功能强大的时间日期函数。时间日期函数允许输入的参数可以是多种类型。接受 date 值作为输入参数的函数通常也接受 datetime 或者 timastamp 值作为参数，并忽略其中的时间部分；而接受 time 值作为输入参数的函数通常也接受 datetime 或者 timastamp 值作为输入参数，并忽略其中的日期部分。

MySQL 常用的数学函数如表 9-3 所示。下面结合实例对一些常用的时间日期函数进行介绍。

表 9-3　常用的时间日期函数

函 数 名 称	函 数 功 能
curdate()或者 current_date()	返回当前的日期
curtime()或者 current_time()	返回当前的时间
date_add(date,inverval int keyword)	返回日期 date 加上间隔时间 int 的结果（int 必须按照关键字进行格式化）
date_format(date,fmt)	依照指定的 fmt 格式格式化日期 date 值
date_sub(date,interval int keyword)	返回日期 date 加上间隔时间 int 的结果（int 必须按照关键字进行格式化）
dayofweek(date)	返回 date 所代表的一星期中的第几天（1～7）
dayofmonth(date)	返回 date 所代表的一个月中的第几天（1～31）
dayofyear(date)	返回 date 所代表的一年中的第几天（1～365）
dayname(date)	返回 date 的星期名
from_unixtime(ts,fmt)	根据指定的 fmt 格式，格式化 unix 时间戳 ts
hour(time)	返回 time 的小时值（0～23）
minute(time)	返回 time 的分钟值（0～59）
month(time)	返回 date 的月份值（1～12）
now()	返回当前的日期和时间
quarter(date)	返回 date 在一年中的季度（1～4）
week(date)	返回 date 是一年中的第几周（0～52）
year(date)	返回日期 date 的年份（1000～9999）

1．curdate()或者 current_date()函数

curdate()或者 current_date()函数用于获取 MySQL 服务器当前日期，举例如下。

```
select curdate (),current_date();
```

2．curtime()和 current_time()函数

curtime()和 current_time()函数用于获取 MySQL 服务器当前时间，举例如下。

```
select curtime (),current_time();
```

3．now()、current_timestamp()、localtime()和 sysdate()函数

now()、current_timestamp()、localtime()和 sysdate()函数用于获取 MySQL 服务器当前的时间和日期，这 4 个函数允许传递一个整数值（小于等于 6）作为函数参数，从而获取更为精确的时间信息。另外，这些函数的返回值与时区设置有关。

```
select @@time_zone;
select curdate (),current_date(), curtime (),current_time(),now(),
current_timestamp(),localtime(),sysdate()\G
```

运行结果如图 9-33 和图 9-34 所示。

图 9-33　程序代码

图 9-34 运行结果

4. year()

year()函数用于分析一个日期值并返回其中关于年的部分，举例如下。

　　select year(20160816131425),year('1982-02-28');

运行结果如图 9-35 所示。

图 9-35 返回年份

5. month()和 monthname()

month()和 monthname()，前者以数值格式返回月份，后者以字符串格式返回月份，举例如下。

　　select month（20160816131425）,monthname('1982-02-28');

运行结果如图 9-36 所示。

图 9-36 返回月份

225

6. dayofyear()、dayofweek()和 dayofmonth()

dayofyear()、dayofweek()和 dayofmonth()这 3 个函数分别返回这一天在一年、一个星期及一个月中的序数，举例如下。

```
select dayofyear（20160816）,dayofmonth ('1982-02-28'),dayofweek(20160816);
```

7. week()和 yearweek()

week()返回指定的日期是一年中的第几个星期，yearweek()返回指定的日期是哪一年的哪一个星期，举例如下。

```
select week('1982-02-28'),yearweek(19820228);
```

运行结果如图 9-37 所示。

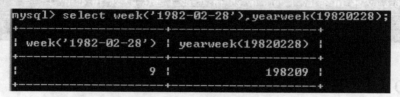

图 9-37　返回星期

8. date_add()和 date_sub()

date_add()和 date_sub()函数可以对日期和时间进行算术操作，前者用来增加日期值，后者用来减少日期值。

语法格式如下。

```
date_add(date,interval int keyword);
date_sub(date,interval int keyword);
```

举例如下。

```
select date_add('1982-02-28',interval 20 day);
```

运行结果如图 9-38 所示。

图 9-38　增加日期值

```
select date_sub('1982-03-20',interval 20 day);
```

运行结果如图 9-39 所示。

```
mysql> select date_sub('1982-03-20',interval 20 day);
+----------------------------------------+
| date_sub('1982-03-20',interval 20 day) |
+----------------------------------------+
| 1982-02-28                             |
+----------------------------------------+
```

图 9-39 减少日期值

9.1.4 数据类型转换函数

MySQL 为数据库用户提供了 convert() 和 cast() 函数用于数据转换。

1．convert()

convert(n using charset) 函数返回 n 的 charset 字符集数据；convert(n,type) 函数以 type 数据类型返回 n 数据，其中 n 的数据类型没有变化。举例如下。

```
set @s1='国';
set @s2=convert(@s1,binary);
select @s1,charset(@s1),@s2,charset(@s2);
```

2．cast()

cast(n as type) 函数中的 n 是 cast 函数需要转换的值，type 是转换后的数据类型。在 cast() 函数中，MySQL 支持 binary、char、date、time、datetime、signed 和 unsigned。

当使用数值操作时，字符串会自动转换为数字，举例如下。

```
select 2+cast('48'as signed),2+'48';
```

运行结果如图 9-40 所示。

图 9-40 函数转换

当用户需要将数据转移到一个新的数据库管理系统中时，cast() 函数的作用凸显，cast() 函数允许用户将值从旧数据类型转变为新的数据类型，以使其更适合新的数据库管理系统。

9.1.5 控制流程函数

MySQL 中的控制流函数可以实现 SQL 的条件逻辑，允许开发者将一些应用程序业务逻辑转换到数据库后台。

1．ifnull()

ifnull(s1,s2) 函数的作用是判断参数 s1 是否为 null，当参数 s1 为 null 时返回 s2，否则返回 s1。Ifnull 函数的返回值是数字或者字符串。举例如下。

```
select ifnull(1,2),ifnull(null,'MySQL');
```

运行结果如图 9-41 所示。

```
mysql> select ifnull(1,2),ifnull(null,'MySQL');
+-------------+----------------------+
| ifnull(1,2) | ifnull(null,'MySQL') |
+-------------+----------------------+
|           1 | MySQL                |
+-------------+----------------------+
```

图 9-41　ifnull()函数运行结果

2．nullif()

nullif(s1,s2)函数用于检验两个参数是否相等，如果相等，返回 null，否则，返回 s1。举例如下。

```
select nullif (1,1), nullif ('A','B');
```

运行结果如图 9-42 所示。

```
mysql> select nullif(1,1), nullif('A','B');
+-------------+-----------------+
| nullif(1,1) | nullif('A','B') |
+-------------+-----------------+
|        NULL | A               |
+-------------+-----------------+
```

图 9-42　nullif()函数运行结果

3．if()

if(condition,s1,s2)函数中的 condition 为条件表达式，当 condition 为真时，函数返回 s1 的值，否则，返回 s2 的值。

9.1.6　系统信息函数

MySQL 提供的系统信息函数用于获得系统本身的信息，MySQL 常用的系统信息函数如表 9-4 所示。下面结合实例对一些常用的系统信息函数进行介绍。

表 9-4　常用的系统信息函数

函数名称	函数功能
database()	返回当前数据库名
benchmark(count,n)	将表达式 n 重复运行 count 次
connection_id()	返回当前客户的连接 ID
found_rows()	返回最后一个 select 查询进行检索的总行数
user()或者 system_user()	返回当前登录用户名
version()	返回 MySQL 服务器的版本

1．database()、user()和 verision()

database()、user()和 verision()函数分别用于返回当前数据库、当前用户和 MySQL 版本信息。举例如下。

```
select database(),user(),version();
```

运行结果如图 9-43 所示。

```
mysql> select database(),user(),version();
+------------+----------------+---------------------+
| database() | user()         | version()           |
+------------+----------------+---------------------+
| NULL       | root@localhost | 5.0.22-community-nt |
+------------+----------------+---------------------+
```

图 9-43　返回当前数据库、当前用户和 MySQL 版本信息

2．benchmark(count,n)

benchmark(count,n)函数用于重复执行 count 次表达 n。可以用于计算 MySQL 处理表达式的速度，结果值通常为零。

9.2　数据库备份与还原

数据是数据库管理系统的核心，为了避免数据丢失，或者发生数据丢失后将损失降到最低，需要定期对数据库进行备份。如果数据库中的数据出现了错误，需要使用备份好的数据进行数据还原，数据的还原是以备份为基础的。

9.2.1　数据的备份

为了保证数据库的可靠性和完整性，数据库管理系统通常会采取各种有效的措施进行维护，但是在数据库的使用过程中，还是可能由于多种原因，如计算机硬件故障、计算机软件故障、病毒、人为误操作、自然灾害及盗窃等，而造成数据丢弃或者被破坏。因此，数据库系统提供了备份和恢复策略来保证数据库中数据的安全性。

实现备份数据库的方法主要有以下几个。

1）完全备份。完全备份是指将数据库中的数据及所有对象全部备份，达到完全备份目的的最快速方式是复制数据库文件，只要服务器步骤进行更新，就可以复制所有文件。对于 InnoDB 表，可以进行在线备份，而且不需要对表进行锁定。

2）表备份。表备份就是仅将一张或者多张表中的数据进行备份。

3）增量备份。增量备份是在某次完全备份的基础上，只备份完全备份后的数据的变化，可以用于定期备份和自动恢复。通过增量备份，当操作系统崩溃或者电源故障时，InnDB 可以完成所有数据恢复的工作。

1．使用 SQL 语句备份

用户可以使用 select into…outfile 语句把表数据导出到一个文本文件中，并使用 load data…infile 语句恢复数据。但是该方法只能导出或导入数据内容，不包括表的结构，如果表的结果文件损坏，则必须先恢复原来的表的结构。举例如下。

```
select* into outfile 'file_name' export_options|dumpfile'file_name'
```

其中，export_options 的代码如下。

```
[fileds
```

```
            [terminated by 'string']
            [[optionally] enclosed by 'char']
            [escaped by 'char']
        ]
        [lines terminated by 'string']
```

该语句的作用是将表中 select 语句选中的行写入到一个文件中，file_name 是文件的名称。默认在服务器主机上创建文件，并且文件名不能是已经存在的，以防将原文件覆盖，如果要将该文件写入到一个指定的位置，则要在文件名前加上具体路径。

使用 outfile 时，可以在 export_opitions 中加入以下两个自选的子句，以决定数据行在文件中存放的格式。

1) **fields** 子句：在 fields 子句中有 3 个亚子句，terminated by、[optionally] enclosed by 和 escaped by。如果指定了 fields 子句，那么 3 个亚子句中至少要指定一个。

terminated by 子句用来指定字段值之间的符号；enclosed by 子句用来指定包裹文件中字符值的符号；escaped by 子句用来指定转义字符。

2) **lines** 子句：在 lines 子句中使用 terminated by 指定一行结束的标志。

2．使用命令 mysqldump 备份

MySQL 提供了许多免费的客户端实用程序，存放在 MySQL 安装目录下的 bin 子目录中。这些客户端实用程序可以连接到 MySQL 服务器进行数据库的访问，或者对 MySQL 进行不同的管理任务，其中 mysqldump 程序常用于实现数据库的备份。

使用客户端的方法为：打开计算机中的 DOS 终端，进入 MySQL 安装目录下的 bin 子目录 C:\Program Files\MySQL\MySQL Server 5.0\bin，出现 MySQL 客户端实用程序运行界面，如图 9-44 所示，由此可输入所需的 MySQL 客户端实用程序的命令。

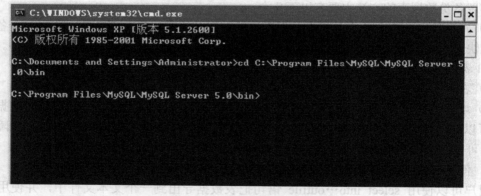

图 9-44　运行客户端程序

可以使用 MySQL 客户端实用程序 mysqldump 来实现 MySQL 数据库的备份。与使用 SQL 语句备份相比，这样的备份方式既能备份文件，也能同时备份表结构。因为采用 mysqldump 进行备份可以在导出的文件中包含表结构的 SQL 语句，因此可以备份数据库表的结构，可以备份一个数据库，甚至整个数据库系统。

（1）备份表

备份表的语法格式如下。

```
mysqldump[options] database [tables]>filename;
```

参数说明如下。

1）options：mysqldump 命令支持的选项，可以通过执行 mysqldump--help 命令得到 mysqldump 选项表及更多帮助信息。

2）database：指定数据库的名称，其后可以加上需要备份的表名。如果在命令中没有指定表名，则该命令会备份整个数据库。

3）filename：指定最终备份的文件名，如果该命令语句中指定了需要备份的多个表，那么备份后都会保存在这个文件中。

与其他 MySQL 客户端实用程序一样，使用 mysqldump 备份数据时，需要使用一个用户账号连接到 MySQL 服务器，这可以通过用户手工提供参数或者在选项文件中修改有关值来实现。参数格式如下。

```
-h[hostname] –u[username] –p[password]
```

其中，-h 后面是主机名，如果是本地服务器，-h 选项可以省略；-u 后面是用户名；-p 后面是用户密码，-p 选项与密码之间不允许出现空格。

【例 9-5】 使用 mysqldump 命令备份数据库 test 中的表 course。

```
mysqldump-hlocalhost-uroot-p123456 test course>c:\backup\file.sql;
```

命令执行完成后，会在指定的目录 c:\backup 下生成一个表 course 的备份文件 file.sql，该文件中存储了创建表 course 的一系列 SQL 语句，以及该表中所有的数据。

（2）备份数据库

mysqldump 应用程序还可以将一个或多个数据库备份到已知文件中，语法格式如下。

```
mysqldump[options]--databases[options]db1[db2 db3…]>filename;
```

【例 9-6】 使用 mysqldump 命令备份数据库 test 和数据库 MySQL 到 C 盘 backup 目录下。

```
mysqldump-hlocalhost-uroot-p123456-databases test MySQL> c:\backup\data.sql;
```

命令执行完成后，会在指定的目录 c:\backup 下生成一个包含两个数据库 test 和 MySQL 的备份文件 data.sql，文件中存储了创建这两个数据库及其内部数据表的全部 SQL 语句，以及两个数据库中所有的数据。

（3）备份数据库系统

mysqldump 程序还能够备份整个数据库系统，语法格式如下。

```
mysqldump[options]-all-databases[options]>filename;
```

【例 9-7】 使用 mysqldump 命令备份 MySQL 服务器上所有的数据库。

```
mysqldump-u root-p123456-all-databases> c:\backup\alldata.sql;
```

需要注意的是，尽管使用 mysqldump 程序可以导出表的结构，但是在恢复数据时，如果需要恢复的数据量很大，备份文件中众多的 SQL 语句会使得恢复效率降低。在这种情况下，可以通过使用--tab=选项，分开数据和创建表的 SQL 语句。--tab=选项会在选项中"="后面指定的目录里分别创建存储数据内容的.txt 格式文件和包含创建表结构的 SQL 语句的.sql 格式文件。该选项不能与--databases 或者--all-databases 同时使用，并且 mysqldump 必须运行在服务器主机上。

【例 9-8】 使用 mysqldump 命令将 test 数据库中所有表的表结构和数据都分别备份到 D 盘 file 文件夹下。

```
mysqldump-u root-p123456--tab=D:/file/test;
```

9.2.2 数据的还原

数据库的恢复也称为数据库的还原，是将数据库从某种"错误"状态恢复到某一已知的"正确"状态。数据库的恢复是以备份为基础的，是与备份相对应的系统维护和管理操作。系统进行恢复操作时，先执行一些系统安全的检查，包括检查所要恢复的数据库是否存在、数据库是否变化，以及数据库文件是否兼容等，然后根据所采用的数据库备份类型采取相应的恢复操作。

1. 使用 SQL 语句恢复数据

用户可以使用 load data…infile 语句把一个文件中的数据导入到数据库中。语法格式如下。

```
load data[low_priority|concurrent][local]infile 'file_name.txt'
    [replace|ignore]
    Into table tb_name
    [fields
        [terminated by 'string']
        [[optionally]enclosed by 'char']
        [escaped by 'char']
    ]
    [lines
        [starting by 'string']
        [terminated by 'string']
    ]
    [ignore number lines]
    [(col_name_or_user_var,…)]
    ]
    [lgnore number lines]
    [(col_name_or_user_var,…)]
    [set (col_name=expr,…)]
```

参数说明如下。

1）low_priority|concurrent：如果指定 low_priority，那么延迟语句的执行。如果指定 concurrent，那么当 load data 正在执行时，其他线程可以同时使用该表的数据。

2）local：如果指定了 local，那么文件会被客户主机上的客户端读取，并被发送到服务器。文件会被给予一个完整的路径名称，来指定确切的位置。如果给定的是一个相对路径名称，那么该名称会被理解为相对于启动客户端时所在的目录。如果没有指定 local，那么文件必须位于服务器主机上，并且被服务器直接读取。

3）file_name：等待载入的文件名，文件中保存了待存入数据库的数据行。输入文件可以手动创建，也可以使用其他程序创建。载入文件时，如果指定了文件的绝对路径，服务器根据该路径搜索文件；如果不指定路径，服务器则会在默认数据库的数据库目录中读取。

4）tb_name：需要导入数据的表名，该表在数据库中必须存在，表结构必须与导入文件的数据行一致。

5）replace|ignore：如果指定了 replace，那么当文件中出现与原有行相同的唯一关键字时，输入行会替换原有行。如果指定了 ignore，则把原有行有相同的唯一关键字值的输入行跳过。

6）fields 子句：此处的 fields 子句和 select…into outfile 语句中类似，用于判断字段之间和数据行之间的符号。

7）lines 子句：terminated by 亚子句用来指定一行结束的标志。staring by 亚子句指定已给前缀，导入数据行时，忽略行中的该前缀和前缀之前的内容。如果某行不包括该前缀，则整行被跳过。

8）ignore number lines：这个选项可以用于忽略文件的前几行。

9）col_name_or_user_var：如果需要载入一个表的部分列或文件中字段值顺序与表中列的顺序不同，则需要指定一个列清单，其中可以包含列名或者用户变量。

10）set 子句：set 子句可以在导入数据时修改表中列的值。

2．使用命令 mysqldump 恢复数据

可以使用 MySQL 命令将 mysqldump 程序备份的文件中的全部 SQL 语句还原到 MySQL 中。

【例 9-9】 假设数据库 test 损坏，请使用该数据库的备份文件 test.sql 将其恢复。

> mysql-u root-p123456 test<test.sql；

【例 9-10】 假设数据库 test 中的 course 表结构损坏，备份文件存放在 D 盘 file 目录下，现需要将包含 course 表结构的.sql 文件恢复到服务器中。

> mysql-u root-p123456 test<D:/file/course.sql；

3．使用命令 mysqlimport 恢复数据

使用命令 mysqlimpor 恢复数据的语法格式如下。

> mysqlimpor[options]database filename

其中，options 是 mysqlimpor 命令的选项，使用 mysqlimpor-help 即可查看这些选项的内容和作用，常用的选项如下。

1）-d，--delete：在导入文本文件前清空表格。

2）-l，--lock-tables：在处理任何文本文件之前锁定所有的表，以保证所有的表在服务器上同步，对于 innoDB 类型的表则不必进行锁定。

3) --low-priority，--local，--replace，--ignore：分别对应 load、data、infile 语句的 low_priority、local、replace 和 ingore 关键字。

4) database：指定想要恢复的数据库名称。

5) filename：存储备份数据的文本文件名。

对于在命令行上命名的每个文本文件 mysqlimpor 剥去文件名的扩展名，并使用它来决定向数据库中的哪个表中导入文件的内容。例如，file.txt、file.sql 和 file 都会被导入名为 file 的表中，因此，备份文件名应根据需要恢复表命名。

使用 mysqlimpor 恢复数据时，也需要提供-h、-u 和-p 选项来连接 MySQL 服务器。

【例 9-11】使用存放在 C 盘 backup 目录下的备份数据文件 course.txt，恢复数据库 text 中表 course 的数据。

> mysqlimpor-hlocalhost-uroot-p123456-low-priority-replace test<c:\backup\course.txt;

9.3 MySQL 的用户管理

为了保证数据库的安全，MySQL 数据库提供了完善的管理机制和操作手段。MySQL 数据库中的用户分为普通用户和 root 用户，用户类型不同，其具体的权限也不同。root 用户是超级管理员，拥有所有的权限；普通用户只能拥有创建用户时赋予它的权限。

9.3.1 数据库用户管理

MySQL 用户账号和信息存储在名为 mysql 的数据库中，这个数据库中有一个名为 user 的数据表，包含所有用户的账号，该数据库用一个名为 user 的列存储用户的登录名。

1. 添加用户

系统新安装时，当前只有一个名为 root 的用户，该用户是在成功安装 MySQL 服务器后由系统创建的，并且被赋予了操作和管理 MySQL 的所有权限。因此，root 用户具有对整个 MySQL 服务器完全控制的权限。

为了避免恶意用户冒名使用 root 账号操控数据库，通常需要创建一系列具备适当权限的账号，尽可能地不用或者少用 root 账号登录系统，以便确保数据的安全访问。因此，对 MySQL 进行管理时需要对用户账号进行管理。

（1）使用 create user 语句创建用户账户

可以使用 create user 语句创建一个或者多个 MySQL 账户，并设置密码，语法格式如下。

> create user identified by[password] 'password'
> [,user identified by [password] 'password']…

各参数说明如下。

1) user：指定创建用户账号，user 的格式为：'user_name'@'host name'，user_name 是用户名，host name 是主机名，即用户连接 MySQL 时所在主机的名称。如果在创建的过程中只给出了账号中的用户名，而没有指定主机名，那么主机名会默认为是"%"，表示一组主机。

2）identified by 子句：用于指定用户账号对应的口令，如果该用户账号无口令，那么可以省略该句。

3）password：可选项，用于指定散列口令（散列就是把任意长度的输入通过散列（又称哈希算法）变换成固定长度的输出，该输出就是散列值）。如果使用明文设置口令，需要忽略 password 关键字，如果不以明文设置口令，并且知道 password()函数返回给密码的散列值，那么可以在此口令设置语句中指定此散列值，但需要加上关键字 password。

4）password：指令用户账号的口令，在 identified by 关键字或者 password 关键字之后。给定的口令值可以是由字母和数字组成的明文，也可以是通过 password()函数得到的散列值。

【例 9-12】 在 MySQL 服务器中添加新的用户，其用户名为 king，主机名为 localhost，口令设置为明文 queen。

```
create user'king'@'localhost'identified by'queen';
```

注意：在用户名的后面声明了关键字 localhost，该关键字指定了用户创建的使用 MySQL 的连接所来自的主机。如果一个用户名和主机名中包含特殊符号（如"-"），或者通配符（如"%"），那么需要用单引号将其括起来。"%"表示一组主机。

使用 create 语句，必须拥有 MySQL 中 MySQL 数据库的 insert 权限或者全局 create user 权限。

使用 create user 语句创建一个用户账号后，会在系统自身的 MySQL 数据库的 user 表中添加一条新记录。如果创建的账户已经存在，那么语句执行会出现错误。

如果两个用户具有相同的用户名和不同的主机名，MySQL 将视为不同的用户，并允许为这两个用户分配不同的权限集合。

如果 create user 语句的使用中，没有为用户指定口令，那么 MySQL 允许该用户可以不使用口令登录系统，但是从安全的角度出发不推荐这样做。

新创建的用户拥有的权限很少，他们可以登录到 MySQL，但是只允许进行不需要权限的操作，例如，使用 show 语句查询所有存储引擎和字符集的列表等，不能使用 use 语句让其他用户已经创建的任何数据库成为当前数据库。

（2）使用 Insert 语句新建普通用户

可以使用 Insert 语句直接将用户信息添加到 mysql.uset 表中，但是需要有对 user 表的插入权限。由于 user 表中的字段多，插入数据时，要保证没有默认值的字段一定要给出值，所以，插入数据时，至少要插入以下 6 个字段的值，即 host、user、password、ssl_cipher、x09_issuer 和 x509_subject。

（3）使用 grant 语句新建普通用户

可以使用 grant 语句创建新的用户，在创建用户时可以为用户授权。grant 语句是 MySQL 中非常重要的一个命令，不仅可以创建用户、授予权限，还可以修改密码。

2．查看用户

查看用户的语法格式如下。

```
select *frommysql.user
where host='host_name'and user='user_name'
```

其中,"*"代表 MySQL 数据库中 user 表的所有列,也可以指定特定的列。常用的列名有 hostt、user、password、select_priv 和 index_priv 等。where 后紧跟的是查询条件。

【例 9-13】 查看本地主机上的所有用户名。

```
select host,user,password from mysql.user;
```

运行结果如图 9-45 所示。

```
mysql> select host,user,password from mysql.user;
+-----------+------+-------------------------------------------+
| host      | user | password                                  |
+-----------+------+-------------------------------------------+
| localhost | root | *6BB4837EB74329105EE4568DDA7DC67ED2CA2AD9 |
| %         | root | *6BB4837EB74329105EE4568DDA7DC67ED2CA2AD9 |
| localhost | king | *AD13E1F37B7D3CADA9734A22BC20A91DC8F91E4E |
+-----------+------+-------------------------------------------+
```

图 9-45 查看用户名

3. 修改用户账号

使用 rename user 语句修改一个或者多个已经存在的 MySQL 用户账号,如果系统中就账户不存在或者新账户已经存在,则执行语句时会出现错误。要使用 rename user 语句,必须拥有 MySQL 中 MySQL 数据库的 update 权限或者全局 create user 权限。语法格式如下。

```
rename user old_user to new_user[,old_user to new_user]…
```

old_user:系统中已经存在的 MySQL 用户账号。
New_user:新的 MySQL 用户账号。

【例 9-14】 将前面实例的中国用户 king 的名字修改成 queen。

```
rename user'king'@'localhost'to'queen'@'localhost';
```

运行结果如图 9-46 所示。

```
mysql> rename user'king'@'localhost'to'queen'@'localhost';
Query OK, 0 rows affected (0.00 sec)
```

图 9-46 修改用户账号

再进行查看,结果如图 9-47 所示。

```
mysql> select host,user,password from mysql.user;
+-----------+-------+-------------------------------------------+
| host      | user  | password                                  |
+-----------+-------+-------------------------------------------+
| localhost | root  | *6BB4837EB74329105EE4568DDA7DC67ED2CA2AD9 |
| %         | root  | *6BB4837EB74329105EE4568DDA7DC67ED2CA2AD9 |
| localhost | queen | *AD13E1F37B7D3CADA9734A22BC20A91DC8F91E4E |
+-----------+-------+-------------------------------------------+
```

图 9-47 查看结果

4. 修改用户口令

1）使用 mysqladmin 命令修改密码，语法规则如下。

```
mysqladmin-u username p password
```

其中，password 为关键字。

2）使用 set 语句修改密码，语法规则如下。

```
set password [for'username'@'hostname']=password('new_password');
```

如果不加[for'username'@'hostname']，则表明修改当前用户密码；如果加了[for'username'@'hostname']，则表明修改当前主机上的特定用户的密码。

【例 9-15】 修改 queen 的密码为 king。

```
set password for'queen'@'localhost'=password('king');
```

运行结果如图 9-48 所示。

```
mysql> set password for'queen'@'localhost'=password('king');
Query OK, 0 rows affected (0.00 sec)
```

图 9-48 修改密码

3）修改 MySQL 数据库下的 user 表，需要有对 mysql.user 表的修改权限，又有 root 权限。一般情况下可以使用 root 用户登录后，修改主机或者普通用户的密码，语法规则如下。

```
update mysql.user
set password=password('new_password')
where user='user_name'and host='host_name';
```

5. 删除用户

使用 drop user 语句可以删除普通用户，此时，drop user 语句必须拥有 drop user 权限，语法规则如下。

```
drop user user[,user]…
```

其中，user 参数是需要删除的用户，由用户名和主机组成。drop user 语句可以同时删除多个用户，各个用户之间用逗号隔开。

【例 9-16】 删除 queen 用户，主机名为 localhost。

```
drop user queen@localhost;
```

运行结果如图 9-49 所示。

```
mysql> drop user queen@localhost;
Query OK, 0 rows affected (0.00 sec)
```

图 9-49 删除用户

再进行查看，结果如图 9-50 所示。

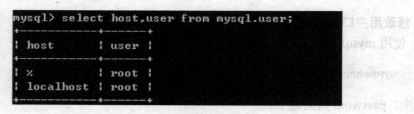

图 9-50 查看结果

9.3.2 用户权限设置

1. 权限授予

新建的 SQL 用户不允许访问属于其他 SQL 用户的表，也不能立即创建自己的表，必须被授权。可以授予的权限主要有以下几个。

1）列权限：和表中的一个具体列相关。
2）表权限：和一个具体表中的所有数据相关。
3）数据库权限：和一个具体的数据库中的所有表相关。
4）用户权限：和 MySQL 所有的数据库相关。

给予用户授权可以使用 grant 语句，语法格式如下。

```
grant
priv_type[(column_list)][,priv_type[(column_list)]]…
on[object_type]priv_level
to user_specification[,user_specification]…
[with with_option…]
```

参数说明如下。

1）priv_type：用于指定权限的名称，如 select、update 和 delete 等数据库操作。
2）column_list：用于指定权限要授予该表中哪些具体的列。
3）on 子句：用于指定权限授予的对象和级别，例如，可以在 on 关键字后面给出要授予权限的数据库名或者表名等。
4）object_type：可选项，用于指定权限授予的对象类型，包括表、函数和存储过程，分别用关键字 table、function 和 procedure 标识。
5）priv_level：用于指定权限的级别。
6）to 子句：用来设定用户的口令，以及制定被授予权限的用户 user。如果在 to 子句中给系统中存在的用户指定口令，那么新密码会将原密码覆盖；如果权限被授予给一个不存在的用户，MySQL 会自动执行一条 create user 语句来创建这个用户，但是同时必须为该用户指定口令。
7）user_specification：to 子句中的具体描述部分，其与 create user 语句中的 user_specification 部分一样。
8）with 子句：grant 语句的最后可以使用 with 子句，为可选项，用于实现权限的转移或者限制。

（1）授予表权限和列权限

授予表权限时，priv_type 可以是以下值。
- select：给予用户使用 select 语句访问特定的表的权力。用户也可以在一个视图公式中包含表。但是要求用户必须对视图公式中指定的每个表或者视图都有 select 权限。
- insert：给予用户使用 insert 语句向一个特定表中添加行的权力。
- delete：给予用户使用 delete 语句向一个特定表中删除行的权力。
- update：给予用户使用 update 语句修改特定表中值的权力。
- references：给予用户创建一个外键来参照特定的表的权力。
- create：给予用户使用特定的名字创建一个表的权力。
- alter：给予用户使用 alter table 语句修改表的权力。
- index：给予用户在表上定义索引的权力。
- drop：给予用户删除表的权力。
- all 或者 all privileges：表示所有权限名。

【例 9-17】 授予用户 king 在 course 表上的 select 权限。

```
use test;
grant select
    on course
    to king@localhost;
```

【例 9-18】 用户 liu 和 qu 不存在，授予它们在 course 表上的 select 和 update 权限。

```
grant select,update
    on course
    to liu@localhost identified by'lpwd',
       qu@localhost identified by'zpwd';
```

如果权限授予了一个不存在的用户，MySQL 会自动执行一条 create user 语句来创建这个用户，但必须为该用户指定密码。

【例 9-19】 授予 king 在 course 表上的学号列和姓名列的 update 权限。

```
grant update(姓名，学号)
    on course
    to king@localhost;
```

（2）授予数据库权限

表权限适用于一个特定的表，MySQL 还支持针对整个数据库的权限。例如，在一个特定的数据库中创建表和视图的权限。

授予数据库权限时，priv_type 可以是以下值。
- select：给予用户使用 select 语句访问特定数据库中所有表和视图的权力。
- insert：给予用户使用 insert 语句向特定数据库中所有表添加行的权力。
- delete：给予用户使用 delete 语句删除特定数据库中所有表的行的权力。
- update：给予用户使用 update 语句修改特定数据库中所有表中值的权力。
- references：给予用户创建特定的数据库中的表外键的权力。

239

- create：给予用户使用 create table 语句在特定数据库中创建新表的权力。
- alter：给予用户使用 alter table 语句修改特定数据库中所有表的权力。
- index：给予用户在特定数据库中的所有表上定义和删除索引的权力。
- drop：给予用户删除特定数据库中所有表和视图的权力。
- create temporary tables：给予用户在特定数据库中创建临时表的权力。
- create view：给予用户在特定数据库中创建新的视图的权力。
- show view：给予用户查看特定数据库中已有视图的视图定义的权力。
- creat routine：给予用户为特定的数据库创建存储过程和存储函数等权力。
- alter routine：给予用户更新和删除数据库中已有的存储过程和存储函数等权力。
- execute routine：给予用户调用特定数据库的存储过程和存储函数的权力。
- lock tables：给予用户锁定特定数据库中已有表的权力。
- all 或者 all privileges：表示以上所有权限名。

【例 9-20】 授予 king 在 test 数据库中的所有表的 select 权限。

```
grant select
    on test.*
    to king@localhost;
```

参数说明如下。

test.* 表示 test 数据库中的所有表。【例 9-20】中的权限适用于所有已有的表，以及此后添加到 test 数据库中的任何表。

在 grant 语法格式中，授予数据库权限时，on 关键字后面可以跟 "*" 和 "db_name.*"，"*" 表示当前数据库中的所有表，"db_name.*" 表示某个数据库中的所有表，例如，【例 9-20】中的 test.* 表示 test 数据库中的所有表。

（3）授予用户权限

最有效率的权限就是授予用户权限，对于需要授予数据库权限的所有语句，也可以定义在用户权限上。例如，在用户级别上授予某人 create 权限，该用户可以创建一个新的数据库，也可以在所有的数据库中创建新表。

MySQL 授予用户权限时，priv_type 可以是以下值。

- create user：给予用户创建和删除新用户的权力。
- show databases：给予用户使用 show databases 语句查看所有已有的数据库的定义的权力。

在 grant 语法格式中，授予用户权限时，on 子句中使用 "*.*" 表示所有数据库的所有表。

【例 9-21】 授予 Linda 创建新用户的权力。

```
grant create user
    on *.*
    to Linda@localhost;
```

2．权限的转移和限制

（1）转移权限

如果将 with 子句指定为 with grant option，那么表示 to 子句中所指定的所有用户都具有把自己所拥有的权限授予其他用户的权力，而无论那些其他用户是否拥有该权限。

【例 9-22】 授予当前系统中一个不存在的用户 qu 在数据库 test 的表 course 中拥有 select 和 update 权限，并允许它将自身的这个权限授予其他用户。

```
grant select,update
on test.course
to 'qu'@'localhost'identified by'abc'
with grant option;
```

语句执行结束后会在系统中创建一个新的用户账号 qu，其口令为 abc。以该账户登录 MySQL 服务器，就可以根据需要将其自身的权限授予其他指定的用户。

（2）限制权限

如果 with 子句中的 with 关键字后面紧跟的是 max_queries_per_hour count、max_updates_per_hour count、max_connections_per_hour count 或者 max_user_conections count 中的某一项，那么该 grant 语句可以用于限制权限。其中，max_queries_per_hour count 表示限制每小时可以查询数据库的次数；max_updates_per_hour count 表示限制每小时可以修改数据库的次数；max_connections_per_hour count 表示限制每小时可以连接数据库的次数；max_user_conections count 表示限制同时连接 mysql 的最大用户数。这里，count 用于设置一个数值，对于前 3 个指定，count 如果为 0，则表示不起限制作用。

【例 9-23】 授予系统中的用户 qu 在数据库 test 的表 course 中每小时只能处理一条 delete 语句的权限。

```
grant delete ontest.course to 'qu'@'localhost'
with max_queries_per_hour 1;
```

3．权限的撤销

当需要撤销一个用户的权限，但不从 user 表中删除该用户时，可以使用 revoke 语句，语法格式如下。

```
revoke priv_type[(column_list)] [,priv_type[(column_list)]]…
   on [object_type]priv_level
   from user[,user]…
```

或者

```
revoke all privieges,grant option
   from user[,user]…
```

revoke 语句和 grant 语句的语法格式相似，但是具有相反的效果。

第一种语法格式用于回收某些特定的权限。

第二种语法用于回收特定用户的所有权限。

如果要使用 revoke 语句，必须拥有 MySQL 数据库的全局 create user 权限或者 update 权限。

241

9.4 案例：数据库备份与恢复

1. 案例要求

有数据库初始化脚本如下（main.sql）。

```sql
#为了测试第5章各个语句内容，创建该sql文件，用于创建目标数据库与部分表
drop database if exists student_info;
create database student_info;
use student_info;
#创建老师表
create table teacher(
    tno varchar(20) not null,
    tname varchar(20) not null,
    ttel varchar(20) not null
);
#创建学生表
create table student(
    sno int not null AUTO_INCREMENT PRIMARY KEY,
    sname varchar(20) not null,
    ssex varchar(2) not null,
    sage int not null,
    inf varchar(225) default null
);
#创建选修表
create table sc(
    sno int not null,
    cno int not null,
    grade float default 0,
    stime datetime not null
);
#创建课程表
create table course(
    cno int not null AUTO_INCREMENT PRIMARY KEY,
    cname varchar(20) not null,
    up_limit int default 0,
    inf varchar(225) not null,
    state varchar(20) not null,
    semester varchar(20) not null,
    credit float not null
);
#插入部分默认数据
#学生表
insert into student(sname,ssex,sage,inf) values ('张三','M',21,'15884488547');
```

insert into student(sname,ssex,sage,inf) values ('李四','F',20,'15228559623');
insert into student(sname,ssex,sage,inf) values ('王五','M',19,'19633521145');
insert into student(sname,ssex,sage,inf) values ('赵六','F',22,'15623364524');
insert into student(sname,ssex,sage,inf) values ('钱七','M',24,'15882556263');
insert into student(sname,ssex,sage,inf) values ('孙八','F',22,'15225856956');
insert into student(sname,ssex,sage,inf) values ('周九','M',20,'12552569856');
#课程表
insert into course(cname,up_limit,inf,state,semester,credit) values ('C 语言程序设计',20,'...','正在选课','2015-2016',4);
insert into course(cname,up_limit,inf,state,semester,credit) values ('MySQL 数据库设计',20,'...','正在选课','2015-2016',4);
insert into course(cname,up_limit,inf,state,semester,credit) values ('软件工程',20,'...','正在选课','2015-2016',4);
insert into course(cname,up_limit,inf,state,semester,credit) values ('java 程序设计',20,'...','正在选课','2015-2016',4);
insert into course(cname,up_limit,inf,state,semester,credit) values ('计算机组成原理',20,'...','正在选课','2015-2016',4);
insert into course(cname,up_limit,inf,state,semester,credit) values ('操作系统原理',20,'...','正在选课','2015-2016',4);
insert into course(cname,up_limit,inf,state,semester,credit) values ('数据库概述',20,'...','正在选课','2015-2016',4);
insert into course(cname,up_limit,inf,state,semester,credit) values ('计算机网络概述',20,'...','正在选课','2015-2016',4);
insert into course(cname,up_limit,inf,state,semester,credit) values ('UML 语言简介',20,'...','正在选课','2015-2016',4);
#选修表
insert into sc(sno,cno,stime,grade) values(1,1,now(),80);
insert into sc(sno,cno,stime,grade) values(2,1,now(),92);
insert into sc(sno,cno,stime,grade) values(3,2,now(),45);
insert into sc(sno,cno,stime,grade) values(5,1,now(),77);
insert into sc(sno,cno,stime,grade) values(4,2,now(),66);
insert into sc(sno,cno,stime,grade) values(6,1,now(),59);
insert into sc(sno,cno,stime,grade) values(7,2,now(),82);
insert into sc(sno,cno,stime,grade) values(2,1,now(),64);
insert into sc(sno,cno,stime,grade) values(3,4,now(),98);
insert into sc(sno,cno,stime,grade) values(2,5,now(),92);
insert into sc(sno,cno,stime,grade) values(2,4,now(),81);

2．备份及恢复数据库

由于系统升级，现需将数据备份，要求备份数据与结构，并且在数据库备份结束后再将数据库恢复。

（1）导入数据库创建表

导入数据库创建表，如图 9-51 所示。

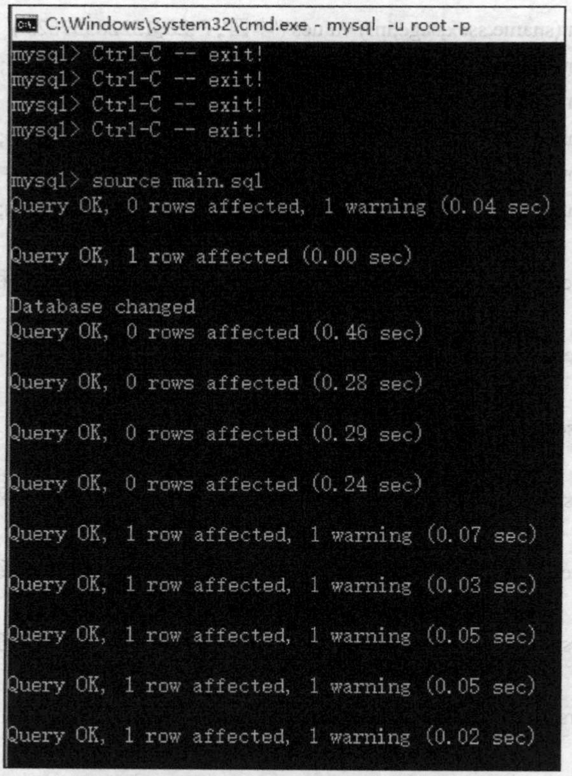

图 9-51 导入数据库创建表

（2）备份前逐一查看各基本表数据

```
select * from student;
```

运行结果如图 9-52 所示。

```
select * from course;
```

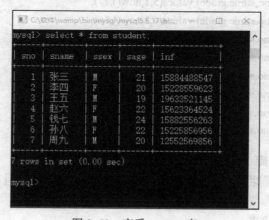

图 9-52 查看 student 表

运行结果如图 9-53 所示。

```
C:\软件\wamp\bin\mysql\mysql5.6.17\bin\mysql.exe
mysql> select * from course;
+-----+--------------------+----------+-----+----------+-----------+--------+
| cno | cname              | up_limit | inf | state    | semester  | credit |
+-----+--------------------+----------+-----+----------+-----------+--------+
|   1 | C语言程序设计       |       20 | ... | 正在选课 | 2015-2016 |      4 |
|   2 | MySQL数据库设计     |       20 | ... | 正在选课 | 2015-2016 |      4 |
|   3 | 软件工程            |       20 | ... | 正在选课 | 2015-2016 |      4 |
|   4 | java程序设计        |       20 | ... | 正在选课 | 2015-2016 |      4 |
|   5 | 计算机组成原理      |       20 | ... | 正在选课 | 2015-2016 |      4 |
|   6 | 操作系统原理        |       20 | ... | 正在选课 | 2015-2016 |      4 |
|   7 | 数据库概述          |       20 | ... | 正在选课 | 2015-2016 |      4 |
|   8 | 计算机网络概述      |       20 | ... | 正在选课 | 2015-2016 |      4 |
|   9 | UML语言简介         |       20 | ... | 正在选课 | 2015-2016 |      4 |
+-----+--------------------+----------+-----+----------+-----------+--------+
9 rows in set (0.03 sec)
```

图 9-53　查看 course 表

```
select * from sc;
```

运行结果如图 9-54 所示。

```
C:\软件\wamp\bin\mysql\mysql5....
mysql> select * from sc;
+-----+-----+-------+---------------------+
| sno | cno | grade | stime               |
+-----+-----+-------+---------------------+
|   1 |   1 |    80 | 2016-09-07 13:21:46 |
|   2 |   1 |    92 | 2016-09-07 13:21:46 |
|   3 |   2 |    45 | 2016-09-07 13:21:46 |
|   5 |   1 |    77 | 2016-09-07 13:21:46 |
|   4 |   2 |    66 | 2016-09-07 13:21:46 |
|   6 |   1 |    59 | 2016-09-07 13:21:46 |
|   7 |   2 |    82 | 2016-09-07 13:21:46 |
|   2 |   1 |    64 | 2016-09-07 13:21:46 |
|   3 |   4 |    98 | 2016-09-07 13:21:47 |
|   2 |   5 |    92 | 2016-09-07 13:21:47 |
|   2 |   4 |    81 | 2016-09-07 13:21:47 |
+-----+-----+-------+---------------------+
11 rows in set (0.00 sec)
```

图 9-54　查看 sc 表

（3）备份

进行备份，操作如图 9-55 所示。

```
C:\Windows\System32\cmd.exe
Microsoft Windows [版本 10.0.10240]
(c) 2015 Microsoft Corporation. All rights reserved.

C:\软件\wamp\bin\mysql\mysql5.6.17\bin>mysqldump -u root -p student_info > student_info.sql
Enter password:

C:\软件\wamp\bin\mysql\mysql5.6.17\bin>_
```

图 9-55　备份

备份的文本（student_info.sql）数据如下。

```sql
-- MySQL dump 10.13   Distrib 5.6.17, for Win32 (x86)
--
-- Host: localhost    Database: student_info
-- ------------------------------------------------------
-- Server version  5.6.17

/*!40101 SET @OLD_CHARACTER_SET_CLIENT=@@CHARACTER_SET_CLIENT */;
/*!40101 SET @OLD_CHARACTER_SET_RESULTS=@@CHARACTER_SET_RESULTS */;
/*!40101 SET @OLD_COLLATION_CONNECTION=@@COLLATION_CONNECTION */;
/*!40101 SET NAMES utf8 */;
/*!40103 SET @OLD_TIME_ZONE=@@TIME_ZONE */;
/*!40103 SET TIME_ZONE='+00:00' */;
/*!40014 SET @OLD_UNIQUE_CHECKS=@@UNIQUE_CHECKS, UNIQUE_CHECKS=0 */;
/*!40014 SET @OLD_FOREIGN_KEY_CHECKS=@@FOREIGN_KEY_CHECKS, FOREIGN_KEY_CHECKS=0 */;
/*!40101 SET @OLD_SQL_MODE=@@SQL_MODE, SQL_MODE='NO_AUTO_VALUE_ON_ZERO' */;
/*!40111 SET @OLD_SQL_NOTES=@@SQL_NOTES, SQL_NOTES=0 */;

--
-- Table structure for table `course`
--

DROP TABLE IF EXISTS `course`;
/*!40101 SET @saved_cs_client     = @@character_set_client */;
/*!40101 SET character_set_client = utf8 */;
CREATE TABLE `course` (
  `cno` int(11) NOT NULL AUTO_INCREMENT,
  `cname` varchar(20) NOT NULL,
  `up_limit` int(11) DEFAULT '0',
  `inf` varchar(225) NOT NULL,
  `state` varchar(20) NOT NULL,
  `semester` varchar(20) NOT NULL,
  `credit` float NOT NULL,
  PRIMARY KEY (`cno`)
) ENGINE=InnoDB AUTO_INCREMENT=10 DEFAULT CHARSET=utf8;
/*!40101 SET character_set_client = @saved_cs_client */;

--
-- Dumping data for table `course`
--

LOCK TABLES `course` WRITE;
```

```
/*!40000 ALTER TABLE `course` DISABLE KEYS */;
INSERT INTO `course` VALUES (1,'C 语言程序设计',20,'...','正在选课','2015-2016',4),(2,'MySQL 数据库设计',20,'...','正在选课','2015-2016',4),(3,'软件工程',20,'...','正在选课','2015-2016',4),(4,'java 程序设计',20,'...','正在选课','2015-2016',4),(5,'计算机组成原理',20,'...','正在选课','2015-2016',4),(6,'操作系统原理',20,'...','正在选课','2015-2016',4),(7,'数据库概述',20,'...','正在选课','2015-2016',4),(8,'计算机网络概述',20,'...','正在选课','2015-2016',4),(9,'UML 语言简介',20,'...','正在选课','2015-2016',4);
/*!40000 ALTER TABLE `course` ENABLE KEYS */;
UNLOCK TABLES;

--
-- Table structure for table `sc`
--

DROP TABLE IF EXISTS `sc`;
/*!40101 SET @saved_cs_client     = @@character_set_client */;
/*!40101 SET character_set_client = utf8 */;
CREATE TABLE `sc` (
    `sno` int(11) NOT NULL,
    `cno` int(11) NOT NULL,
    `grade` float DEFAULT '0',
    `stime` datetime NOT NULL
) ENGINE=InnoDB DEFAULT CHARSET=utf8;
/*!40101 SET character_set_client = @saved_cs_client */;

--
-- Dumping data for table `sc`
--

LOCK TABLES `sc` WRITE;
/*!40000 ALTER TABLE `sc` DISABLE KEYS */;
INSERT INTO `sc` VALUES (1,1,80,'2016-09-07 13:21:46'),(2,1,92,'2016-09-07 13:21:46'), (3,2,45,'2016-09-07 13:21:46'),(5,1,77,'2016-09-07 13:21:46'),(4,2,66,'2016-09-07 13:21:46'),(6,1,59,'2016-09-07 13:21:46'),(7,2,82,'2016-09-07 13:21:46'),(2,1,64,'2016-09-07 13:21:46'),(3,4,98,'2016-09-07 13:21:47'),(2,5,92,'2016-09-07 13:21:47'),(2,4,81,'2016-09-07 13:21:47');
/*!40000 ALTER TABLE `sc` ENABLE KEYS */;
UNLOCK TABLES;

--
-- Table structure for table `student`
--

DROP TABLE IF EXISTS `student`;
/*!40101 SET @saved_cs_client     = @@character_set_client */;
```

```sql
/*!40101 SET character_set_client = utf8 */;
CREATE TABLE `student` (
  `sno` int(11) NOT NULL AUTO_INCREMENT,
  `sname` varchar(20) NOT NULL,
  `ssex` varchar(2) NOT NULL,
  `sage` int(11) NOT NULL,
  `inf` varchar(225) DEFAULT NULL,
  PRIMARY KEY (`sno`)
) ENGINE=InnoDB AUTO_INCREMENT=8 DEFAULT CHARSET=utf8;
/*!40101 SET character_set_client = @saved_cs_client */;


--
-- Dumping data for table `student`
--

LOCK TABLES `student` WRITE;
/*!40000 ALTER TABLE `student` DISABLE KEYS */;
INSERT INTO `student` VALUES (1,'张三','M',21,'15884488547'),(2,'李四','F',20,'15228559623'),(3,'王五','M',19,'19633521145'),(4,' 赵 六 ','F',22,'15623364524'),(5,' 钱 七 ','M',24,'15882556263'),(6,' 孙 八 ','F',22,'15225856956'),(7,'周九','M',20,'12552569856');
/*!40000 ALTER TABLE `student` ENABLE KEYS */;
UNLOCK TABLES;

--
-- Table structure for table `teacher`
--

DROP TABLE IF EXISTS `teacher`;
/*!40101 SET @saved_cs_client = @@character_set_client */;
/*!40101 SET character_set_client = utf8 */;
CREATE TABLE `teacher` (
  `tno` varchar(20) NOT NULL,
  `tname` varchar(20) NOT NULL,
  `ttel` varchar(20) NOT NULL
) ENGINE=InnoDB DEFAULT CHARSET=utf8;
/*!40101 SET character_set_client = @saved_cs_client */;


--
-- Dumping data for table `teacher`
--

LOCK TABLES `teacher` WRITE;
```

```
/*!40000 ALTER TABLE `teacher` DISABLE KEYS */;
/*!40000 ALTER TABLE `teacher` ENABLE KEYS */;
UNLOCK TABLES;
/*!40103 SET TIME_ZONE=@OLD_TIME_ZONE */;

/*!40101 SET SQL_MODE=@OLD_SQL_MODE */;
/*!40014 SET FOREIGN_KEY_CHECKS=@OLD_FOREIGN_KEY_CHECKS */;
/*!40014 SET UNIQUE_CHECKS=@OLD_UNIQUE_CHECKS */;
/*!40101 SET CHARACTER_SET_CLIENT=@OLD_CHARACTER_SET_CLIENT */;
/*!40101 SET CHARACTER_SET_RESULTS=@OLD_CHARACTER_SET_RESULTS */;
/*!40101 SET COLLATION_CONNECTION=@OLD_COLLATION_CONNECTION */;
/*!40111 SET SQL_NOTES=@OLD_SQL_NOTES */;

-- Dump completed on 2016-09-07 13:30:33
```

（4）删除数据库

```
drop database student_info;
```

运行结果如图 9-56 所示。

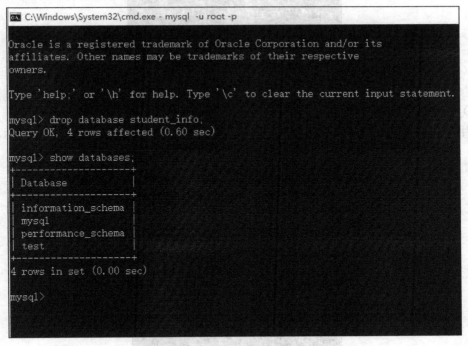

图 9-56　删除数据库

（5）恢复数据库

恢复数据库操作如图 9-57 所示。

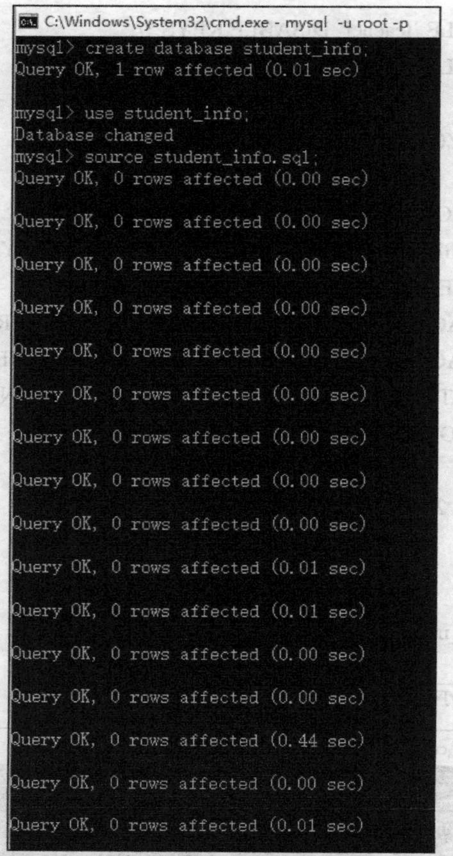

图 9-57 恢复数据库

（6）查看恢复后的基本表

使用 select * from 语句查看恢复后的基本表，结果分别如图 9-58～图 9-60 所示。

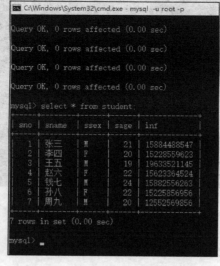

图 9-58 查看恢复后的 student 表

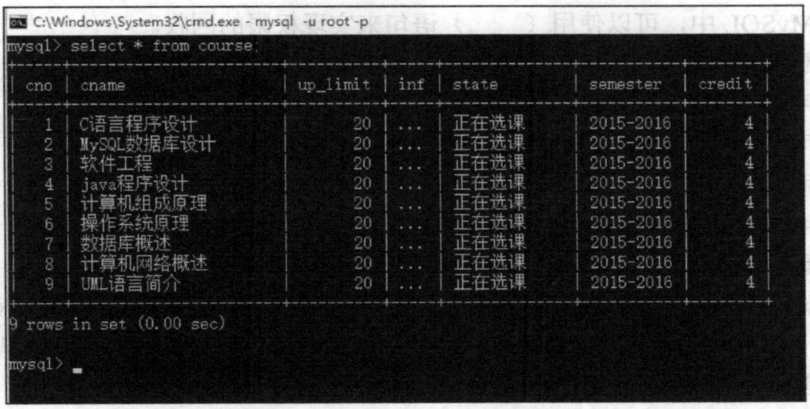

```
C:\Windows\System32\cmd.exe - mysql  -u root -p
mysql> select * from course;
+-----+------------------+----------+-----+----------+-----------+--------+
| cno | cname            | up_limit | inf | state    | semester  | credit |
+-----+------------------+----------+-----+----------+-----------+--------+
|   1 | C语言程序设计      |       20 | ... | 正在选课  | 2015-2016 |      4 |
|   2 | MySQL数据库设计    |       20 | ... | 正在选课  | 2015-2016 |      4 |
|   3 | 软件工程           |       20 | ... | 正在选课  | 2015-2016 |      4 |
|   4 | java程序设计       |       20 | ... | 正在选课  | 2015-2016 |      4 |
|   5 | 计算机组成原理      |       20 | ... | 正在选课  | 2015-2016 |      4 |
|   6 | 操作系统原理        |       20 | ... | 正在选课  | 2015-2016 |      4 |
|   7 | 数据库概述          |       20 | ... | 正在选课  | 2015-2016 |      4 |
|   8 | 计算机网络概述      |       20 | ... | 正在选课  | 2015-2016 |      4 |
|   9 | UML语言简介        |       20 | ... | 正在选课  | 2015-2016 |      4 |
+-----+------------------+----------+-----+----------+-----------+--------+
9 rows in set (0.00 sec)

mysql>
```

图 9-59　查看恢复后的 course 表

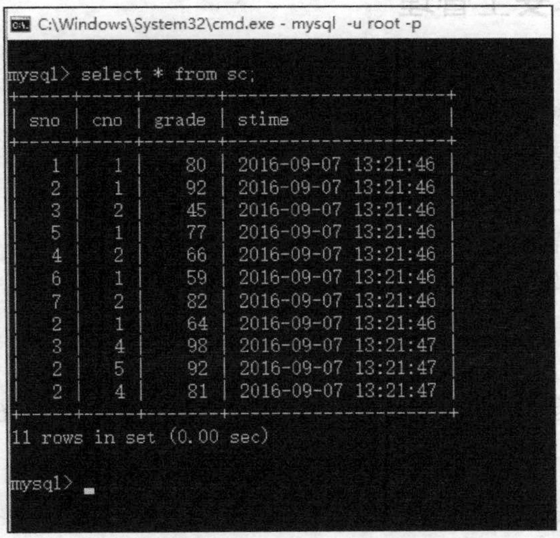

```
C:\Windows\System32\cmd.exe - mysql  -u root -p

mysql> select * from sc;
+-----+-----+-------+---------------------+
| sno | cno | grade | stime               |
+-----+-----+-------+---------------------+
|   1 |   1 |    80 | 2016-09-07 13:21:46 |
|   2 |   1 |    92 | 2016-09-07 13:21:46 |
|   3 |   2 |    45 | 2016-09-07 13:21:46 |
|   5 |   1 |    77 | 2016-09-07 13:21:46 |
|   4 |   2 |    66 | 2016-09-07 13:21:46 |
|   6 |   1 |    59 | 2016-09-07 13:21:46 |
|   7 |   2 |    82 | 2016-09-07 13:21:46 |
|   2 |   1 |    64 | 2016-09-07 13:21:46 |
|   3 |   4 |    98 | 2016-09-07 13:21:47 |
|   2 |   5 |    92 | 2016-09-07 13:21:47 |
|   2 |   4 |    81 | 2016-09-07 13:21:47 |
+-----+-----+-------+---------------------+
11 rows in set (0.00 sec)

mysql>
```

图 9-60　查看恢复后的 sc 表

本章总结

本章首先介绍了 MySQL 内置的函数，分别从数学函数、字符串函数、数据类型转换函数、控制流程函数、系统信息函数，以及日期和时间函数的使用和功能进行详细阐述。接着对数据库的备份与还原进行了介绍，详细阐述了数据库备份与还原的方法和步骤，并通过具体实例进行分析。最后介绍了数据库的用户管理，分别从数据库用户管理与用户权限设置两方面进行阐述。

实践与练习

1. 填空题

（1）在 MySQL 中，可以使用（　　）语句来为指定的数据库添加用户。

（2）在 MySQL 中，可以使用（   ）语句来实现权限的回收。

2. 概念题

（1）如何查看和删除用户？
（2）如何修改用户密码？
（3）如何对权限进行授予？
（4）如何对权限进行回收？

3. 操作题

使用 now()、current_timestamp()、localtime()和 sysdate()函数获取 MySQL 服务器当前的时间和日期，这 4 个函数允许传递一个整数值（小于等于 6）作为函数参数，从而获取更为精确的时间信息。另外，这些函数的返回值与时区设置有关。

实验指导：数据库安全管理

实验目的和要求

- 理解 MySQL 的权限系统的工作原理。
- 理解 MySQL 账号及权限的概念。
- 掌握管理 MySQL 账户和权限的方法。
- 学会创建和删除普通用户的方法和密码管理的方法。
- 学会如何进行权限管理。

题目1

1. 任务要求

（1）使用 root 用户创建 teacher 用户，将初始密码设置为 123456，并让该用户对所有数据库拥有 select、create、drop 和 super 权限。

```
grant select,create,drop,super on *.* to teacher @localhost identified by'123456'with grant option;
```

（2）创建 assistant 用户，设置该用户没有初始密码。

```
create user asissitant@localhost;
```

（3）使用 asissitant 用户登录，将其密码修改为 000000。

```
set password=passwore('000000');
```

（4）使用 teacher 用户登录，为 asissitant 用户设置 create 和 drop 权限。

```
grant create,drop on*.* to asissitant@localhost;
```

（5）使用 asissitant 用户登录，验证其拥有的 create 和 drop 权限。

```
create table jxgl.tl(id int);
drop tablejxgl.t1;
```

（6）使用 root 用户登录，收回 teacher 用户和 asissitant 用户的所有权限（在 workbench

中验证时必须重新打开这两个用户的连接窗口）。

> revoke all on*.*from teacher@localhost,asissitant@localhost;

（7）删除 teacher 用户和 asissitant 用户。

> drop user teacher@localhost,asissitant@localhost;

（8）修改 root 用户的密码。

> update mysal.user set password=password("000000") where user='root';

2．知识点提示

本任务主要用到以下知识点。
（1）在 MySQL 中创建新用户，并设置初始密码。
（2）以用户身份登录并修改密码。
（3）为用户设置 create 和 drop 权限。
（4）收回权限。
（5）删除普通用户。
（6）修改 root 用户的密码。

题目 2

1．任务要求

（1）使用 root 用户创建 exam1 用户，将初始密码设置为 123456，并让该用户对所有数据库拥有 select、create、drop、super 和 grant 权限。
（2）创建用户 exam2，设置该用户没有初始密码。
（3）使用 exam2 用户登录，将其密码设置为 888888。
（4）使用 exam1 用户登录，为 exam2 设置 create 和 drop 权限。
（5）使用 root 用户登录，收回 exam1 和 exam2 的所有权限。
（6）删除 exam1 用户和 exam2 用户。
（7）修改 root 用户的密码。

2．知识点提示

本任务主要用到以下知识点。
（1）在 MySQL 中创建新用户，并设置初始密码。
（2）以用户身份登录并修改密码。
（3）为用户设置 create 和 drop 权限。
（4）收回权限。
（5）删除普通用户。
（6）修改 root 用户的密码。

第 10 章 综合案例——图书管理系统

在前面的章节中,已经学习了如何使用 MySQL 语句来操纵数据库中的对象。本章将使用 MySQL 和 Java Web 技术实现一个 B/S 结构的图书管理系统。其中,MySQL 数据库用于存储系统中的图书信息、读者信息、借阅关系和管理员等数据。Java Servlet/JSP 技术用于实现图书信息的查询、借阅和归还,从而实现图书借阅的高效管理。

10.1 系统需求分析

图书管理系统是一个集图书信息管理、读者信息管理、借书还书信息管理和系统参数管理等功能模块于一体的信息管理系统。

1. 图书信息管理

图书信息管理模块包括图书基本信息(如书号、书名、作者、出版社、出版日期、定价和页数等)的添加和查询。

2. 读者信息管理

读者信息管理模块包括读者基本信息(如借书证号码、姓名、性别、所在单位、联系方式、读者类别、办证时间和过期时间)的添加、删除、修改和查询。读者通过借书证号码可以查询到自己的图书借阅情况,如当前借了哪些书,这些书什么时间归还等。

3. 借书还书信息管理

借书还书信息管理模块实现了图书的借阅和归还功能,根据读者借书证号码和图书条形码可以将图书借给读者,根据图书条形码可以归还图书。读者借书时要验证借书证是否有效,借书是否超量,还书时要验证图书是否已超期。

4. 系统参数管理

系统参数管理包括不同类别读者的图书借期、借阅数量,以及超期时每天的罚款金额等。

10.2 数据库设计

数据库技术是信息资源管理最有效的手段,数据库结构设计的好坏将直接对应用系统的效率和实现效果产生影响。合理的数据库结构设计可以提高数据存储效率,保证数据的完整性和一致性。根据系统需求分析,图书管理系统中数据表的结构和说明如下。

1. tb_manager(管理员信息表)

管理员信息表主要用来保存管理员信息,主要包括管理员名称和密码。管理员信息表的结构和说明如表 10-1 所示。

表 10-1 tb_manager 表的结构和说明

字段名	数据类型	是否为空	是否主键	描 述
manageid	字符型	NOT NULL	YES	管理员名称
managepwd	字符型	NOT NULL		管理员密码

2．tb_readertype（读者类型信息表）

读者类型信息表用来保存不同读者的类型信息，读者类型包括本科生、研究生和教师。不同的读者类型可以借书的数量、借期天数及超期还书时的每日罚款金额是不同的。读者类型信息表的结构和说明如表 10-2 所示。

表 10-2 tb_readertype 表的结构和说明

字段名	数据类型	是否为空	是否主键	描 述
readertype	字符型	NOT NULL	YES	读者类型
bookamount	数值型	NOT NULL		借书数量
bookdays	数值型	NOT NULL		借期天数
dayfine	数值型	NOT NULL		超期还书时每日罚款金额

3．tb_reader（读者信息表）

读者信息表中包括读者的借书证号码、登录密码、读者的真实姓名、性别、单位、联系方式、借书证开通日期、借书证注销日期和读者类型。读者信息表的结构和说明如表 10-3 所示。

表 10-3 tb_reader 表的结构和说明

字段名	数据类型	是否为空	是否主键	描 述
readerid	字符型	NOT NULL	YES	读者借书证号码
readerpwd	字符型	NOT NULL		读者登录密码
readername	字符型	NOT NULL		读者真实姓名
readergender	字符型	NOT NULL		读者性别
readerunit	字符型	NOT NULL		读者单位
readertel	字符型			读者联系方式
readerstart	日期型	NOT NULL		读者办证日期
readerend	日期型	NOT NULL		借书证注销日期
readertype	字符型	NOT NULL		读者类型

4．tb_book（图书基本信息表）

图书基本信息表用来存储图书的基本信息，主要包括图书国际标准书号、书名、作者、译者、出版社名称、出版日期、页数和定价。图书基本信息表的结构和说明如表 10-4 所示。

表 10-4 tb_book 表的结构和说明

字段名	数据类型	是否为空	是否主键	描述
isbn	字符型	NOT NULL	YES	图书国际标准书号
bookname	字符型	NOT NULL		图书名称
bookauthor	字符型	NOT NULL		作者
booktranslator	字符型			译者
bookpublisher	字符型	NOT NULL		出版社
publishdate	日期型	NOT NULL		出版日期
bookpage	数值型	NOT NULL		页数
bookprice	数值型	NOT NULL		定价

5．tb_bookinfo（图书馆藏信息表）

由于同一个 ISBN 号的图书往往有多本，每本书都以不同的条形码进行区分，每本书还应有一个状态标志用于表明这本书是否可借。图书馆藏信息表的结构和说明如表 10-5 所示。

表 10-5 tb_bookinfo 表的结构和说明

字段名	数据类型	是否为空	是否主键	描述
bookcode	字符型	NOT NULL	YES	图书条形码
isbn	字符型	NOT NULL		图书国际标准书号
status	字符型	NOT NULL		图书是否可借

6．tb_booklend（图书借阅信息表）

图书借阅信息表中包括读者的借书证号码、图书条形码、借书日期、应还日期、图书实际归还日期、超期天数和罚款金额。图书借阅信息表的结构和说明如表 10-6 所示。

表 10-6 tb_booklend 表的结构和说明

字段名	数据类型	是否为空	是否主键	描述
id	数值型	NOT NULL	YES	图书借阅序号，自增长列
bookcode	字符型	NOT NULL		图书条形码
readerid	字符型	NOT NULL		读者借书证号码
borrowdate	日期型	NOT NULL		借书日期
duedate	日期型	NOT NULL		应还日期
returndate	日期型			实际还书日期
overdueday	数值型			超期天数
fine	数值型			罚款金额

10.3 数据库表的创建

数据库的逻辑结构设计完毕后，就可以开始创建数据库和数据表了。首先创建图书管理数据库 bookmanage，创建并选择数据库的 SQL 语句如下。

```
create database bookmanage;
use bookmanage;
```

在图书管理数据库 bookmanage 中分别创建数据表 tb_manager（管理员信息表）、tb_readertype（读者类型信息表）、tb_reader（读者信息表）、tb_book（图书基本信息表）、tb_bookinfo（图书馆藏信息表）和 tb_booklend（图书借阅信息表）。

1. tb_manager（管理员信息表）

创建管理员信息表 tb_manager 并插入管理员信息，SQL 语句如下。

```
create table tb_manager(
    manageid varchar(20) primary key,
    managepwd varchar(10) not null
);
insert into tb_manager values("administrator","12345678");
```

2. tb_readertype（读者类型信息表）

创建读者类型信息表 tb_readertype 并插入读者类型信息，SQL 语句如下。

```
create table tb_readertype(
    readertype varchar(5) primary key,
    bookamount int unsigned not null,
    bookdays int unsigned not null,
    dayfine decimal(5,2) not null
);
insert into tb_readertype values("01",10,60,0.1);
insert into tb_readertype values("02",20,90,0.1);
insert into tb_readertype values("03",30,150,0.2);
```

在上面的 SQL 语句中，读者类型"01"为本科生，"02"为研究生，"03"为教师。

3. tb_reader（读者信息表）

创建读者信息表并插入读者信息，SQL 语句如下。

```
create table tb_reader(
    readerid varchar(10) primary key,
    readerpwd varchar(8) not null,
    readername varchar(30) not null,
    readergender varchar(2) not null,
    readerunit varchar(50) not null,
    readertel varchar(20),
    readerstart date not null,
    readerend date not null,
    readertype varchar(5) not null,
    constraint reader_type_fk foreign key(readertype) references tb_readertype(readertype)
);
insert into tb_reader values("2015010001","12312312","刘国平","男","外国语","13876541234",
    20150901,20190901,"01");
```

```
insert into tb_reader values("2015120002","12345678","赵一宁","女","古生物","13967823414",
    20150901,20180801,"02");
insert into tb_reader values("2001340008","87654321","丁小峰","男","计算机","18712347861",
    20010305,20360419,"03");
```

4. tb_book（图书基本信息表）
创建图书基本信息表，SQL 语句如下。

```
create table tb_book(
    isbn varchar(20) primary key,
    bookname varchar(60) not null,
    bookauthor varchar(60) not null,
    booktranslator varchar(60),
    bookpublisher varchar(60) not null,
    publishdate date not null,
    bookpage int unsigned not null,
    bookprice decimal(7,2) not null
);
```

5. tb_bookinfo（图书馆藏信息表）
创建图书馆藏信息表，SQL 语句如下。

```
create table tb_bookinfo(
    bookcode varchar(20) primary key,
    isbn varchar(20) not null,
    status varchar(5) not null,
    constraint bookinfo_isbn_fk foreign key(isbn) references tb_book(isbn)
);
```

6. tb_booklend（图书借阅信息表）
创建图书借阅信息表，SQL 语句如下。

```
create table tb_booklend(
    id bigint auto_increment primary key,
    bookcode varchar(20) not null,
    readerid varchar(10) not null,
    borrowdate date not null,
    duedate date not null,
    returndate date,
    overdueday int unsigned,
    fine decimal(7,2),
    constraint booklend_bookcode_fk foreign key(bookcode) references tb_bookinfo(bookcode),
    constraint booklend_readerid_fk foreign key(readerid) references tb_reader(readerid)
);
```

10.4 系统实现

在图书管理系统中主要包括系统管理员和读者两类用户。系统管理员的任务为：系统参数的设置、图书基本信息及馆藏信息的设置，以及图书的借阅和归还管理。读者可以查看自己的个人基本信息和借阅信息，以及查询馆藏图书信息。

10.4.1 使用 JDBC 访问 MySQL 数据库

图书管理系统中的图书信息、读者及其借阅信息、系统管理员等信息都保存在数据库中，通过 JDBC 可以实现对 MySQL 数据库的访问。基于 JDBC 访问 MySQL 数据库的代码如下。

```java
package databasemanage;
import java.sql.Connection;
import java.sql.DriverManager;
import java.sql.ResultSet;
import java.sql.SQLException;
import java.sql.Statement;
public class DatabaseManage {
    public String DBDRIVER = "com.mysql.jdbc.Driver";
    public String DBURL = "jdbc:mysql://localhost:3306/bookmanage";
    public String DBUSER = "root";
    public String DBPASS = "root";
    private Connection conn = null;
    private Statement stmt = null;
    private ResultSet rs = null;
    public DatabaseManage(){
        try {
            Class.forName(DBDRIVER);
        } catch (ClassNotFoundException e) {
            e.printStackTrace();
            System.out.println("驱动加载失败!"+e);
        }
    }
    public Connection getConnection(){
        try {
            conn = DriverManager.getConnection(DBURL, DBUSER, DBPASS);
        } catch (SQLException e) {
            e.printStackTrace();
            System.out.println("数据库连接失败!");
        }
        return conn;
    }
    public ResultSet executeQuery(String sql){
```

```java
            try {
                stmt = conn.createStatement();
                rs = stmt.executeQuery(sql);
                System.out.println("查询成功");
            } catch (SQLException e) {
                e.printStackTrace();
            }
            if(rs == null){
                System.out.println("执行查询操作失败！");
            }
            return rs;
        }
        public int executeUpdate(String sql){
            int result = 0;
            try {
                stmt = conn.createStatement();
                result = stmt.executeUpdate(sql);
            } catch (SQLException e) {
                e.printStackTrace();
                System.out.println("执行失败！");
                result = 0;
            }
            return result;//执行影响的行数
        }
        public void close(){
            if(rs != null){
                try {
                    rs.close();
                } catch (SQLException e) {
                    e.printStackTrace();
                }
            }
            if(stmt != null){
                try {
                    stmt.close();
                } catch (SQLException e) {
                    e.printStackTrace();
                }
            }
            if(conn != null){
                try {
                    conn.close();
                } catch (SQLException e) {
                    e.printStackTrace();
                }
```

```
            }
        }
    }
```

10.4.2 管理员登录

管理员登录页面 AdminLogin.jsp 的代码如下。

```jsp
<%@ page contentType="text/html;charset=UTF-8" %>
<html>
  <head>
    <title>管理员登录页面</title>
  </head>
  <body>
    <h1 align="center">图书管理系统</h1>
    <center>
    <img src="images/login.jpg" width="1000" height="500" />
    <form id="adminlogin" name="adminlogin" method="post"
            action="servlet/AdminLoginCheck">
    <table>
      <tr>
        <td>管理员名称：</td>
        <td>
            <input name="adminname"   type="text" title="管理员名称"/>
        </td>
      </tr>
      <tr>
        <td>管理员密码：</td>
        <td>
            <input name="password"   type="password" title="管理员密码"/>
        </td>
      </tr>
      <tr>
        <td> </td>
        <td align="right">
            <input type="submit"   value="登录"/>
        </td>
      </tr>
    </table>
    </form>
    </center>
  </body>
</html>
```

管理员登录页面 AdminLogin.jsp 的运行结果如图 10-1 所示。

图 10-1 管理员登录页面 AdminLogin.jsp 运行结果

当管理员输入用户名和密码并单击"登录"按钮后，请求信息由 AdminLoginCheck.java 处理，AdminLoginCheck.java 的代码如下。

```java
package servlets;
import java.io.IOException;
import javax.servlet.ServletException;
import javax.servlet.http.HttpServlet;
import javax.servlet.http.HttpServletRequest;
import javax.servlet.http.HttpServletResponse;
import databasemanage.DatabaseManage;
import java.sql.*;
public class AdminLoginCheck extends HttpServlet {
    public AdminLoginCheck() {
            super();
    }
    public void destroy() {
            super.destroy();
    }
    public void doPost(HttpServletRequest request, HttpServletResponse response)
            throws ServletException, IOException {
            response.setCharacterEncoding("UTF-8");
            String adminname=request.getParameter("adminname");
            String password=request.getParameter("password");
            DatabaseManage dm=new DatabaseManage();
            Connection con=null;
            ResultSet rs=null;
            boolean result=false;
            con=dm.getConnection();
            String sql="select * from tb_manager where manageid="+"\""+adminname+"\""+" and
                managepwd="+"\""+password+"\"";
```

```
                    if(con!=null){
                        rs=dm.executeQuery(sql);
                    }
                    try{
                        if(rs!=null){
                            result=rs.next();
                        }
                    }
                    catch(Exception e){
                        e.printStackTrace();
                    }
                    if(result){
                        response.sendRedirect("../AdminMain.jsp");
                    }
                    else{
                        response.sendRedirect("../LoginFail.jsp");
                    }
                    dm.close();
        }
        public void init() throws ServletException {
                super.init();
        }
    }
```

在 AdminLoginCheck.java 代码中查询管理员信息表 tb_manager，如果用户输入用户名 administrator 和密码 12345678，则进入管理员主界面 AdminMain.jsp。否则，进入登录失败页面 LoginFail.jsp。

管理员登录成功后进入主界面 AdminMain.jsp 的运行结果如图 10-2 所示。

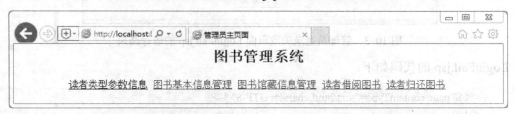

图 10-2　管理员登录成功后进入主界面 AdminMain.jsp 的运行结果

AdminMain.jsp 的代码如下。

```
        <%@ page contentType="text/html;charset=UTF-8" %>
        <html>
          <head>
            <title>管理员主页面</title>
          </head>
          <body>
            <center>
              <h2>图书管理系统</h2>
```

```html
            <table width="80%" >
              <tr>
                <td>
                    <a href="ReaderType.jsp">读者类型参数信息</a>
                </td>
                <td>
                    <a href="Book.jsp">图书基本信息管理</a>
                </td>
                <td>
                    <a href="BookInfo.jsp">图书馆藏信息管理</a>
                </td>
                <td>
                    <a href="ReaderBorrow.jsp">读者借阅图书</a>
                </td>
                <td>
                    <a href="ReaderReturn.jsp">读者归还图书</a>
                </td>
              </tr>
            </table>
         </center>
      </body>
</html>
```

管理员登录失败页面 LoginFail.jsp 的运行结果如图 10-3 所示。

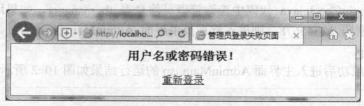

图 10-3　管理员登录失败页面 LoginFail.jsp 的运行结果

LoginFail.jsp 的代码如下。

```jsp
<%@ page contentType="text/html;charset=UTF-8" %>
<html>
  <head>
     <title>管理员登录失败页面</title>
  </head>
  <body>
     <center>
       <h3>用户名或密码错误！</h3>
       <a href="AdminLogin.jsp">重新登录</a>
     </center>
  </body>
</html>
```

10.4.3 系统参数设置

系统参数设置主要用于完成读者类型参数的管理，包括读者类型参数的查询、修改和增加。ReaderType.jsp 文件用于显示系统中所有的读者类型参数信息，其代码如下。

```jsp
<%@ page contentType="text/html;charset=UTF-8" %>
<%@ page import="databasemanage.DatabaseManage" %>
<%@ page import="java.sql.*" %>
<html>
  <head>
    <title>读者类型参数信息</title>
  </head>
  <body>
  <h1 align="center">读者类型参数信息</h1>
  <center>
    <%
        request.setCharacterEncoding("UTF-8");
        response.setCharacterEncoding("UTF-8");
        DatabaseManage dm=new DatabaseManage();
        Connection con=null;
        ResultSet rs=null;
        con=dm.getConnection();
        String sql="select * from tb_readertype";
        if(con!=null){
            rs=dm.executeQuery(sql);
        }
        try{
            if(rs!=null&&rs.next()){
                out.println("<table width=60% border=1 cellspacing=0>");
                out.println("<tr>");
                out.println("<th>读者类型</th>");
                out.println("<th>借书数量</th>");
                out.println("<th>借期天数</th>");
                out.println("<th>超期还书时每日罚款金额</th>");
                out.println("<th>操作</th>");
                out.println("</tr>");
                rs.beforeFirst();
                while(rs.next()){
                    out.println("<tr>");
                    out.println("<td>"+rs.getString("readertype")+"</td>");
                    out.println("<td>"+rs.getInt("bookamount")+"</td>");
                    out.println("<td>"+rs.getInt("bookdays")+"</td>");
                    out.println("<td>"+rs.getBigDecimal("dayfine")+"</td>");
                    out.println("<td>");
                    out.println("<a href="+"ReaderTypeModify.jsp?readertype="
```

```
                            +rs.getString("readertype")+"'>修改</a>");
                        out.println("</td>");
                        out.println("</tr>");
                    }
                    out.println("</table>");
                }
            }
            catch(Exception e){
                e.printStackTrace();
            }
            dm.close();
        %>
        <br><br>
        <a href="ReaderTypeAdd.jsp">添加读者类型</a>
        <a href="AdminMain.jsp">返回</a>
        </center>
    </body>
</html>
```

ReaderType.jsp 文件的运行结果如图 10-4 所示。

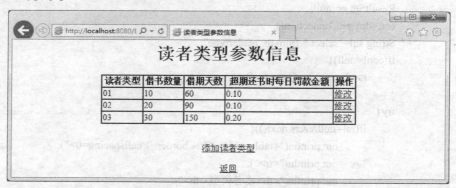

图 10-4 ReaderType.jsp 文件运行结果

当对某一读者类型参数进行修改时，会执行 ReaderTypeModify.jsp 文件，其代码如下。

```
<%@ page contentType="text/html;charset=UTF-8" %>
<%@ page import="databasemanage.DatabaseManage" %>
<%@ page import="java.sql.*" %>
<html>
    <head>
        <title>读者类型参数修改</title>
    </head>
    <body>
        <h1 align="center">读者类型参数修改</h1>
        <%
            request.setCharacterEncoding("UTF-8");
```

```jsp
response.setCharacterEncoding("UTF-8");
String readertype=request.getParameter("readertype");
DatabaseManage dm=new DatabaseManage();
Connection con=null;
ResultSet rs=null;
con=dm.getConnection();
String sql="select * from tb_readertype where readertype='"+readertype+"'";
if(con!=null){
        rs=dm.executeQuery(sql);
        rs.absolute(1);
    }
%>
<center>
    <form id="readertypemodify" name="readertypemodify" method="post" action=
                "servlet/ReaderTypeModiServlet">
    <table>
    <tr>
        <td align=right>读者类型：</td>
        <td>
            <input name="readertype"   type="text" value=<%=rs.getString(1) %> readonly>
        </td>
    </tr>
    <tr align=right>
        <td align=right>借书数量：</td>
        <td>
            <input name="bookamount"   type="text" value=<%=rs.getInt(2) %> >
        </td>
    </tr>
    <tr>
        <td align=right>借期天数：</td>
        <td>
            <input name="bookdays" type="text" value=<%=rs.getInt(3) %> >
        </td>
    </tr>
    <tr>
        <td align=right>超期还书时每日罚款金额：</td>
        <td>
            <input name="dayfine" type="text" value=<%=rs.getBigDecimal(4) %> >
        </td>
    </tr>
    <tr>
        <td></td>
        <td align="right">
          <input type="submit" value="修改"/>
        </td>
    </tr>
    </table>
```

```
                </form>
            </center>
            <%
                    dm.close();
            %>
        </body>
    </html>
```

ReaderTypeModify.jsp 文件运行结果如图 10-5 所示。

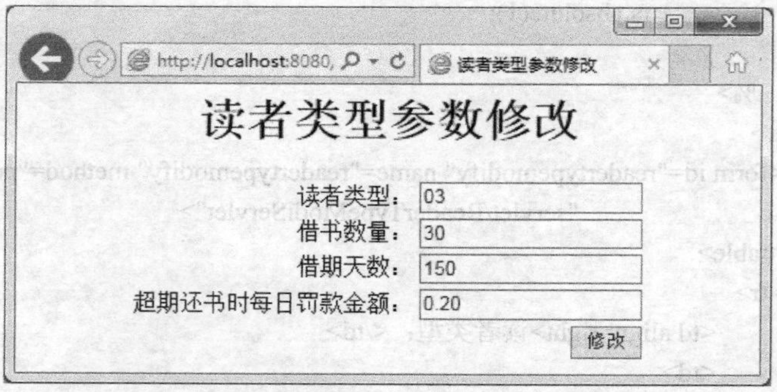

图 10-5 ReaderTypeModify.jsp 文件运行结果

在上面的运行结果中，将借书数量由原来的 30 修改为 40 并单击"修改"按钮，则执行 ReaderTypeModiServlet.java 文件，其代码如下。

```
package servlets;
import java.io.IOException;
import java.math.BigDecimal;
import javax.servlet.ServletException;
import javax.servlet.http.HttpServlet;
import javax.servlet.http.HttpServletRequest;
import javax.servlet.http.HttpServletResponse;
import databasemanage.DatabaseManage;
import java.sql.*;
public class ReaderTypeModiServlet extends HttpServlet {
    public ReaderTypeModiServlet() {
            super();
    }
    public void destroy() {
            super.destroy();
    }
    public void doPost(HttpServletRequest request, HttpServletResponse response)
            throws ServletException, IOException {
        response.setCharacterEncoding("UTF-8");
        String readertype=request.getParameter("readertype");
        int bookamount=Integer.parseInt(request.getParameter("bookamount"));
        int bookdays=Integer.parseInt(request.getParameter("bookdays"));
```

```java
            BigDecimal dayfine=new BigDecimal(request.getParameter("dayfine"));
            DatabaseManage dm=new DatabaseManage();
            Connection con=dm.getConnection();
            int num=0;
            try{
                    PreparedStatement pstmt=con.prepareStatement("update tb_readertype set bookamount=?,bookdays=?,dayfine=? where readertype=?");
                    pstmt.setInt(1, bookamount);
                    pstmt.setInt(2, bookdays);
                    pstmt.setBigDecimal(3, dayfine);
                    pstmt.setString(4, readertype);
                    num=pstmt.executeUpdate();
            }catch(Exception e){
                    e.printStackTrace();
            }
            if(num==0){
                    response.sendRedirect("../ReaderTypeModiFailer.jsp");
            }
            else{
                    response.sendRedirect("../ReaderTypeModiSuccess.jsp");
            }
            dm.close();
    }
    public void init() throws ServletException {
            super.init();
    }
}
```

当读者类型参数修改成功后执行 ReaderTypeModiSuccess.jsp 文件,其代码如下。

```jsp
<%@ page contentType="text/html;charset=UTF-8" %>
<html>
  <head>
    <title>读者类型修改成功页面</title>
  </head>
  <body>
    <center>
      <h3>读者类型信息修改成功!</h3>
      <a href="ReaderType.jsp">返回</a>
    </center>
  </body>
</html>
```

当单击"返回"超链接后,执行 ReaderType.jsp 文件,输出读者类型参数修改后的值,运行结果如图 10-6 所示。

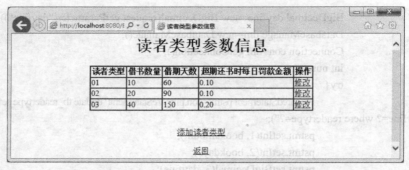

图 10-6　读者类型参数修改后运行结果

当单击"添加读者类型"超链接后，执行 ReaderTypeAdd.jsp 文件，其代码如下。

```jsp
<%@ page contentType="text/html;charset=UTF-8" %>
<html>
  <head>
    <title>读者类型添加</title>
  </head>
  <body>
    <h1 align="center">读者类型添加</h1>
    <center>
      <form id="readertypeadd" name="readertypeadd" method="post" action=
            "servlet/ReaderTypeAddServlet">
        <table>
          <tr>
            <td align=right>读者类型：</td>
            <td>
              <input name="readertype"   type="text" >
            </td>
          </tr>
          <tr>
            <td align=right>借书数量：</td>
            <td align=right>
              <input name="bookamount"   type="text"  >
            </td>
          </tr>
          <tr>
            <td align=right>借期天数：</td>
            <td>
              <input name="bookdays"   type="text" >
            </td>
          </tr>
          <tr>
            <td align=right>超期还书时每日罚款金额：</td>
            <td>
              <input name="dayfine"   type="text" >
```

```
                        </td>
                    </tr>
                    <tr>
                        <td></td>
                        <td align="right">
                            <input type="submit"    value="添加"/ >
                        </td>
                    </tr>
                </table>
            </form>
        </center>
    </body>
</html>
```

ReaderTypeAdd.jsp 文件的运行结果如图 10-7 所示。

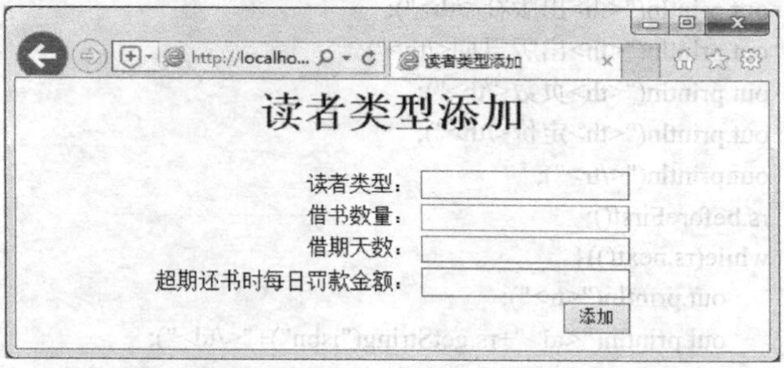

图 10-7 ReaderTypeAdd.jsp 文件运行结果

10.4.4 图书基本信息管理

管理员登录成功后，在系统主界面中单击"图书基本信息管理"超链接，会进入图书基本信息管理页面 Book.jsp。在该页面中，上部分显示系统中已经添加的图书基本信息，下部分单击"添加图书基本信息"超链接，则可以添加图书基本信息。Book.jsp 文件的代码如下。

```
<%@ page contentType="text/html;charset=UTF-8" %>
<%@ page import="databasemanage.DatabaseManage" %>
<%@ page import="java.sql.*" %>
<html>
    <head>
        <title>图书基本信息管理</title>
    </head>
    <body>
        <h1 align="center">图书基本信息管理</h1>
        <center>
        <%
            request.setCharacterEncoding("UTF-8");
            response.setCharacterEncoding("UTF-8");
            DatabaseManage dm=new DatabaseManage();
```

```jsp
            Connection con=null;
            ResultSet rs=null;
            con=dm.getConnection();
            String sql="select * from tb_book";
            if(con!=null){
                rs=dm.executeQuery(sql);
            }
            try{
                if(rs!=null&&rs.next()){
                    out.println("<table width=100% border=1 cellspacing=0>");
                    out.println("<tr>");
                    out.println("<th >图书国际标准书号</th>");
                    out.println("<th>图书名称</th>");
                    out.println("<th>作者</th>");
                    out.println("<th>译者</th>");
                    out.println("<th>出版社</th>");
                    out.println("<th>出版日期</th>");
                    out.println("<th>页数</th>");
                    out.println("<th>定价</th>");
                    out.println("</tr>");
                    rs.beforeFirst();
                    while(rs.next()){
                        out.println("<tr>");
                        out.println("<td>"+rs.getString("isbn")+"</td>");
                        out.println("<td>"+rs.getString("bookname")+"</td>");
                        out.println("<td>"+rs.getString("bookauthor")+"</td>");
                        out.println("<td>"+rs.getString("booktranslator")+"</td>");
                        out.println("<td>"+rs.getString("bookpublisher")+"</td>");
                        out.println("<td>"+rs.getDate("publishdate")+"</td>");
                        out.println("<td>"+rs.getInt("bookpage")+"</td>");
                        out.println("<td>"+rs.getBigDecimal("bookprice")+"</td>");
                        out.println("</tr>");
                    }
                    out.println("</table>");
                }
            }
            catch(Exception e){
                e.printStackTrace();
            }
            dm.close();
        %>
        <br><br>
        <a href="BookAdd.jsp">添加图书基本信息</a>
        <a href="AdminMain.jsp">返回</a>
    </center>
</body>
```

</html>

Book.jsp 文件的运行结果如图 10-8 所示。

图 10-8　Book.jsp 文件运行结果

当单击"添加图书基本信息"超链接后，会执行 BookAdd.jsp 文件，其代码如下。

```
<%@ page contentType="text/html;charset=UTF-8" %>
<html>
  <head>
    <title>增添图书信息页面</title>
  </head>
  <body>
    <h1 align="center">增添图书基本信息</h1>
    <center>
    <form id="bookadd" name="bookadd" method="post" action="servlet/BookAddServlet">
      <table>
        <tr>
            <td align=right>图书国际标准书号：</td>
            <td>
                <input name="isbn"    type="text" title="图书国际标准书号"/>
            </td>
        </tr>
        <tr>
            <td align=right>图书名称：</td>
            <td>
                <input name="bookname"    type="text" title="图书名称"/>
            </td>
        </tr>
        <tr>
            <td align=right>作者：</td>
            <td>
                <input name="bookauthor"    type="text" title="作者"/>
            </td>
        </tr>
        <tr>
            <td align=right>译者：</td>
            <td>
```

```html
                    <input name="booktranslator"    type="text" title="译者"/>
                </td>
            </tr>
            <tr>
                <td align=right>出版社：</td>
                <td>
                    <input name="bookpublisher"    type="text" title="出版社"/>
                </td>
            </tr>
            <tr>
                <td align=right>出版日期：</td>
                <td>
                    <input name="publishdate"    type="text" title="出版日期"/>
                </td>
            </tr>
            <tr>
                <td align=right>页数：</td>
                <td>
                    <input name="bookpage"    type="text" title="页数"/>
                </td>
            </tr>
            <tr>
                <td align=right>定价：</td>
                <td>
                    <input name="bookprice"    type="text" title="定价"/>
                </td>
            </tr>
            <tr>
                <td> </td>
                <td align="right">
                    <input type="submit"    value="确认添加"/>
                </td>
            </tr>
        </table>
    </form>
  </center>
 </body>
</html>
```

　　BookAdd.jsp 文件的运行结果如图 10-9 所示，在该页面中输入图书的相关信息，然后单击"确认添加"按钮，则程序执行 BookAddServlet.java 文件。BookAddServlet.java 文件的代码如下。

```
package servlets;
import java.io.IOException;
import javax.servlet.ServletException;
```

```java
import javax.servlet.http.HttpServlet;
import javax.servlet.http.HttpServletRequest;
import javax.servlet.http.HttpServletResponse;
import databasemanage.DatabaseManage;
import java.sql.*;
import java.math.BigDecimal;
public class BookAddServlet extends HttpServlet {
    public BookAddServlet() {
        super();
    }
    public void destroy() {
        super.destroy();
    }
    public void doPost(HttpServletRequest request, HttpServletResponse response)
            throws ServletException, IOException {
        request.setCharacterEncoding("UTF-8");
        response.setCharacterEncoding("UTF-8");
        String isbn=request.getParameter("isbn");
        String bookname=request.getParameter("bookname");
        String bookauthor=request.getParameter("bookauthor");
        String booktranslator=request.getParameter("booktranslator");
        String bookpublisher=request.getParameter("bookpublisher");
        String publishdate=request.getParameter("publishdate");
        int bookpage=Integer.parseInt(request.getParameter("bookpage"));
        BigDecimal bookprice=new BigDecimal(request.getParameter("bookprice"));
        DatabaseManage dm=new DatabaseManage();
        Connection con=dm.getConnection();
        int num=0;
        try{
            PreparedStatement pstmt=con.prepareStatement("insert into tb_book
                    values (?,?,?,?,?,?,?,?)");
            pstmt.setString(1, isbn);
            pstmt.setString(2, bookname);
            pstmt.setString(3, bookauthor);
            pstmt.setString(4, booktranslator);
            pstmt.setString(5, bookpublisher);
            pstmt.setDate(6, java.sql.Date.valueOf(publishdate));
            pstmt.setInt(7, bookpage);
            pstmt.setBigDecimal(8, bookprice);
            num=pstmt.executeUpdate();
        }catch(Exception e){
            e.printStackTrace();
        }
        if(num==0){
            response.sendRedirect("../BookAddFailer.jsp");
        }
```

```
        else{
            response.sendRedirect("../BookAddSuccess.jsp");
        }
        dm.close();
    }
    public void init() throws ServletException {
        super.init();
    }
}
```

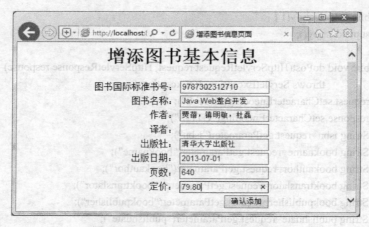

图 10-9　BookAdd.jsp 文件运行结果

图书基本信息添加成功页面如图 10-10 所示。

图 10-10　图书基本信息添加成功页面

在图书基本信息添加成功页面中，单击"返回"超链接，则运行 Book.jsp 文件，在该页面中列出已经添加图书的基本信息。Book.jsp 文件的运行结果如图 10-11 所示。

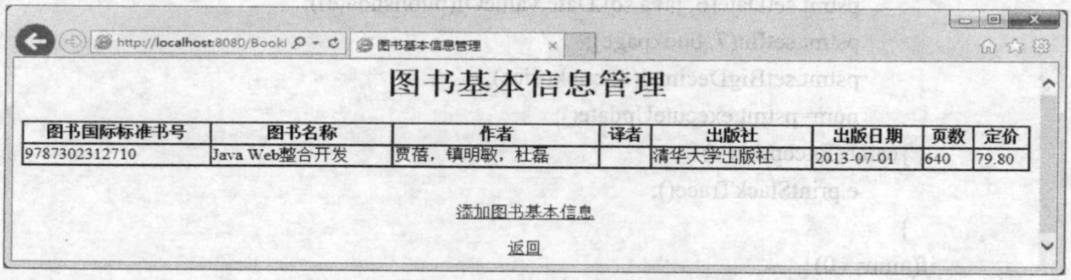

图 10-11　Book.jsp 文件运行结果

10.4.5 图书馆藏信息管理

由于同一个 ISBN 号的图书往往有多本,每本书都以不同的条形码进行区分。当添加完图书的基本信息后,还要添加与该 ISBN 相对应的具体的馆藏图书信息。管理员登录成功后,在系统主界面中单击"图书馆藏信息管理"超链接,则执行图书馆藏信息管理 BookInfo.jsp 文件,BookInfo.jsp 文件的运行结果如图 10-12 所示。

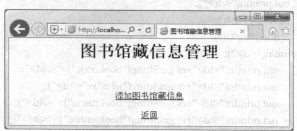

图 10-12 BookInfo.jsp 文件运行结果

BookInfo.jsp 文件的代码如下。

```jsp
<%@ page contentType="text/html;charset=UTF-8" %>
<%@ page import="databasemanage.DatabaseManage" %>
<%@ page import="java.sql.*" %>
<html>
  <head>
    <title>图书馆藏信息管理</title>
  </head>
  <body>
    <h1 align="center">图书馆藏信息管理</h1>
    <center>
      <%
        request.setCharacterEncoding("UTF-8");
        response.setCharacterEncoding("UTF-8");
        DatabaseManage dm=new DatabaseManage();
        Connection con=null;
        ResultSet rs=null;
        con=dm.getConnection();
        String sql="select tb_bookinfo.bookcode,tb_bookinfo.isbn,tb_book.bookname,
           tb_book.bookauthor,tb_book.bookpublisher,tb_book.publishdate,tb_bookinfo.status
             from tb_book,tb_bookinfo where tb_book.isbn=tb_bookinfo.isbn";
        if(con!=null){
            rs=dm.executeQuery(sql);
        }
        try{
            if(rs!=null&&rs.next()){
                out.println("<table width=100% border=1 cellspacing=0>");
                out.println("<tr>");
                out.println("<th>图书条形码</th>");
```

```
                out.println("<th>图书国际标准书号</th>");
                out.println("<th>图书名称</th>");
                out.println("<th>作者</th>");
                out.println("<th>出版社</th>");
                out.println("<th>出版日期</th>");
                out.println("<th>图书是否可借</th>");
                out.println("</tr>");
                rs.beforeFirst();
                while(rs.next()){
            out.println("<tr>");
                out.println("<td>"+rs.getString("bookcode")+"</td>");
                out.println("<td>"+rs.getString("isbn")+"</td>");
                out.println("<td>"+rs.getString("bookname")+"</td>");
                out.println("<td>"+rs.getString("bookauthor")+"</td>");
                out.println("<td>"+rs.getString("bookpublisher")+"</td>");
                out.println("<td>"+rs.getDate("publishdate")+"</td>");
                out.println("<td>"+rs.getString("status")+"</td>");
                out.println("</tr>");
            }
                out.println("</table>");
        }
    }
    catch(Exception e){
        e.printStackTrace();
    }
    dm.close();
    %>
    <br><br>
    <a href="BookInfoAdd.jsp">添加图书馆藏信息</a>
    <a href="AdminMain.jsp">返回</a>
    </center>
  </body>
</html>
```

单击"添加图书馆藏信息"超链接后，将执行 BookInfoAdd.jsp 文件，该文件的运行结果如图 10-13 所示。

图 10-13 BookInfoAdd.jsp 文件运行结果

单击"确认添加"按钮，执行 BookInfoAddServlet.java 文件，其代码如下。

```java
package servlets;
import java.io.IOException;
import javax.servlet.ServletException;
import javax.servlet.http.HttpServlet;
import javax.servlet.http.HttpServletRequest;
import javax.servlet.http.HttpServletResponse;
import databasemanage.DatabaseManage;
import java.sql.*;
public class BookInfoAddServlet extends HttpServlet {
    public BookInfoAddServlet() {
        super();
    }
    public void destroy() {
        super.destroy();
    }
    public void doPost(HttpServletRequest request, HttpServletResponse response)
            throws ServletException, IOException {
        request.setCharacterEncoding("UTF-8");
        response.setCharacterEncoding("UTF-8");
        String bookcode=request.getParameter("bookcode");
        String isbn=request.getParameter("isbn");
        String status=request.getParameter("status");
        DatabaseManage dm=new DatabaseManage();
        Connection con=dm.getConnection();
        int num=0;
        try{
            PreparedStatement pstmt=con.prepareStatement("insert into tb_bookinfo
                values (?,?,?)");
            pstmt.setString(1, bookcode);
            pstmt.setString(2, isbn);
            pstmt.setString(3, status);
            num=pstmt.executeUpdate();
        }catch(Exception e){
            e.printStackTrace();
        }
        if(num==0){
            response.sendRedirect("../BookInfoAddFailer.jsp");
        }
        else{
            response.sendRedirect("../BookInfoAddSuccess.jsp");
        }
        dm.close();
    }
```

```
public void init() throws ServletException {
    super.init();
}
}
```

当上面的代码成功执行后，会执行 BookInfoAddSuccess.jsp 文件，其运行结果如图 10-14 所示。

图 10-14　BookInfoAddSuccess.jsp 文件运行结果

单击"返回"超链接后，会执行 BookInfo.jsp 文件，BookInfo.jsp 文件的运行结果如图 10-15 所示。

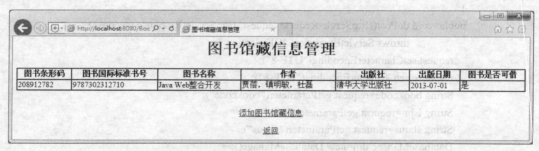

图 10-15　添加图书馆藏信息后 BookInfo.jsp 文件运行结果

10.4.6　图书借阅管理

当有读者借书时，管理员单击主页面中的"读者借阅图书"超链接，会执行 ReaderBorrow.jsp 文件，该文件的运行结果如图 10-16 所示。

图 10-16　ReaderBorrow.jsp 文件运行结果

输入读者借书证号码并单击"查询"按钮后，会执行 ReaderBorrowInformation.jsp 文件，该文件运行时会输出读者的基本信息、借阅类型信息及借阅图书信息，程序运行结果如图 10-17 所示。

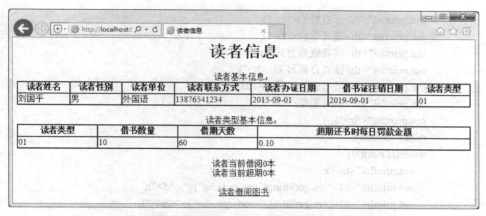

图 10-17 ReaderBorrowInformation.jsp 文件运行结果

ReaderBorrowInformation.jsp 文件的代码如下。

```jsp
<%@ page contentType="text/html;charset=UTF-8" %>
<%@ page import="databasemanage.DatabaseManage" %>
<%@ page import="java.sql.*" %>
<html>
  <head>
    <title>读者信息</title>
  </head>
  <body>
  <h1 align="center">读者信息</h1>
  <center>
    <%
    request.setCharacterEncoding("UTF-8");
    response.setCharacterEncoding("UTF-8");
    String readerid=request.getParameter("readerid");
    DatabaseManage dm=new DatabaseManage();
    Connection con=null;
    ResultSet rs=null;
    con=dm.getConnection();
    String readertype=null;
    int bookamount=0;
    int bookdays=0;
    String sql="select * from tb_reader where readerid="+"\'"+readerid+"\'";
    if(con!=null){
      rs=dm.executeQuery(sql);
    }
    try{
      if(rs!=null&&rs.next()){
      out.println("读者基本信息:"+"<br>");
      out.println("<table width=100% border=1 cellspacing=0>");
      out.println("<tr>");
      out.println("<th>读者姓名</th>");
```

```
        out.println("<th>读者性别</th>");
        out.println("<th>读者单位</th>");
        out.println("<th>读者联系方式</th>");
        out.println("<th>读者办证日期</th>");
        out.println("<th>借书证注销日期</th>");
        out.println("<th>读者类型</th>");
        out.println("</tr>");
        rs.beforeFirst();
        while(rs.next()){
          out.println("<tr>");
          out.println("<td>"+rs.getString("readername")+"</td>");
          out.println("<td>"+rs.getString("readergender")+"</td>");
          out.println("<td>"+rs.getString("readerunit")+"</td>");
          out.println("<td>"+rs.getString("readertel")+"</td>");
          out.println("<td>"+rs.getDate("readerstart")+"</td>");
          out.println("<td>"+rs.getDate("readerend")+"</td>");
          out.println("<td>"+(readertype=(rs.getString("readertype")))+"</td>");
          out.println("</tr>");
        }
        out.println("</table>");
          }
      }
      catch(Exception e){
        e.printStackTrace();
      }
      sql="select * from tb_readertype where readertype="+"\'"+readertype+"\'";
      if(con!=null){
        rs=dm.executeQuery(sql);
      }
      try{
        if(rs!=null&&rs.next()){
          out.println("<br>");
          out.println("读者类型基本信息: "+"<br>");
          out.println("<table width=100% border=1 cellspacing=0>");
          out.println("<tr>");
          out.println("<th>读者类型</th>");
          out.println("<th>借书数量</th>");
          out.println("<th>借期天数</th>");
          out.println("<th>超期还书时每日罚款金额</th>");
          out.println("</tr>");
          rs.beforeFirst();
          while(rs.next()){
            out.println("<tr>");
            out.println("<td>"+rs.getString("readertype")+"</td>");
            out.println("<td>"+(bookamount=(rs.getInt("bookamount")))+"</td>");
            out.println("<td>"+(bookdays=(rs.getInt("bookdays")))+"</td>");
```

```java
                out.println("<td>"+rs.getBigDecimal("dayfine")+"</td>");
                out.println("</tr>");
            }
            out.println("</table>");
        }
    }
    catch(Exception e){
        e.printStackTrace();
    }
    request.getSession(true);
    session.setAttribute("bookdays",new Integer(bookdays));
        sql="select * from tb_booklend where readerid="+"\""+readerid+"\""+"and returndate is NULL";
    int count=0;
    int finecount=0;
    if(con!=null){
            rs=dm.executeQuery(sql);
    }
    try{
        if(rs!=null&&rs.next()){
            out.println("<br>");
            out.println("读者当前借阅信息: "+"<br>");
            out.println("<table width=100% border=1 cellspacing=0>");
            out.println("<tr>");
            out.println("<th>图书条形码</th>");
            out.println("<th>借书日期</th>");
            out.println("<th>应还日期</th>");
            out.println("</tr>");
            rs.beforeFirst();
            while(rs.next()){
                out.println("<tr>");
                out.println("<td>"+rs.getString("bookcode")+"</td>");
                out.println("<td>"+rs.getDate("borrowdate")+"</td>");
                out.println("<td>"+rs.getDate("duedate")+"</td>");
                if(rs.getDate("duedate").before(new java.util.Date())){
                    finecount++;
                }
                out.println("</tr>");
                count++;
            }
            out.println("</table>");
        }
    }
    catch(Exception e){
        e.printStackTrace();
    }
    dm.close();
```

```
            out.println("<br>");
            out.println("读者当前借阅"+count+"本");
            out.println("<br>");
            out.println("读者当前超期"+finecount+"本");
            if(count==bookamount)
                out.println("已达到最大借阅数！");
            if(finecount!=0)
                out.println("有超期图书！");
            out.println("<br><br>");
            if(count<bookamount && finecount==0)
                out.println("<a href=ReaderBorrowFinal.jsp>读者借阅图书</a>");
            %>
        </center>
    </body>
</html>
```

在读者没有超期图书并且借阅数量没有超过最大借阅数时，可以单击"读者借阅图书"超链接进行图书借阅。ReaderBorrowFinal.jsp 文件用于完成读者图书借阅，其运行结果如图 10-18 所示。

图 10-18　ReaderBorrowFinal.jsp 文件运行结果

在 ReaderBorrowFinal.jsp 文件的运行界面中输入读者借书证号码及所要借的图书条形码，单击"借书"按钮，将执行 BookLendServlet.java 文件，其代码如下。

```java
package servlet;
import java.io.IOException;
import javax.servlet.ServletException;
import javax.servlet.http.HttpServlet;
import javax.servlet.http.HttpServletRequest;
import javax.servlet.http.HttpServletResponse;
import databasemanage.DatabaseManage;
import java.sql.*;
import javax.servlet.http.*;
import java.text.SimpleDateFormat;
import java.util.*;
public class BookLendServlet extends HttpServlet {
    public BookLendServlet() {
        super();
```

```java
        }
        public void destroy() {
            super.destroy();
        }
        public void doPost(HttpServletRequest request, HttpServletResponse response)
                throws ServletException, IOException {
            request.setCharacterEncoding("UTF-8");
            response.setCharacterEncoding("UTF-8");
            String bookcode=request.getParameter("bookcode");
            String readerid=request.getParameter("readerid");
            HttpSession session=request.getSession();
            session.setAttribute("readerid", readerid);
            int bookdays=((Integer)session.getAttribute("bookdays")).intValue();
            DatabaseManage dm=new DatabaseManage();
            Connection con=dm.getConnection();
            int num=0;
            int numu=0;
            try{
                con.setAutoCommit(false);
                PreparedStatement pstmt=con.prepareStatement("insert into tb_booklend values (NULL,?,?,?,?,?,?,?)");
                pstmt.setString(1, bookcode);
                pstmt.setString(2, readerid);
                SimpleDateFormat df = new SimpleDateFormat("yyyy-MM-dd");
                Calendar c = Calendar.getInstance();
                c.setTime(new java.util.Date());
                c.add(Calendar.DAY_OF_YEAR, bookdays);
                pstmt.setDate(3, java.sql.Date.valueOf(df.format(new java.util.Date())));
                pstmt.setDate(4, java.sql.Date.valueOf(df.format(c.getTime())));
                pstmt.setDate(5, null);
                pstmt.setInt(6, 0);
                pstmt.setInt(7, 0);
                num=pstmt.executeUpdate();
                pstmt=con.prepareStatement("update tb_bookinfo set status=? where bookcode=?");
                pstmt.setString(1, "否");
                pstmt.setString(2, bookcode);
                numu=pstmt.executeUpdate();
                con.commit();
            }catch(Exception e){
                e.printStackTrace();
                try{
                    con.rollback();
                    con.setAutoCommit(false);
                }catch(Exception ee){
                    ee.printStackTrace();
                }
            }
            if(num==1&&numu==1){
```

```
                response.sendRedirect("../BookLendSuccess.jsp");
            }
            else{
                response.sendRedirect("../BookLendFailer.jsp");
            }
            dm.close();
        }
        public void init() throws ServletException {
            super.init();
        }
    }
```

在上面代码的执行过程中，首先将读者的借书证号码、图书条形码、借书日期、应还日期、超期天数和罚款金额写入图书借阅信息表中。然后，将图书馆藏信息表中对应图书条形码的图书的是否可借状态设置为"否"。上面两步数据库操作要在一个事务中执行，当一个数据库操作失败时则要进行事务回滚。当上面事务成功执行后，会执行 BookLendSuccess.jsp 文件，该文件的运行结果如图 10-19 所示。

图 10-19 BookLendSuccess.jsp 文件运行结果

当单击"读者继续借阅"超链接后，会执行 ReaderBorrowInformation.jsp 文件，从而先把当前读者的借阅信息显示出来，然后可以继续借阅。ReaderBorrowInformation.jsp 文件的运行结果如图 10-20 所示。

读者信息

读者基本信息：

读者姓名	读者性别	读者单位	读者联系方式	读者办证日期	借书证注销日期	读者类型
刘国平	男	外国语	13876541234	2015-09-01	2019-09-01	01

读者类型基本信息：

读者类型	借书数量	借阅天数	超期还书时每日罚款金额
01	10	60	0.10

读者当前借阅信息：

图书条形码	借书日期	应还日期
208912782	2016-10-10	2016-12-09

读者当前借阅1本
读者当前超期0本

读者借阅图书

图 10-20 ReaderBorrowInformation.jsp 文件运行结果

10.4.7 图书归还管理

当读者要进行还书时，管理员在主界面中单击"读者归还图书"超链接会执行 ReaderReturn.jsp 文件，该文件的运行结果如图 10-21 所示。在图书归还页面中输入读者借书证号码，然后单击"下一步"按钮会执行 ReaderReturnCode.jsp 文件，该文件的运行结果如图 10-22 所示。

图 10-21 ReaderReturn.jsp 文件运行结果

图 10-22 ReaderReturnCode.jsp 文件运行结果

当输入所要归还图书条形码后执行 ReaderTurnQuery.jsp 文件，在该文件中判断要还图书是否超期。如果图书超期则要计算超期天数及罚款金额，当补交罚款金额后才可以还书。如果图书不超期，则可以直接单击"还书"超链接。ReaderTurnQuery.jsp 文件的运行结果如图 10-23 所示。

图 10-23 ReaderTurnQuery.jsp 文件运行结果

ReaderTurnQuery.jsp 文件的代码如下：

```jsp
<%@ page contentType="text/html;charset=UTF-8" %>
<%@ page import="databasemanage.DatabaseManage" %>
<%@ page import="java.sql.*" %>
<%@ page import="java.math.*" %>
<%@ page import="java.util.*" %>
<html>
```

```jsp
<head>
    <title>图书归还处理</title>
</head>
<body>
<h1 align="center">图书归还处理</h1>
<center>
    <%
    request.setCharacterEncoding("UTF-8");
    response.setCharacterEncoding("UTF-8");
    DatabaseManage dm=new DatabaseManage();
    request.getSession();
    String bookcode=request.getParameter("bookcode");
    session.setAttribute("bookcode",bookcode);
    String readerid=(String)session.getAttribute("readerid");
    Connection con=null;
    ResultSet rs=null;
    con=dm.getConnection();
    try{
            PreparedStatement pstmt=con.prepareStatement("select * from tb_booklend where bookcode=? and readerid=? and returndate is NULL");
        pstmt.setString(1, bookcode);
        pstmt.setString(2, readerid);
        rs=pstmt.executeQuery();
        rs.next();
        java.sql.Date duedate=rs.getDate("duedate");
        String sql="select * from tb_reader where readerid="+"\'"+readerid+"\'";
        if(con!=null){
            rs=dm.executeQuery(sql);
        }
        rs.next();
        String readertype=rs.getString(9);
        sql="select * from tb_readertype where readertype="+"\'"+readertype+"\'";
        if(con!=null){
            rs=dm.executeQuery(sql);
        }
        rs.next();
        BigDecimal dayfine=rs.getBigDecimal(4);
        Calendar cal = Calendar.getInstance();
        long time1 = cal.getTimeInMillis();
        cal.setTime(duedate);
        long time2 = cal.getTimeInMillis();
        long between_days=(time1-time2)/(1000*3600*24);
        int days=(int)between_days;
        if(duedate.before(new java.util.Date())){
        out.println("图书已超期!");
```

```
                out.println("超期天数:"+days);
                out.println("罚款金额: "+dayfine.multiply(new BigDecimal(days)));
            }
        }catch(Exception e){
            e.printStackTrace();
        }
        dm.close();
        %>
        <br><br>
        <a href="servlet/ReaderTurnServlet">还书</a><br><br>
        </center>
    </body>
</html>
```

单击"还书"超链接后执行 ReaderTurnServlet.java 文件，该文件在执行时将读者的还书日期记录在 tb_booklend 表中。如果图书已经超期，同时将超期天数及罚款金额也记录在 tb_booklend 表中。并且，在 tb_bookinfo 表中更新该书为可借状态。ReaderTurnServlet.java 文件的代码如下。

```
package servlet;
import java.io.IOException;
import javax.servlet.ServletException;
import databasemanage.DatabaseManage;
import java.sql.*;
import java.math.BigDecimal;
import javax.servlet.http.*;
import java.text.*;
import java.util.Calendar;
public class ReaderTurnServlet extends HttpServlet {
    public ReaderTurnServlet() {
        super();
    }
    public void destroy() {
        super.destroy();
    }
    public void doGet(HttpServletRequest request, HttpServletResponse response)
            throws ServletException, IOException {
        request.setCharacterEncoding("UTF-8");
        response.setCharacterEncoding("UTF-8");
        HttpSession session=request.getSession();
        String readerid=(String)session.getAttribute("readerid");
        String bookcode=(String)session.getAttribute("bookcode");
        DatabaseManage dm=new DatabaseManage();
        Connection con=dm.getConnection();
        ResultSet rs=null;
```

```java
                    int num1=0;
                    int num2=0;
                    try{
                        con.setAutoCommit(false);
                         PreparedStatement pstmt=con.prepareStatement("select * from tb_booklend where bookcode=? and readerid=? and returndate is NULL");
                        pstmt.setString(1, bookcode);
                        pstmt.setString(2, readerid);
                        rs=pstmt.executeQuery();
                        rs.next();
                        java.sql.Date duedate=rs.getDate("duedate");
                        String sql="select * from tb_reader where readerid="+"\""+readerid+"\"";
                        if(con!=null){
                            rs=dm.executeQuery(sql);
                        }
                        rs.next();
                        String readertype=rs.getString(9);
                        sql="select * from tb_readertype where readertype="+"\""+readertype+"\"";
                        if(con!=null){
                            rs=dm.executeQuery(sql);
                        }
                        rs.next();
                        BigDecimal dayfine=rs.getBigDecimal(4);
                        Calendar cal = Calendar.getInstance();
                        long time1 = cal.getTimeInMillis();
                        cal.setTime(duedate);
                        long time2 = cal.getTimeInMillis();
                        long between_days=(time1-time2)/(1000*3600*24);
                        int days=(int)between_days;
                        BigDecimal total=dayfine.multiply(new BigDecimal(days));
                         sql="update tb_booklend set returndate=?, overdueday=?,fine=? where bookcode="
                            +bookcode+" and readerid="+readerid+" and returndate is NULL";
                        pstmt=con.prepareStatement(sql);
                        SimpleDateFormat df = new SimpleDateFormat("yyyy-MM-dd");
                        Calendar c = Calendar.getInstance();
                        c.setTime(new java.util.Date());
                        pstmt.setDate(1, java.sql.Date.valueOf(df.format(new java.util.Date())));
                        pstmt.setInt(2, days);
                        pstmt.setBigDecimal(3, total);
                        if(duedate.before(new java.util.Date())){
                            num1=pstmt.executeUpdate();
                        }
                        else{
                            sql="update tb_booklend set returndate=? where bookcode="+bookcode+"
                                and readerid="+readerid+" and returndate is NULL";
```

```java
            pstmt=con.prepareStatement(sql);
            df=new SimpleDateFormat("yyyy-MM-dd");
            c=Calendar.getInstance();
            c.setTime(new java.util.Date());
            pstmt.setDate(1, java.sql.Date.valueOf(df.format(new java.util.Date())));
            num1=pstmt.executeUpdate();
        }
        pstmt=con.prepareStatement("update tb_bookinfo set status=? where bookcode=?");
        pstmt.setString(1, "是");
        pstmt.setString(2, bookcode);
        num2=pstmt.executeUpdate();
        con.commit();
    }catch(Exception e){
        e.printStackTrace();
        try{
            con.rollback();
            con.setAutoCommit(false);
        }catch(Exception ee){
            ee.printStackTrace();
        }
    }
    if(num1==1&& num2==1){
        response.sendRedirect("../BookReturnSuccess.jsp");
    }
    else{
        response.sendRedirect("../BookReturnFailer.jsp");
    }
    dm.close();
}
public void init() throws ServletException {
    super.init();
}
}
```

还书成功后会执行 BookReturnSuccess.jsp 文件,该文件的运行结果如图 10-24 所示。

图 10-24 BookReturnSuccess.jsp 文件运行结果

10.4.8 读者登录

读者登录页面 ReaderLogin.jsp 文件的代码如下。

```jsp
<%@ page contentType="text/html;charset=UTF-8" %>
<html>
  <head>
    <title>读者登录页面</title>
  </head>
  <body>
    <h1 align="center">图书管理系统</h1>
    <center>
    <img src="images/login.jpg" width="600" height="200" />
    <form id="readerlogin" name="readerlogin" method="post" action=
        "servlet/ReaderLoginCheck">
      <table>
        <tr>
          <td>用户名称：</td>
          <td>
            <input name="readername" type="text" title="用户名称"/>
          </td>
        </tr>
        <tr>
          <td>密码：</td>
          <td>
            <input name="password" type="password" title="密码"/>
          </td>
        </tr>
        <tr>
          <td> </td>
          <td align="right">
            <input type="submit" value="登录"/ >
          </td>
        </tr>
      </table>
    </form>
    </center>
  </body>
</html>
```

ReaderLogin.jsp 文件的运行结果如图 10-25 所示。

图 10-25　ReaderLogin.jsp 文件运行结果

用户输入用户名和密码并且单击"登录"按钮后,会执行 ReaderLoginCheck.java 文件,该文件的代码如下。

```java
package servlet;
import java.io.IOException;
import javax.servlet.ServletException;
import javax.servlet.http.HttpServlet;
import javax.servlet.http.HttpServletRequest;
import javax.servlet.http.HttpServletResponse;
import javax.servlet.http.HttpSession;
import databasemanage.DatabaseManage;
import java.sql.*;
public class ReaderLoginCheck extends HttpServlet {
    public ReaderLoginCheck() {
        super();
    }
    public void destroy() {
        super.destroy();
    }
    public void doPost(HttpServletRequest request, HttpServletResponse response)
            throws ServletException, IOException {
        response.setCharacterEncoding("UTF-8");
        String readername=request.getParameter("readername");
        HttpSession session=request.getSession(true);
        String password=request.getParameter("password");
        DatabaseManage dm=new DatabaseManage();
        Connection con=null;
        ResultSet rs=null;
        boolean result=false;
        con=dm.getConnection();
```

```
                        String sql="select * from tb_reader where readerid="+"\""+readername+"\""+"and readerpwd="+"\""+password+"\"";
            if(con!=null){
                rs=dm.executeQuery(sql);
            }
            try{
                if(rs!=null){
                    result=rs.next();
                }
            }
            catch(Exception e){
                e.printStackTrace();
            }
            if(result){
                response.sendRedirect("../ReaderMain.jsp");
                session.setAttribute("readerid", readername);
                session.setAttribute("password", password);
            }
            else{
                response.sendRedirect("../ReaderLoginFail.jsp");
            }
            dm.close();
        }
        public void init() throws ServletException {
            super.init();
        }
    }
```

用户输入的用户名和密码正确时会执行 ReaderMain.jsp 文件，该文件的执行结果如图 10-26 所示。

图 10-26 ReaderMain.jsp 文件运行结果

10.4.9 读者信息查询

用户登录后在图书管理系统主界面中单击"读者信息"超链接，会执行 Reader.jsp 文件，该文件会输出用户的一般信息及当前图书借阅信息。Reader.jsp 文件的代码如下。

```
<%@ page contentType="text/html;charset=UTF-8" %>
<%@ page import="databasemanage.DatabaseManage" %>
```

```jsp
<%@ page import="java.sql.*" %>
<html>
  <head>
    <title>读者信息</title>
  </head>
  <body>
  <h1 align="center">读者信息</h1>
  <center>
    <%
    request.setCharacterEncoding("UTF-8");
    response.setCharacterEncoding("UTF-8");
    request.getSession();
    String readerid=(String)session.getAttribute("readerid");
    DatabaseManage dm=new DatabaseManage();
    Connection con=null;
    ResultSet rs=null;
    con=dm.getConnection();
    String readertype=null;
    int bookamount=0;
    String sql="select * from tb_reader where readerid="+"\'"+readerid+"\'";
    if(con!=null){
       rs=dm.executeQuery(sql);
    }
    try{
      if(rs!=null&&rs.next()){
         out.println("读者基本信息："+"<br>");
         out.println("<table width=100% border=1 cellspacing=0>");
         out.println("<tr>");
         out.println("<th>读者姓名</th>");
         out.println("<th>读者性别</th>");
         out.println("<th>读者单位</th>");
         out.println("<th>读者联系方式</th>");
         out.println("<th>读者办证日期</th>");
         out.println("<th>借书证注销日期</th>");
         out.println("<th>读者类型</th>");
         out.println("</tr>");
         rs.beforeFirst();
         while(rs.next()){
            out.println("<tr>");
            out.println("<td>"+rs.getString("readername")+"</td>");
            out.println("<td>"+rs.getString("readergender")+"</td>");
            out.println("<td>"+rs.getString("readerunit")+"</td>");
            out.println("<td>"+rs.getString("readertel")+"</td>");
            out.println("<td>"+rs.getDate("readerstart")+"</td>");
            out.println("<td>"+rs.getDate("readerend")+"</td>");
            out.println("<td>"+(readertype=(rs.getString("readertype")))+"</td>");
            out.println("</tr>");
```

```
            }
            out.println("</table>");
        }
    }
    catch(Exception e){
        e.printStackTrace();
    }
    sql="select * from tb_readertype where readertype="+"\""+readertype+"\"";
    if(con!=null){
        rs=dm.executeQuery(sql);
    }
    try{
        if(rs!=null&&rs.next()){
            out.println("<br>");
            out.println("读者类型基本信息："+"<br>");
            out.println("<table width=100% border=1 cellspacing=0>");
            out.println("<tr>");
            out.println("<th>读者类型</th>");
            out.println("<th>借书数量</th>");
            out.println("<th>借期天数</th>");
            out.println("<th>超期还书时每日罚款金额</th>");
            out.println("</tr>");
            rs.beforeFirst();
            while(rs.next()){
                out.println("<tr>");
                out.println("<td>"+rs.getString("readertype")+"</td>");
                out.println("<td>"+rs.getInt("bookamount")+"</td>");
                bookamount=rs.getInt("bookamount");
                out.println("<td>"+rs.getInt("bookdays")+"</td>");
                out.println("<td>"+rs.getBigDecimal("dayfine")+"</td>");
                out.println("</tr>");
            }
            out.println("</table>");
        }
    }
    catch(Exception e){
        e.printStackTrace();
    }
        sql="select * from tb_booklend where readerid="+"\""+readerid+"\""+" and returndate is NULL";
    int count=0;
    int finecount=0;
    if(con!=null){
        rs=dm.executeQuery(sql);
    }
    try{
        if(rs!=null&&rs.next()){
            out.println("<br>");
```

```java
            out.println("读者当前借阅信息："+"<br>");
            out.println("<table width=100% border=1 cellspacing=0>");
            out.println("<tr>");
            out.println("<th>图书条形码</th>");
            out.println("<th>图书名称</th>");
            out.println("<th>图书作者</th>");
            out.println("<th>出版社</th>");
            out.println("<th>借书日期</th>");
            out.println("<th>应还日期</th>");
            out.println("</tr>");
            rs.beforeFirst();
            while(rs.next()){
               String bc=rs.getString("bookcode");
               String sqlisbn="select * from tb_bookinfo where bookcode="+"\""+bc+"\"";
               ResultSet rsisbn=dm.executeQuery(sqlisbn);
               rsisbn.next();
               String isbn=rsisbn.getString("isbn");
               String sqlbook="select * from tb_book where isbn="+"\""+isbn+"\"";
               ResultSet rsbook=dm.executeQuery(sqlbook);
               rsbook.next();
               out.println("<tr>");
               out.println("<td>"+rs.getString("bookcode")+"</td>");
               out.println("<td>"+rsbook.getString("bookname")+"</td>");
               out.println("<td>"+rsbook.getString("bookauthor")+"</td>");
               out.println("<td>"+rsbook.getString("bookpublisher")+"</td>");
               out.println("<td>"+rs.getDate("borrowdate")+"</td>");
               out.println("<td>"+rs.getDate("duedate")+"</td>");
               if(rs.getDate("duedate").before(new java.util.Date())){
                   finecount++;
               }
               out.println("</tr>");
               count++;
            }
            out.println("</table>");
         }
      }
      catch(Exception e){
         e.printStackTrace();
      }
      dm.close();
      out.println("<br>");
      out.println("读者当前借阅"+count+"本");
      out.println("<br>");
      out.println("读者当前超期"+finecount+"本");
      if(count==bookamount)
         out.println("已达到最大借阅数！");
      if(finecount!=0)
```

```
            out.println("有超期图书!");
            out.println("<br><br>");
            out.println("<a href=ReaderMain.jsp>返回</a>");
         %>
      </center>
   </body>
</html>
```

Reader.jsp 文件的运行结果如图 10-27 所示。

图 10-27 Reader.jsp 文件运行结果

10.4.10 读者图书查询

用户登录后,在图书管理系统主界面中单击"馆藏图书查询"超链接,会执行 ReaderQuery.jsp 文件,该文件的运行结果如图 10-28 所示。

图 10-28 ReaderQuery.jsp 文件运行结果

ReaderQuery.jsp 文件的代码如下。

```
<%@ page contentType="text/html;charset=UTF-8" %>
<%
    response.setCharacterEncoding("UTF-8");
    request.setCharacterEncoding("UTF-8");
%>
```

```html
<html>
  <head>
    <title>读者图书查询页面</title>
  </head>
  <body>
    <h1 align="center">图书查询</h1>
    <center>
      <form id="bookquery" name="bookquery" method="post" action="BookQuery.jsp">
        <table>
          <tr>
            <td>图书名称：</td>
            <td>
              <input name="bookname" type="text" title="图书名称"/>
            </td>
          </tr>
          <tr>
            <td> </td>
            <td align="right">
              <input type="submit" value="查询"/ >
            </td>
          </tr>
        </table>
      </form>
    </center>
  </body>
</html>
```

在图书查询界面中输入图书名称后单击"查询"按钮，会执行 BookQuery.jsp 文件。该文件在执行时会以模糊匹配的方式列出查询结果。如果在查询界面中输入 Java，则 BookQuery.jsp 文件的运行结果如图 10-29 所示。

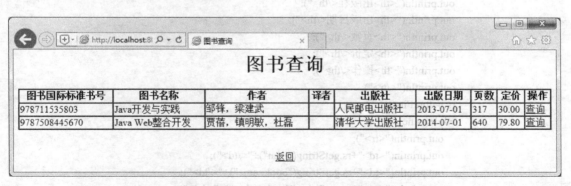

图 10-29　BookQuery.jsp 文件运行结果

BookQuery.jsp 文件的代码如下。

```
<%@ page contentType="text/html;charset=UTF-8" %>
<%@ page import="databasemanage.DatabaseManage" %>
```

```jsp
<%@ page import="java.sql.*" %>
<html>
  <head>
    <title>图书查询</title>
  </head>
  <body>
    <h1 align="center">图书查询</h1>
    <center>
      <%
        request.setCharacterEncoding("UTF-8");
        response.setCharacterEncoding("UTF-8");
        String bookname=request.getParameter("bookname");
        request.getSession();
        session.setAttribute("bookname",bookname);
        DatabaseManage dm=new DatabaseManage();
        Connection con=null;
        ResultSet rs=null;
        con=dm.getConnection();
        String sql="select * from tb_book where bookname like \'%"+bookname+"%\'";
        if(con!=null){
            rs=dm.executeQuery(sql);
        }
        try{
          if(rs!=null&&rs.next()){
            out.println("<table width=100% border=1 cellspacing=0>");
            out.println("<tr>");
            out.println("<th>图书国际标准书号</th>");
            out.println("<th>图书名称</th>");
            out.println("<th>作者</th>");
            out.println("<th>译者</th>");
            out.println("<th>出版社</th>");
            out.println("<th>出版日期</th>");
            out.println("<th>页数</th>");
            out.println("<th>定价</th>");
            out.println("<th>操作</th>");
            out.println("</tr>");
            rs.beforeFirst();
            while(rs.next()){
                out.println("<tr>");
                out.println("<td>"+rs.getString("isbn")+"</td>");
                out.println("<td>"+rs.getString("bookname")+"</td>");
                out.println("<td>"+rs.getString("bookauthor")+"</td>");
                out.println("<td>"+rs.getString("booktranslator")+"</td>");
                out.println("<td>"+rs.getString("bookpublisher")+"</td>");
                out.println("<td>"+rs.getDate("publishdate")+"</td>");
                out.println("<td>"+rs.getInt("bookpage")+"</td>");
```

```jsp
            out.println("<td>"+rs.getBigDecimal("bookprice")+"</td>");
            out.println("<td>");
            out.println("<a href="+"BookInfoQuery.jsp?isbn="+rs.getString("isbn")+">查询</a>");
            out.println("</td>");
            out.println("</tr>");
          }
          out.println("</table>");
        }
        else{
          out.println("没有找到查询结果！");
        }
      }
      catch(Exception e){
        e.printStackTrace();
      }
    %>
    <br><br>
    <a href="ReaderMain.jsp">返回</a>
   </center>
  </body>
</html>
```

由于同一个 ISBN 号可以有多本图书，这些图书用条形码进行区分。在上面的查询结果最后一列单击"查询"超链接时，会执行 BookInfoQuery.jsp 文件。BookInfoQuery.jsp 文件会把同一 ISBN 号的所有馆藏图书信息显示出来，从而可以看出同一 ISBN 号的图书有多少本，并且是否还有可借图书，BookInfoQuery.jsp 文件的代码如下。

```jsp
<%@ page contentType="text/html;charset=UTF-8" %>
<%@ page import="databasemanage.DatabaseManage" %>
<%@ page import="java.sql.*" %>
<html>
  <head>
    <title>馆藏图书信息查询</title>
  </head>
  <body>
    <h1 align="center">馆藏图书信息查询</h1>
    <center>
      <%
        request.setCharacterEncoding("UTF-8");
        response.setCharacterEncoding("UTF-8");
        String isbn=request.getParameter("isbn");
        DatabaseManage dm=new DatabaseManage();
        Connection con=null;
        ResultSet rs=null;
        con=dm.getConnection();
        String sql="select tb_bookinfo.bookcode,tb_bookinfo.isbn,
```

```
                    tb_book.bookname,tb_book.bookauthor,tb_book.bookpublisher,
                    tb_book.publishdate,tb_bookinfo.status from tb_book,tb_bookinfo
                    where tb_book.isbn=tb_bookinfo.isbn and tb_book.isbn="+"\""+isbn+"\"";
            if(con!=null){
              rs=dm.executeQuery(sql);
            }
            try{
              if(rs!=null&&rs.next()){
                out.println("<table width=100% border=1 cellspacing=0>");
                out.println("<tr>");
                out.println("<th>图书条形码</th>");
                out.println("<th>图书国际标准书号</th>");
                out.println("<th>图书名称</th>");
                out.println("<th>作者</th>");
                out.println("<th>出版社</th>");
                out.println("<th>出版日期</th>");
                out.println("<th>图书是否可借</th>");
                out.println("</tr>");
                rs.beforeFirst();
                while(rs.next()){
                  out.println("<tr>");
                  out.println("<td>"+rs.getString("bookcode")+"</td>");
                  out.println("<td>"+rs.getString("isbn")+"</td>");
                  out.println("<td>"+rs.getString("bookname")+"</td>");
                  out.println("<td>"+rs.getString("bookauthor")+"</td>");
                  out.println("<td>"+rs.getString("bookpublisher")+"</td>");
                  out.println("<td>"+rs.getDate("publishdate")+"</td>");
                  out.println("<td>"+rs.getString("status")+"</td>");
                  out.println("</tr>");
                }
                out.println("</table>");
              }
            }
            catch(Exception e){
              e.printStackTrace();
            }
            dm.close();
          %>
        </center>
      </body>
    </html>
```

当在图书国际标准书号为 978711535803 的图书信息最后一列单击"查询"超链接时,会执行 BookInfoQuery.jsp 文件,从而列出该图书的馆藏信息,BookInfoQuery.jsp 文件的运行结果如图 10-30 所示。从运行结果中可以看出,图书国际标准书号为 978711535803 的图书共有两本,其中一本可借。

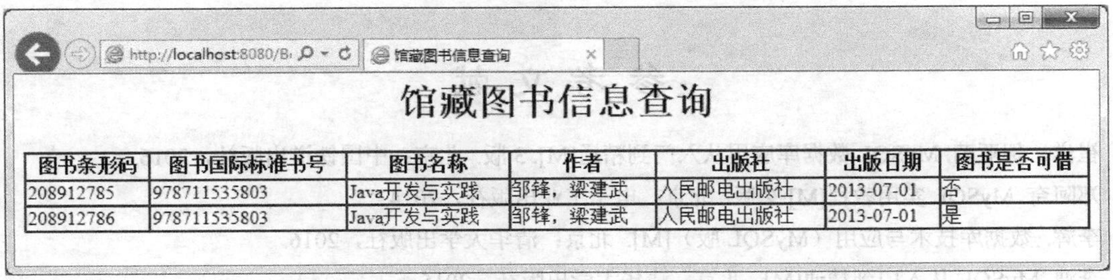

图书条形码	图书国际标准书号	图书名称	作者	出版社	出版日期	图书是否可借
208912785	978711535803	Java开发与实践	邹锋，梁建武	人民邮电出版社	2013-07-01	否
208912786	978711535803	Java开发与实践	邹锋，梁建武	人民邮电出版社	2013-07-01	是

图 10-30　BookInfoQuery.jsp 文件运行结果

本章总结

　　本章使用 MySQL 和 Java Web 技术实现了一个 B/S 结构的图书管理系统，在该系统数据库 bookmanage 中包含了管理员信息表、读者类型信息表、读者信息表、图书基本信息表、图书馆藏信息表和图书借阅信息表。系统使用 Java Servlet/JSP 技术实现了图书信息的查询、借阅和归还，从而实现了图书借阅的高效管理。

参 考 文 献

[1] 崔洋，贺亚茹. MySQL 数据库应用从入门到精通[M]. 3 版. 北京：中国铁道出版社，2016.

[2] 郑阿奇. MySQL 实用教程[M]. 2 版. 北京：电子工业出版社，2014.

[3] 李辉. 数据库技术与应用（MySQL 版）[M]. 北京：清华大学出版社，2016.

[4] 李波. MySQL 从入门到精通[M]. 北京：清华大学出版社，2015.

[5] Ben Forta. MySQL 必知必会[M]. 刘晓霞，钟鸣，译. 北京：清华大学出版社，2009.

[6] Paul DuBois. MySQL 技术内幕[M]. 5 版. 北京：人民邮电出版社，2015.

[7] 刘玉红，郭广新. MySQL 数据库应用案例课堂[M]. 北京：清华大学出版社，2015.

[8] 陈飞显，孙俊玲，马杰. MySQL 数据库实用教程[M]. 北京：清华大学出版社，2015.

[9] 侯振云，肖进. MySQL5 数据库应用入门与提高[M]. 北京：清华大学出版社，2015.

[10] 刘增杰，李坤. MySQL5.6 从零开始学[M]. 北京：清华大学出版社，2013.

[11] 孔祥盛. MySQL 数据库基础与实例教程[M]. 北京：人民邮电出版社，2014.

[12] 杨树林，胡洁萍. Java Web 应用技术与案例教程[M]. 北京：人民邮电出版社，2011.

[13] 迪布瓦. MySQL 技术内幕[M]. 5 版. 张雪平，何莉莉，陶虹，译. 北京：人民邮电出版社，2015.

[14] 张磊，丁香乾. Java Web 程序设计[M]. 北京：电子工业出版社，2011.

[15] 刘淳. Java Web 应用开发[M]. 北京：中国水利水电出版社，2012.

[16] 常倬琳. Java Web 从入门到精通[M]. 北京：机械工业出版社，2011.

[17] Sasba Pacbev. 深入理解 MySQL 核心技术[M]. 李芳，于红芸，邵健，译. 北京：中国电力出版社，2009.

[18] Ben Forta. MySQL 必知必会[M]. 刘晓霞，钟鸣，译. 北京：人民邮电出版社，2009.

[19] Rick F van der Lans. MySQL 开发者 SQL 权威指南[M]. 许杰星，李强，等译. 北京：机械工业出版社，2008.

[20] 教育部考试中心. 全国计算机等级考试二级教程——MySQL 数据库程序设计 2015 年版[M]. 北京：高等教育学出版社，2014.

[21] Baron Schwartz,Peter Zaitsev,Vadim Tkachenko.高性能 MySQL[M]. 宁海元，周振兴，彭立勋，翟卫祥，译. 北京：电子工业出版社，2013.

[22] 李雁翎.数据库技术及应用[M]. 4 版. 北京：高等教育出版社，2014.

[23] 李楠楠. 数据库原理及应用[M]. 北京：科学出版社，2015.

[24] 贾铁军. 数据库原理应用与实践 SQL Server 2014[M]. 2 版. 北京：科学出版社，2015.